内容简介

本书是根据教育部《工科类本科数学基础课程教学基本要求》编写的工科类本科概率统计教材，编者全部是具有丰富教学经验的一线教师.全书共分为八章，内容包括：概率论的基本概念、随机变量及其概率分布、随机变量的数字特征、大数定律与中心极限定理、数理统计的基本概念、参数估计、假设检验、方差分析与回归分析等.本书按节配置习题，每章有总练习题，书后附有答案与提示，便于读者参考.本书根据工科学生的实际要求及相关课程的设置次序，对传统的教学内容在结构和内容上作了合理调整，使之更适合新世纪概率统计课程的教学理念和教学内容的改革趋势.其主要特点是：选材取舍精当，行文简约严密，讲解重点突出，服务后续课程，衔接考研思路；强调基本理论与基础训练，注重解决实际问题能力的提高与综合能力的培养.

本书可作为高等院校工科类各专业本科生概率统计课程的教材，也可作为相关专业的大学生、自学考试学生的教材或教学参考书.

21 世纪

高等院校工科类数学教材

概 率 统 计

褚宝增 王翠香 主编

北京大学出版社
PEKING UNIVERSITY PRESS

图书在版编目(CIP)数据

概率统计/褚宝增,王翠香主编. —北京:北京大学出版社,2010.2
(21世纪高等院校工科类数学教材)
ISBN 978-7-301-15829-6

Ⅰ.概… Ⅱ.①褚… ②王… Ⅲ.①概率论—高等学校—教材 ②数理统计—高等学校—教材 Ⅳ.O21

中国版本图书馆CIP数据核字(2009)第173679号

书　　名:概率统计
著作责任者:褚宝增　王翠香　主编
责 任 编 辑:曾琬婷
标 准 书 号:ISBN 978-7-301-15829-6/O·0800
出 版 发 行:北京大学出版社
地　　址:北京市海淀区成府路205号　100871
网　　址:http://www.pup.cn　　电子信箱:zpup@pup.pku.edu.cn
电　　话:邮购部62752015　发行部62750672　理科编辑部62752021　出版部62754962
印 刷 者:北京大学印刷厂
经 销 者:新华书店
787mm×960mm　16开本　15印张　320千字
2010年2月第1版　　2017年9月第7次印刷
印　　数:20001—24000册
定　　价:35.00元

前　言

当前，我国高等教育蓬勃发展，教学改革不断深入，高等院校工科类数学基础课的教学理念、教学内容及教材建设也孕育在这种变革中.为适应高等教育21世纪教学内容和课程体系改革的总目标，培养具有创新能力的高素质人才，我们应北京大学出版社的邀请，经集体讨论，分工编写了这套《21世纪高等院校工科类数学教材》，本册为《概率统计》.

本教材参照2005年教育部数学课程教学指导委员会下发的《工科类本科数学基础课程教学基本要求(修订稿)》，按照"加强基础、培养能力、重视应用"的指导方针，精心选材，力求实现基础性、应用性、前瞻性的和谐统一，集中体现了编者长期讲授工科类概率统计课程所积累的丰富教学经验，反映了当前工科数学教学理念和教学内容的改革趋势.具体体现在以下几个方面：

1. 精心构建教材内容.本教材在内容选择方面，根据工科学生的实际要求及相关专业课程的特点，汲取了国内外优秀教材的特点，对传统的教学内容在结构和内容上作了适当的取舍、补充和调整，为后续课程打好坚实的基础.

2. 内容讲述符合认知规律.以实际的例子导入问题，然后引出相关概念，并在叙述时力求严谨，兼顾直观和抽象，再通过有针对性的例题和习题加深对概念的理解与结论的应用.对重点概念、重要定理、难点内容从多侧面进行剖析，做到难点分散，便于学生理解与掌握.

3. 加强基础训练和基本能力的培养.紧密结合概念、定理和运算法则配置丰富的例题，并剖析一些综合性例题.按节配有适量习题，每章配有总练习题，书末附有参考答案与提示，便于读者参考.

4. 注重学生数学思维的训练.教材自始至终贯穿了从具体到抽象的建模过程和从抽象到具体的应用体验，提高学生的符号演绎能力，力求达到培养学生的数学思想和实际应用能力的双重目标.

全书共分八章.第一章由吴飞编写，第二章由王翠香编写，第三章由褚宝增编写，第四、五、六章由王锡禄编写，第七、八章由郭翠平编写.全书由王翠香统稿，褚宝增审定.

本书的主要特点是：选材取舍精当，行文简约严密，讲解重点突出，服务后续课程，衔接考研思路等.

感谢王祖朝教授、高世臣教授对本书的认真审稿及提出的修改意见.北京大学出版社曾琬婷同志为本教材做了很多细致的工作，在此表示诚挚的谢意.

囿于编者水平及编写时间较为仓促，教材之中难免存在疏漏与不妥之处，恳请广大读者不吝指正.

编　者

2009年10月

目　　录

第一章 概率论的基本概念

概率论源于博弈问题的讨论.在生产实践和物理学、生物学等学科发展的推动下,概率论得到了飞速的发展,理论和实践研究不断深入,其思想和方法已经渗透到各个学科而成为近代科学的明显特征.概率论在可靠性理论、信息论、工程技术和社会科学等很多领域都有重要的应用.本章是概率论的基础,主要介绍概率论的基本概念、基本公式、事件的独立性以及概率的计算.

§1.1 随机现象与随机事件

一、随机现象与随机试验

概率论是研究随机现象统计规律性的一门数学学科.那么什么是随机现象呢?人们通过观察会发现,在自然界和人类社会中存在着两类不同的现象.一类是在一定的条件下必然会发生的现象.例如,在标准气压下,水在100℃时必然会沸腾;太阳从东方升起;等等.这类现象称为**确定性现象**.但在自然界和社会生活中还广泛存在着与确定性现象有着本质区别的另一类现象.例如,在相同的条件下抛掷同一颗骰子,观察出现的点数,其结果可能是1～6点中的任何一个,并且在每次抛掷前无法肯定抛掷的结果是什么;自动车床加工出来的机械零件,可能是合格品,也可能是次品;同一门大炮向同一目标发射多发同种炮弹,因受各种因素的影响,弹落点也不一样;等等.这类现象的一个共同特点是:在基本条件不变的情况下,一系列试验或观察会得到不同的结果.通常称这类现象为**随机现象**.随机现象虽然在个别的试验或观察中会时而出现这种结果,时而出现那种结果,但在大量重复试验或观察下,其结果却呈现出某种规律性.例如,在多次抛掷骰子时会发现,出现各个点数大致各占1/6;同一门大炮向同一目标发射炮弹的弹着点按照一定的规律分布;等等.概率论与数理统计就是研究和揭示随机现象在大量重复试验或观察中所呈现出的统计规律性的一门数学学科.

研究随机现象是通过随机试验来进行的.概率论中的试验是个含义广泛的术语,包括各种各样的科学实验,甚至对某一事物的某一特征的观察也可认为是一种试验.我们称具备以下三个特点的试验称为**随机试验**:

(1) 可在相同的条件下重复进行;

(2) 每次试验可出现不同的结果,进行一次试验之前不能确定哪种结果会出现;

(3) 每次试验前知道可能出现的全部结果.

通常我们用 E 表示随机试验.下面举一些随机试验的例子:

E_1:抛掷一颗骰子,观察出现的点数.

E_2:将一枚硬币抛掷 3 次,观察出现正面 H 的次数.

E_3:将一枚硬币抛掷 3 次,观察正面 H 和反面 T 出现的情况.

E_4:观察某城市一电话交换台一昼夜接到的呼唤次数.

E_5:从某厂生产的灯管中任意抽取一根,测试它的使用寿命.

从上述例子可知,随机试验是产生随机现象的过程.我们是通过研究随机试验来研究随机现象,揭示随机现象的内在规律性的.

二、样本空间和随机事件

样本空间与事件是概率论中最基本的两个概念.下面我们结合例子来介绍这两个基本概念.

为了研究随机试验,首先需要知道这个试验可能出现的结果.把随机试验 E 的所有可能结果组成的集合称为 E 的**样本空间**,记为 Ω.样本空间的元素,即 E 的每个结果,称为**样本点**,记为 e.在具体问题中,给定样本空间是描述随机现象的第一步.

下面给出上一小节中随机试验 $E_k(k=1,2,\cdots,5)$ 的样本空间 $\Omega_k(k=1,2,\cdots,5)$:

$$\Omega_1=\{1,2,3,4,5,6\};\quad \Omega_2=\{0,1,2,3\};$$

$$\Omega_3=\{HHH,HHT,HTH,THH,HTT,THT,TTH,TTT\};$$

$$\Omega_4=\{0,1,2,3,\cdots\};\quad \Omega_5=\{t\mid t\geqslant 0\}.$$

从上面的例子可以看出,随着试验的要求不同,样本空间可以相当简单,也可以相当复杂.需要注意的一点是:样本空间的元素是由试验的目的所决定的.例如,在 E_2 和 E_3 中同是将一枚硬币连掷三次,由于试验的目的不一样,其样本空间也不一样.

一般地,把随机试验 E 的样本空间 Ω 的子集称为 E 的**随机事件**,简称为**事件**,常用 A,B,C 等表示.例如,在 E_1 中,若研究抛出的点数是否为偶数的情形,则满足这一条件的样本点组成 Ω_1 的一个子集:$A=\{2,4,6\}$.A 就是试验 E_1 的一个随机事件.

从上面的定义可以看出，事件为样本点组成的集合. 特别地，由一个样本点组成的单点集，称为**基本事件**. 我们称某事件发生当且仅当它所包含的某一个样本点出现.

若把样本空间作为一个事件，因为在每次试验中必然出现 Ω 中的某个样本点，也即 Ω 必然发生，故称 Ω 为**必然事件**. 类似地，把空集 $\varnothing$ 也作为一个事件，它在每次试验中都不会发生，故称为**不可能事件**. 为了今后研究问题的方便，我们把必然事件和不可能事件作为随机事件的两个极端情形来统一处理.

三、事件之间的关系和事件的运算

概率论的一个重要研究课题是从简单事件的概率推算出复杂事件的概率. 为此就需要研究若干个在某些相同条件下的事件以及它们之间的关系和运算. 对这个问题的研究不仅可以帮助我们更深刻地认识事件的本质，而且可以大大地简化一些复杂事件的概率计算.

1. 事件的包含与相等

设 A,B 为两个事件，若事件 A 发生必导致事件 B 发生，即 A 中的每个样本点必在 B 中，则称**事件 A 包含于事件 B**，或称**事件 B 包含事件 A**，记为 $A\subset B$ 或 $B\supset A$. 显然，对任何事件 A，必有 $\varnothing\subset A\subset\Omega$.

设 A,B 为两个事件，若 $A\subset B$ 与 $A\supset B$ 同时成立，则称事件 A 和事件 B **相等**，记为 $A=B$. 从此定义知，对于事件 A,B，当 $A=B$ 时，事件 B 中的样本点都在事件 A 中，且事件 A 中的样本点也都在事件 B 中.

2. 事件的和

"事件 A 或事件 B 至少有一个发生"是一个事件，称为事件 A 与事件 B 的**和**，记为 $A\cup B$ 或 $A+B$.

两个事件的和的定义可推广到有限个和可列无穷多个事件的情形.

一般地，"n 个事件 $A_1,A_2,\cdots,A_n$ 中至少有一个发生"是一个事件，称为 n 个事件 $A_1,A_2,\cdots,A_n$ 的和事件，记为 $A_1\cup A_2\cup\cdots\cup A_n$，简记为 $\bigcup\limits_{i=1}^{n}A_i$.

当涉及可列无穷多个事件时，用事件 $\bigcup\limits_{i=1}^{\infty}A_i$ 表示可列无穷多个事件 $A_1,A_2,\cdots$ 中至少有一个发生.

3. 事件的积

设 A,B 为两个事件，"事件 A 和事件 B 同时发生"是一个事件，称为事件 A 与事件 B 的**积**，记为 $A\cap B$ 或 AB.

显然，积事件 AB 的样本点由既属于事件 A 又属于事件 B 的公共样本点组成.

类似于事件的和，可把事件的积的概念推广到 n 个事件及可列无穷多个事件的情形，即："n 个事件 $A_1, A_2, \cdots, A_n$ 同时发生"是一个事件，称为 $A_1, A_2, \cdots, A_n$ 的积，记为 $A_1 \cap A_2 \cap \cdots \cap A_n$ 或 $A_1 A_2 \cdots A_n$，简记为 $\bigcap\limits_{i=1}^{n} A_i$. 对可列无穷多个事件的情形，用 $\bigcap\limits_{i=1}^{\infty} A_i$ 表示可列无穷多个事件 $A_1, A_2, \cdots$ 同时发生.

需要注意的一点是，在概率论中，为解决复杂问题的需要，常将一个事件分解为若干事件之和 $\left(A = \bigcup\limits_{i=1}^{\infty} A_i\right)$ 或若干事件之积 $\left(A = \bigcap\limits_{i=1}^{\infty} A_i\right)$.

4. 互不相容事件

设 A, B 为两个事件，若事件 A 与事件 B 不能同时发生，即 $AB = \varnothing$，则称事件 A 与事件 B 是**互不相容事件**或**互斥事件**. 由此定义，两个事件互不相容时，它们没有公共的样本点.

若 n 个事件 $A_1, A_2, \cdots, A_n$ 中的任意两个事件都互不相容，即 $A_i A_j = \varnothing (i \neq j; i, j = 1, 2, \cdots, n)$，则称这 n **个事件互不相容**.

事件互不相容的概念的引入在某些情况下可大大简化和事件的相关运算，故事件互不相容的概念在概率论的理论研究和实际应用中经常出现，读者应对这一概念认真体会和准确把握.

5. 对立事件

若事件 A 与事件 B 互不相容，且它们的和为必然事件，即 $AB = \varnothing$ 且 $A \cup B = \Omega$，则称事件 B 为事件 A 的**对立事件**或**逆事件**. 事件 A 的对立事件记为 $\overline{A}$.

显然 $\overline{\overline{A}} = A, A\overline{A} = \varnothing, A \cup \overline{A} = \Omega$，即 A 与 $\overline{A}$ 互为对立事件. 需要注意，若事件 A, B 互为对立事件，则事件 A, B 必互不相容；但反之不然. 另外，当事件 A 较为复杂而 $\overline{A}$ 较为简单时，往往通过研究 $\overline{A}$ 来研究 A. 有时为了研究问题的需要，可将一个事件分解为若干个互不相容事件之和. 例如，对于任意的两个事件 A, B，下述分解总是成立的：

$$A = AB \cup A\overline{B}.$$

6. 事件的差

设 A, B 为两个事件，"事件 A 发生而事件 B 不发生"是一个事件，称为事件 A 与事件 B 的**差**，记为 $A - B$.

显然，$A - B$ 表示包含在 A 中而不包含在 B 中的样本点全体，并且有

$$A - B = A\overline{B} = A - AB.$$

这个关系式很重要，在概率论的研究中经常使用.

事件的运算成立下列定律，证明留给读者.

设 A, B, C 为事件，则有

(1) **交换律**：$A \cup B = B \cup A$，$A \cap B = B \cap A$；

(2) **结合律**：$A\cup(B\cup C)=(A\cup B)\cup C$，$A(BC)=(AB)C$；

(3) **分配律**：$A\cap(B\cup C)=(A\cap B)\cup(A\cap C)$，$A\cup(B\cap C)=(A\cup B)\cap(A\cup C)$；

(4) **德·摩根**(De Morgan)**对偶律**：$\overline{A\cup B}=\overline{A}\cap\overline{B}$，$\overline{A\cap B}=\overline{A}\cup\overline{B}$.

对 n 个事件，甚至可列无穷多个事件，德·摩根对偶律也成立，即

$$\overline{\bigcup_{i=1}^{n} A_i}=\bigcap_{i=1}^{n}\overline{A_i},\quad \overline{\bigcap_{i=1}^{n} A_i}=\bigcup_{i=1}^{n}\overline{A_i};\quad \overline{\bigcup_{i=1}^{\infty} A_i}=\bigcap_{i=1}^{\infty}\overline{A_i},\quad \overline{\bigcap_{i=1}^{\infty} A_i}=\bigcup_{i=1}^{\infty}\overline{A_i}.$$

另外，易证以下等式成立：

$$A\cup A=A,\quad A\cap A=A,\quad A\cup\varnothing=A,\quad A\cap\varnothing=\varnothing,$$
$$A\cup\Omega=\Omega,\quad A\cap\Omega=A,\quad A\cup B=A\cup B\overline{A}.$$

有时用平面上某矩形及其中的图形来表示事件之间的关系或运算比较直观. 这种表示事件之间关系或运算的图形称为**文氏**(Venn)**图**. 在文氏图中，用平面上的矩形区域表示样本空间 Ω，矩形区域内的点和小圆分别表示样本点和事件. 例如，在图 1 中，两个小圆分别表示事件 A 与事件 B，阴影部分表示事件 A 与事件 B 的各种关系和运算结果.

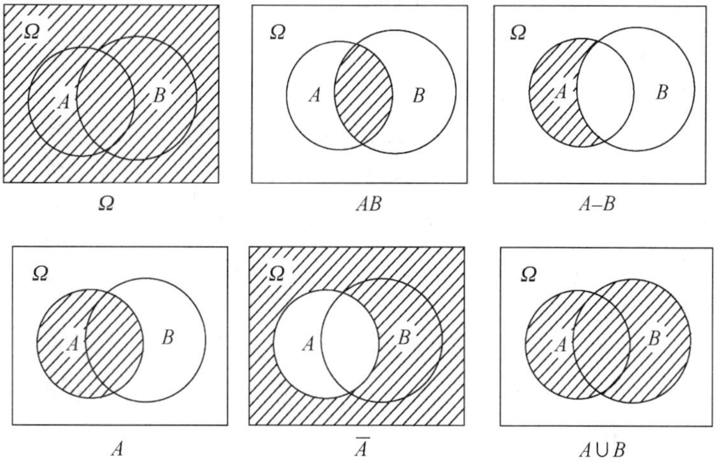

图 1

熟悉集合论的读者会注意到，事件之间的关系及运算与集合论中集合的关系及运算是完全相似的(见表 1)，而且这个相似对建立概率论的严格数学基础非常重要. 在学习时要注意用概率论的语言来解释和描述这些关系及运算，并且学会用这些运算关系来表示一些事件.

表 1

符号	概率论中的含义	集合论中的含义
$\varnothing$	不可能事件	空集
Ω	样本空间;必然事件	全集
$\{e\}$	基本事件	单点集
$e\in\Omega$	样本点	Ω 中的元素
$\overline{A}$	事件 A 的对立事件	集合 A 的余集
$A=B$	事件 A 与事件 B 相等	集合 A 与集合 B 相等
$A\subset B$	事件 A 包含于事件 B	集合 A 包含于集合 B
$A\cup B$	事件 A 与事件 B 的和	集合 A 与集合 B 的并
$A\cap B$	事件 A 与事件 B 的积	集合 A 与集合 B 的交
$A-B$	事件 A 与事件 B 的差	集合 A 与集合 B 的差
$AB=\varnothing$	事件 A 与事件 B 互不相容	集合 A 与集合 B 没有公共元素

例 1 设 A,B,C 是三个事件,可将下列事件用 A,B,C 表示:

(1) 这三个事件都发生:ABC;

(2) 这三个事件都不发生:$\overline{A}\,\overline{B}\,\overline{C}$;

(3) 事件 A 发生而事件 B 与事件 C 都不发生:$A\overline{B}\,\overline{C}$ 或 $A-B-C$ 或 $A-(B\cup C)$;

(4) 事件 A 与事件 B 发生而事件 C 不发生:$AB\overline{C}$或 $AB-C$;

(5) 这三个事件恰好发生一个:$A\overline{B}\,\overline{C}+\overline{A}B\overline{C}+\overline{A}\,\overline{B}C$;

(6) 这三个事件恰好发生两个:$AB\overline{C}+A\overline{B}C+\overline{A}BC$;

(7) 这三个事件中至少发生一个:

$$A\cup B\cup C \quad 或 \quad A\overline{B}\,\overline{C}+\overline{A}B\overline{C}+\overline{A}\,\overline{B}C+AB\overline{C}+A\overline{B}C+\overline{A}BC+ABC.$$

例 2 设一名射手连续向某一目标射击,事件 $A_i(i=1,2,3)$表示该射手第 i 次射击时击中目标,则下列事件可用事件 A_1,A_2,A_3 表示:

(1) 第三次射击未击中目标:$\overline{A_3}$;

(2) 前两次射击中至少有一次击中目标:$A_1\cup A_2$;

(3) 三次射击中至少有一次击中目标:$A_1\cup A_2\cup A_3$;

(4) 三次射击都击中了目标:$A_1A_2A_3$;

(5) 第三次射击击中但第二次未击中目标:$A_3\overline{A_2}=A_3-A_2$;

(6) 前两次均未击中目标:$\overline{A_1}\;\overline{A_2}=\overline{A_1\cup A_2}$;

(7) 后两次射击中至少有一次未击中目标:$\overline{A_2}\cup\overline{A_3}=\overline{A_2A_3}$;

(8) 三次射击中至少有两次击中目标:$A_1A_2\cup A_2A_3\cup A_1A_3$.

习 题 1.1

1. 写出下列随机试验的样本空间：

(1) 投掷两颗匀称的骰子，记录点数之和.

(2) 射击一目标，直至击中目标为止，记录射击次数.

(3) 设袋中装有 4 个白球，6 个黑球. 逐个取出，直至白球全部取出为止，记录取球次数.

(4) 往数轴上任意投掷两个质点，观察它们之间的距离.

2. 设样本空间 $\Omega=\{1,2,3,4,5,6,7,8,9,10\}$，事件 $A=\{2,3,4\}$，$B=\{3,4,5\}$，$C=\{5,6,7\}$，求下列事件：

(1) $\overline{A}\cap\overline{B}$； (2) $A\cup B$； (3) $\overline{\overline{A}\cap\overline{B}}$； (4) $A\cap\overline{(B\cap C)}$.

3. 试将事件 $A\cup B\cup C$ 表示为互不相容的事件之和.

§1.2 概率的定义

研究随机现象的目的，就是要获得随机现象各种结果发生可能性大小的度量. 这种度量能反映随机现象所呈现出的统计规律性.

一、频率与概率

对一个随机事件 A，用一个数 $P(A)$ 来表示该事件发生的可能性大小，这个数 $P(A)$ 就称为随机事件 A 的概率. 因此概率度量了随机事件发生的可能性的大小，是随机事件发生的统计规律性的数量刻画.

为了估算随机事件发生概率的大小及了解概率的性质，下面引入频率的定义及其性质.

定义 1 若事件 A 在 n 次重复试验中出现了 n_A 次，则称 n_A 为**频数**，而称 $\frac{n_A}{n}$ 为事件 A 的**频率**，记做 $f_n(A)$，即

$$f_n(A)=\frac{n_A}{n}. \tag{①}$$

显然，事件 A 的频率 $f_n(A)$ 具有以下基本性质：

性质 1 (1) **非负性**：对任意的事件 A，有 $0\leqslant f_n(A)\leqslant 1$；

(2) **规范性**：$f_n(\Omega)=1$；

(3) **有限可加性**：若 $A_1,A_2,\cdots,A_k$ 是 k 个互不相容的事件，则

$$f_n\Big(\bigcup_{i=1}^{k}A_i\Big)=\sum_{i=1}^{k}f_n(A_i).$$

人们在长期的实践中发现，虽然个别随机现象在某次试验或观察中可能出现也可能不

出现，但在大量试验中它却呈现出明显的统计规律性——频率的稳定性.

历史上，曾有一些著名学者为了揭示随机现象的统计规律性进行抛掷硬币的随机试验.其试验数据如表 1 所示.由表 1 提供的数据可知，随着抛掷硬币次数的增多，频率$\frac{n_H}{n}$越来越明显地呈现出稳定性.表 1 最后一列说明，当抛掷硬币的次数充分多时，正面向上的频率在$\frac{1}{2}$这个数的左右摆动.这些学者所做的这些随机试验，对揭示随机现象的统计规律性具有重要的意义.

表 1

试验者	投掷硬币次数 n	正面出现的次数 n_H	频率$\frac{n_H}{n}$
蒲丰	4040	2048	0.5069
费歇尔	10000	4979	0.4979
皮尔逊	12000	6019	0.5016
皮尔逊	24000	12012	0.5005

高尔顿板是另一个说明频率稳定性的著名随机试验.它是英国生物统计学家高尔顿(Galton)设计的，试验模型如图 1 所示.从顶端放入一个小球，任其自由落下，在其下落过程中当小球碰到钉子时，从左边落下与从右边落下的机会相等，碰到下一排钉子又是如此，最后落入底板中的某一个格子.因此，任意放入一个小球，则该球落入哪个格子，预先难以确定.但是试验证明，如放入大量小球，则其最后所呈现的曲线，几乎总是一样的.也就是说，小球落入各个格子的频率十分稳定.

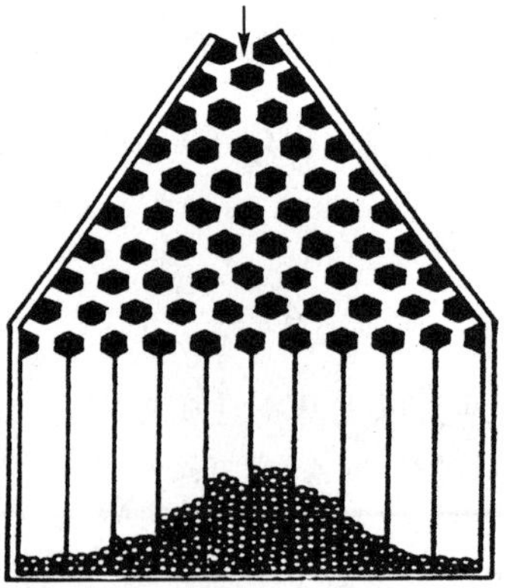

图 1

这些试验中呈现出来的统计规律性，学完第四章大数定律与中心极限定理之后，会有更深刻的理解.同时这些试验表明，在大量试验中随机事件出现的频率稳定性说明随机事件发生的可能性大小是随机事件本身所固有的客观属性，因而可以对它进行度量.

从上面对频率稳定性的讨论可以得到启发，当 n 足够大时，$f_n(A)$ 与 $P(A)$ 能够充分接近，因而可以把频率作为概率的近似值. 另外，因为概率通过频率稳定性跟随机试验相联系，因而对于频率所具有的性质概率也应具备.

二、概率的公理化定义

在总结前人研究的大量成果的基础上，柯尔莫哥洛夫(Kolmogorov)于 1933 年建立了概率的公理化定义. 从此，概率论才成为了一个严密的数学分支. 严格地叙述概率的公理化定义涉及测度论等数学内容，故在此将概率的公理化定义简述如下：

定义 2(概率公理化定义) 设有随机试验 E，E 的样本空间为 Ω，记包括 Ω 在内的 E 的所有事件组成的集合族为 $\mathscr{F}$. 若对 $\mathscr{F}$ 中的任一个事件 A 都能赋予一个实数 $P(A)$，且 $P(A)$ 满足条件：

(1) 非负性：对任意的事件 A，有 $0\leqslant P(A)\leqslant 1$；

(2) 规范性：$P(\Omega)=1$；

(3) 可列可加性：对可列无穷多个互不相容的事件 $A_1,A_2,\cdots$，有

$$P\Big(\bigcup_{i=1}^{\infty} A_i\Big)=\sum_{i=1}^{\infty}P(A_i),$$

则称 $P(A)$ 为**事件 A 的概率**.

由概率的定义可推出概率的一些重要性质.

性质 2 不可能事件的概率为 0，即 $P(\varnothing)=0$.

证 因 $\Omega=\Omega+\varnothing+\varnothing+\cdots$，故由可列可加性知

$$P(\Omega)=P(\Omega)+P(\varnothing)+P(\varnothing)+\cdots.$$

再由概率的非负性及规范性，即得 $P(\varnothing)=0$.

性质 3(有限可加性) 若 n 个事件 $A_1,A_2,\cdots,A_n$ 互不相容，则

$$P\Big(\bigcup_{i=1}^{n} A_i\Big)=\sum_{i=1}^{n}P(A_i).$$

证 令 $A_{n+1}=A_{n+2}=\cdots=\varnothing$，则有 $A_iA_j=\varnothing(i\neq j;i,j=1,2,\cdots)$. 由概率定义的可列可加性和性质 2 得

$$P\Big(\bigcup_{i=1}^{n} A_i\Big)=P\Big(\bigcup_{i=1}^{\infty} A_i\Big)=\sum_{i=1}^{\infty}P(A_i)=\sum_{i=1}^{n}P(A_i)+0=\sum_{i=1}^{n}P(A_i).$$

性质 4(逆事件的概率) 对于任意的事件 A，有 $P(\overline{A})=1-P(A)$.

证 因 $\overline{A}+A=\Omega$，故由有限可加性得

$$P(\overline{A})+P(A)=P(\Omega)=1,\quad 即 \quad P(\overline{A})=1-P(A).$$

注 该公式很有实用价值，一般当事件 A 较复杂而 $\overline{A}$ 较简单时，就可先求出 $P(\overline{A})$，再

利用该性质求出 $P(A)$.

性质 5 设 A,B 为两个事件,若 $B\subset A$,则

$$P(A-B)=P(A)-P(B),\quad P(B)\leqslant P(A).$$

证 因 $B\subset A$,故 $A=(A-B)\cup B$. 又 $(A-B)\cap B=\varnothing$,由有限可加性,推得

$$P(A)=P(A-B)+P(B),\quad \text{即}\quad P(A-B)=P(A)-P(B).$$

由概率的非负性可知 $P(A-B)\geqslant 0$,即 $P(A)-P(B)\geqslant 0$,从而 $P(B)\leqslant P(A)$.

注 性质 5 中的条件 $B\subset A$ 是不可去掉的. 但下面的恒等式在任何情况下都是成立的:

$$P(A-B)=P(A-AB)=P(A)-P(AB).$$

性质 6(加法公式) 设 A,B 为任意两个事件,则

$$P(A\cup B)=P(A)+P(B)-P(AB).$$

证 由于 $A\cup B=A\cup(B-AB)$ 及 $A\cap(B-AB)=\varnothing$,且 $AB\subset B$,故

$$P(A\cup B)=P(A)+P(B-AB)=P(A)+P(B)-P(AB).$$

更一般地,设 A,B,C 是任意三个事件,则

$$P(A\cup B\cup C)=P(A)+P(B)+P(C)-P(AB)-P(AC)-P(BC)+P(ABC).$$

这一性质也可以推广到 n 个事件的情形,即对于任意 n 个事件 $A_1,A_2,\cdots,A_n$,有下式成立:

$$P\left(\bigcup_{i=1}^{n}A_i\right)=\sum_{i=1}^{n}P(A_i)-\sum_{1\leqslant i<j\leqslant n}P(A_iA_j)+\sum_{1\leqslant i<j<k\leqslant n}P(A_iA_jA_k)+\cdots+(-1)^{n-1}P(A_1A_2\cdots A_n).$$

事件的关系与运算和概率的性质在解题中是非常有用的,下面举几个例子.

例 1 设事件 A,B 互不相容,且 $P(A)=a$,$P(B)=b$,求 $P(A\cup B)$,$P(\overline{A}B)$,$P(\overline{A}\cup B)$,$P(\overline{A}\,\overline{B})$.

解 因为 $AB=\varnothing$,所以 $B\subset\overline{A}$,从而

$$P(A\cup B)=P(A)+P(B)=a+b,\quad P(\overline{A}B)=P(B)=b,$$

$$P(\overline{A}\cup B)=P(\overline{A})=1-P(A)=1-a.$$

利用德·摩根对偶律得

$$P(\overline{A}\,\overline{B})=P(\overline{A\cup B})=1-P(A\cup B)=1-a-b.$$

例 2 设 A,B,C 是三个事件,且 $P(A)=P(B)=P(C)=1/4$,$P(AC)=P(BC)=1/8$,$P(AB)=0$,求事件 A,B,C 全不发生的概率.

解 因 $ABC\subset AB$,由性质 5 和概率的定义知

$$0\leqslant P(ABC)\leqslant P(AB)=0,\quad \text{推得}\quad P(ABC)=0.$$

则事件 A,B,C 全不发生的概率为

$$\begin{aligned}P(\overline{A}\,\overline{B}\,\overline{C})&=P(\overline{A\cup B\cup C})=1-P(A\cup B\cup C)\\&=1-[P(A)+P(B)+P(C)-P(AB)-P(AC)-P(BC)+P(ABC)]\end{aligned}$$

$$=1-\left(\frac{1}{4}+\frac{1}{4}+\frac{1}{4}-0-\frac{1}{8}-\frac{1}{8}+0\right)=\frac{1}{2}.$$

习 题 1.2

1. 设 A,B 是两个事件，且 $P(A)=0.6,P(B)=0.5,P(AB)=0.4$，求 $P(\overline{A}),P(A\cup B)$，$P(B-A)$.

2. 设两个事件 A,B 满足条件 $P(A)=0.4,P(B)=0.3,P(A\cup B)=0.6$，求 $P(A\overline{B})$.

3. 设 A,B 为两个事件，且 $P(A)=0.7,P(A-B)=0.3$，求 $P(\overline{AB})$.

4. 设 A,B,C 是三个事件，且 $P(A)=P(B)=P(C)=1/4,P(AB)=P(BC)=0,P(AC)=1/8$，求事件 A,B,C 至少有一个发生的概率.

5. 甲、乙两人同时射击一架飞机，已知甲射中飞机的概率为 0.7，乙射中飞机的概率为 0.8，飞机被射中的概率为 0.9，求甲、乙两人至少有一人未射中飞机的概率.

§1.3 古典概型与几何概型

一、古典概型

古典概型(又称为等可能概型)在概率论发展中占有相当重要的地位.这体现在它的理论及应用价值上.一是古典概型比较简单，对它的讨论有助于直观地理解概率论的许多基本概念；二是在理论研究上，常从讨论古典概型来引入新的概念；三是在应用上，古典概型概率的计算在产品质量抽样检查等实际问题以及理论物理的研究中都有重要应用.

定义 1 若随机试验 E 具有如下特征：

(1) **有限性**：试验 E 只产生有限个基本事件，即样本空间 Ω 中样本点总数有限；

(2) **等可能性**：每次试验中各个基本事件发生的可能性相同，

则称这样的随机试验为**古典概型**或**等可能概型**.

古典概型是有限样本空间的一种特例.若设 $\Omega=\{e_1,e_2,\cdots,e_n\}$ 为样本空间，则在古典概型中有

$$P(\{e_1\})=P(\{e_2\})=\cdots=P(\{e_n\})=\frac{1}{n}.$$

对于任何事件 A，它总可以表示为基本事件之和，如若 $A=\{e_{i_1}\}+\{e_{i_2}\}+\cdots+\{e_{i_m}\}$ (e_{i_t} $(t=1,2,\cdots,m)$ 为样本点)，则由事件概率的定义有

$$\begin{aligned}P(A)&=P(\{e_{i_1}\})+P(\{e_{i_2}\})+\cdots+P(\{e_{i_m}\})\\&=\frac{1}{n}+\frac{1}{n}+\cdots+\frac{1}{n}=\frac{m}{n}.\end{aligned}$$

所以在古典概型中，事件 A 的概率是一个分数，其分子是事件 A 中所包含的样本点的个数

m，而分母是样本空间所含样本点的总数 n. 这样，就得到了古典概型概率的计算公式：

$$P(A)=\frac{A\text{ 中所含样本点数}}{\Omega\text{ 中样本点总数}}=\frac{m}{n}. \qquad ①$$

古典概型的计算公式虽然简单，但在实际计算中，由于研究对象的复杂性往往需要相当的技巧，还经常要用到排列、组合的知识，其中涉及下面两个重要的原理：

加法原理 若完成某件事有 n 类方法，第一类有 m_1 种方法，第二类有 m_2 种方法，…，第 n 类有 m_n 种方法，则完成这件事共有 $m_1+m_2+\cdots+m_n$ 种方法.

乘法原理 若完成某件事需要分成 n 个步骤，第一步有 m_1 种方法，第二步有 m_2 种方法，…，第 n 步有 m_n 种方法，则完成这件事共有 $m_1\times m_2\times\cdots\times m_n$ 种方法.

下面看几个典型的古典概型问题.

例 1 从 0,1,2,…,9 这 10 个数字中任取一个数字，求取得偶数的概率.

解 此为古典概型问题. 样本空间样本点总数 $n=10$. 设事件 A 表示“取得偶数”，则 A 所包含的样本点数为 $m=5$. 因此，所求概率为

$$P(A)=5/10=1/2.$$

例 2 用 0,1,2,…,9 共 10 个数字中的任意两个(可重复使用)组成一个两位数的数码，求数码的两位数字之和为 3 的概率.

解 此为古典概型. 样本空间样本点总数为 10^2，两位数字之和为 3 的数码有 03,12,21,30 这 4 种情况. 设 A 表示“数码的两位数字之和为 3”，则

$$P(A)=4/10^2=1/25.$$

例 1、例 2 所采用的求解方法称为列举法. 在简单的情形下可采用列举法，但当研究对象复杂时，这一方法就很难奏效.

例 3 已知一个口袋装有 10 个质地、大小一样的球，其中 6 个白球，4 个黑球. 从袋中取两次，每次取一个. 考虑两种取球方式：(a) 有放回抽样；(b) 无放回抽样. 试就上述两种抽样方式，求：

(1) 取到的两个球都是白球的概率； (2) 取到的两个球颜色相同的概率；

(3) 取到的两个球至少一个是白球的概率.

解 设 A 表示“取到的两个球都是白球”，B 表示“取到的两个球均是黑球”，则 $A\cup B$ 表示“取到的两个球颜色相同”，$\overline{B}$ 表示“取到的两个球至少一个是白球”，且 $AB=\varnothing$.

在有放回抽样的情况下，有

$$P(A)=\frac{6\times 6}{10\times 10}=\frac{9}{25},\quad P(B)=\frac{4\times 4}{10\times 10}=\frac{4}{25},$$

$$P(A\cup B)=P(A)+P(B)=\frac{13}{25},\quad P(\overline{B})=1-P(B)=1-\frac{4}{25}=\frac{21}{25}.$$

故对有放回抽样，所求事件概率分别为 $\frac{9}{25},\frac{13}{25},\frac{21}{25}$.

在无放回抽样的情况下，有

$$P(A)=\frac{6\times5}{10\times9}=\frac{1}{3},\quad P(B)=\frac{4\times3}{10\times9}=\frac{2}{15},$$

$$P(A\cup B)=P(A)+P(B)=\frac{7}{15},\quad P(\overline{B})=1-P(B)=1-\frac{2}{15}=\frac{13}{15}.$$

故对无放回抽样，所求事件概率分别为$\frac{1}{3},\frac{7}{15},\frac{13}{15}$.

注 若把黑球作为废品，白球作为正品，那么例 3 这个**摸球模型**就可以描述为产品抽样. 这种模型化的方法能抓住问题的本质，使得所抽象出来的模型带有普遍性. 比如某种疾病的抽查、种玉米地块的调查等都能用这个模型. 若产品分为更多的等级，如一等品、二等品、三等品、等外品等，则可用多种颜色的球的摸球模型来描述.

例 4 设在一批 N 个产品中有 $M(0\leqslant M\leqslant N)$ 个次品. 从这批产品中任取 $n(0\leqslant n\leqslant N)$ 个产品，求这 n 个产品中恰有 $k(0\leqslant k\leqslant M)$ 个次品的概率.

解 在不放回抽样情况下，从 N 个产品中任取 n 个，样本空间样本点总数为 C_N^n. 设事件 A 表示"取出的 n 个产品中恰有 k 个次品"，则它所包含的样本点数为 $\mathrm{C}_M^k\mathrm{C}_{N-M}^{n-k}$. 因此，所求的概率为

$$P(A)=\frac{\mathrm{C}_M^k\mathrm{C}_{N-M}^{n-k}}{\mathrm{C}_N^n}.$$

当 N,M 固定时，事件 A 的概率只与 n,k 有关. 记 $P(A)=P_n(k)$，则有

$$P_n(k)=\frac{\mathrm{C}_M^k\mathrm{C}_{N-M}^{n-k}}{\mathrm{C}_N^n},\quad k=0,1,2,\cdots,M.$$

若固定 n，随着 k 取值的不同，有相应的概率值 $P_n(k)$ 与之对应. 这种概率分布称为**超几何分布**. 超几何分布主要用于描述样本总体有限时，不放回抽样中不合格品的统计规律性.

在有放回抽样情况下，由读者自己完成.

例 5 设袋中有 a 个白球与 b 个黑球. 每次从袋中任取一个球，取出的球不再放回去，连续取 $k(1\leqslant k\leqslant a+b)$ 个球，求第 k 次取得白球的概率.

解 考虑到取球的顺序，这相当于从 $a+b$ 个球中任取 k 个球的选排列，样本空间中样本点总数为

$$\mathrm{P}_{a+b}^k=(a+b)(a+b-1)\cdots(a+b-k+1).$$

设事件 A_k 表示"第 k 次取得白球"，则因第 k 次取得的白球可以是 a 个白球中的任一个，故有 a 种取法；其余 $k-1$ 个球可在前 $k-1$ 次中顺次地从 $a+b-1$ 个球中任意取出，有 P_{a+b-1}^{k-1} 种取法. 所以，事件 A_k 所包含的样本点数为

$$\mathrm{P}_{a+b-1}^{k-1}a=(a+b-1)(a+b-2)\cdots(a+b-k+1)a.$$

故所求概率为

$$P(A_k)=\frac{\mathrm{P}_{a+b-1}^{k-1}a}{\mathrm{P}_{a+b}^k}=\frac{(a+b-1)(a+b-2)\cdots(a+b-k+1)a}{(a+b)(a+b-1)\cdots(a+b-k+1)}=\frac{a}{a+b}.$$

注 该题计算的结果与 k 的值无关. 这表明,无论哪一次,取得白球的概率都是一样的,即取得白球的概率与先后次序无关. 这个结果与我们平常的生活经验是一致的.

二、几何概型

古典概型只适用于样本空间中样本点总数为有限的情形. 在实际中,经常遇到样本空间中样本点无限多的情形. 在概率论发展的早期,就已经注意到了这个问题. 若等可能性的条件仍然成立,这类问题一般可以通过几何方法来求解.

定义 2 设随机试验的结果可用某一区域 Ω 内的点的随机位置来确定,且点落在 Ω 内的任意位置是等可能的. 事件 A 表示点落在 Ω 的某一子区域内,该子区域仍记为 A. 用 $\mu(A)$ 表示子区域 A 的度量(若区域属于一维空间(A 为区间),$\mu(A)$表示区间的长度;若区域属于二维空间,$\mu(A)$表示 A 在平面内的面积;依此类推. 同理解释 $\mu(\Omega)$),则

$$P(A)=\frac{\mu(A)}{\mu(\Omega)}, \qquad ②$$

称式②定义的概率为**几何型概率**. 把这类随机试验称为**几何概型**.

注 式②说明,随机点落入 Ω 内任意可度量的区域 A 上的概率与 A 的度量成正比,而与 A 的形状及它在 Ω 中的位置无关.

由②式可知,几何型概率也具有非负性、规范性和可列可加性这三条基本性质. 对此读者可自行证明.

例 6(会面问题) 两人相约在某一段时间 T 内于预定地点会面,先到者等候另一人,经过 $t(t\leqslant T)$后即可离去. 假定他们在时间 T 内的任一时刻到达预定地点是等可能的,试求这两人能会面的概率 p.

解 以 x,y 分别表示两人到达预定地点的时刻,则它们可以取区间$[0,T]$内的任一值,即 $0\leqslant x\leqslant T,0\leqslant y\leqslant T$. 而两人能会面的充分必要条件为

$$|x-y|\leqslant t,$$

即点(x,y)落在图 1 中阴影部分.

这是一个几何概率问题. 若把 x 及 y 表示为平面上的一点的直角坐标,则所有样本点可以用边长为 T 的正方形内的点表示出来,而两人会面所包含的样本点可以用这个正方形内介于两条直线 $x-y=\pm t$ 之间的区域(图 1 中的阴影部分)内的点表示出来. 因此,所求概率等于阴影部分的面积与正方形面积的比:

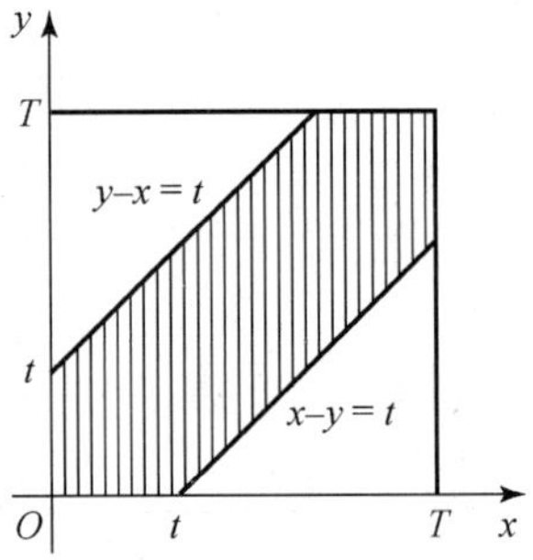

图 1

$$p=\frac{T^2-(T-t)^2}{T^2}=1-\left(1-\frac{t}{T}\right)^2.$$

习 题 1.3

1. 设抛掷三枚硬币，求出现三个正面的概率.

2. 已知一部四卷本的论文集放在同一层书架上，问：恰好各卷自左向右或自右向左的卷号为1,2,3,4的概率是多少？

3. 设一个袋中有3个黑球，5个白球，2个红球. 从中任取3个球，求恰为一黑、一白、一红的概率.

4. 设箱中有100件外形一样的同批产品，其中正品60件，次品40件. 分别就有放回抽样和无放回抽样这两种抽样方法，从这100件产品中任意抽取3件，求其中恰有2件次品的概率.

5.（随机取数问题）从1,2,…,10这10个数中任取7个（可以重复），求下列各事件的概率：

(1) 取出的7个数全不相同；　(2) 取出的7个数中不含1与10；

(3) 取出的7个数中恰好出现两次10.

6.（分房问题）设有 n 个人，每个人都以同样的概率 $\frac{1}{N}(n\leqslant N)$ 被分配在 N 间房中的每一间，试求下列各事件的概率：

(1) 某指定 n 间房中各有一人；　(2) 恰有 n 间房，其中各有一人；

(3) 某指定房间中恰有 $m(m\leqslant n)$ 人.

7. 两人相约8点至9点在某地会面，先到者等候另一人10分钟，过时即可离去，试求这两人能会面的概率.

8. 从区间(0,1)内任取两个数，求这两个数的乘积小于1/4的概率.

§1.4 条 件 概 率

一、条件概率

条件概率是概率论中的一个重要概念. 在介绍此概念之前，下面先看一个例子：

例1 设从0,1,2,3,4,5,6,7,8,9这10个数中任取一个，这里假设10个数均等可能被取到. 求：

(1) 取得的数大于2的概率；(2) 已知取得的数是奇数，而它大于2的概率.

解 设 A 表示"取得的数大于2"，B 表示"取得的数是奇数"，那么所求的问题(2)就是"在已知事件 B 发生的条件下，事件 A 发生的概率"，这个概率记为 $P(A|B)$.

(1) 10个数中大于2的数有7个，由古典概型得

$$P(A) = 7/10.$$

(2) 10 个数中有 5 个是奇数，而大于 2 的奇数只有 4 个，故

$$P(A|B)=4/5.$$

从上面的计算结果看到 $P(A)\neq P(A|B)$. 这种带有条件的概率很重要，它就是我们下面要介绍的条件概率.

定义 1 设 A,B 为随机试验 E 的任意两个事件，且 $P(B)>0$，称

$$P(A|B)=\frac{P(AB)}{P(B)} \qquad ①$$

为事件 B 发生的条件下事件 A 发生的条件概率(简称 **A 关于 B 的条件概率**).

同理，当 $P(A)>0$ 时，也可类似地定义 B 关于 A 的条件概率：

$$P(B|A)=\frac{P(AB)}{P(A)}. \qquad ②$$

注 定义 1 中要求 $P(B)>0$，因为若 $P(B)=0$，由定义给出的条件概率 $P(A|B)=\frac{P(AB)}{P(B)}$没有意义.

条件概率仍然是事件的概率，容易验证条件概率满足非负性、规范性和可列可加性这三条性质：

(1) **非负性**：$0\leqslant P(A|B)\leqslant 1$；

(2) **规范性**：$P(\Omega|B)=1$；

(3) **可列可加性**：$P\left(\bigcup_{i=1}^{\infty}A_i\,\middle|\,B\right)=\sum_{i=1}^{\infty}P(A_i|B)$，其中 $A_1,A_2,\cdots$ 为互不相容的事件.

由此可知，概率的性质 2～6 对条件概率仍然成立，如有下面的性质成立：

$$P(\overline{A}|B)=1-P(A|B).$$

计算条件概率 $P(A|B)$一般有两种方法：

(1) 在缩减的样本空间 Ω_B(B 发生条件下的样本空间)中计算 A 发生的概率，就能得到 $P(A|B)$；

(2) 在原样本空间 Ω 中，先计算 $P(AB)$，$P(B)$，再由条件概率公式①求出 $P(A|B)$.

条件概率在解决实际问题中是十分有用的，请看下面的例子.

例 2 将一枚硬币抛掷两次，观察其出现正反面的情况，用 H 表示正面，T 表示反面. 设事件 A 表示"两次掷出同一面"，事件 B 表示"至少有一次为 H"，求已知事件 B 发生的条件下事件 A 发生的概率.

解 由题意样本空间 $\Omega=\{HH,HT,TH,TT\}$，$A=\{HH,TT\}$，$B=\{HH,HT,TH\}$.

方法 1 由于事件 B 已发生，可知"TT"不可能发生，这样就知道试验所有可能结果组成的集合就是 $\Omega_B=\{HH,HT,TH\}$，其中共有 3 个元素，而只有 $HH\in A$. 这样，在事件 B 发生的条件下事件 A 发生的概率为

$$P(A|B)=1/3.$$

方法 2 由题意知

$$P(B)=3/4,\quad P(AB)=1/4,$$

再由条件概率公式得

$$P(A|B)=\frac{P(AB)}{P(A)}=\frac{1/4}{3/4}=\frac{1}{3}.$$

例 3 设甲、乙两地今天下雨的概率分别为 1/3,1/6,两地今天同时下雨的概率为 1/12. 若已知其中一个地方今天下雨了,求另一个地方今天下雨的概率.

解 设 A 表示"甲地今天下雨",B 表示"乙地今天下雨",则由条件概率公式得

$$P(A|B)=\frac{P(AB)}{P(B)}=\frac{1/12}{1/6}=\frac{1}{2},\quad P(B|A)=\frac{P(AB)}{P(A)}=\frac{1/12}{1/3}=\frac{1}{4}.$$

二、乘法公式

由条件概率公式,可立刻推得概率的乘法公式,见下面的定理.

定理 1(乘法公式) 设 A,B 为两个事件. 若 $P(B)>0$,则有

$$P(AB)=P(B)P(A|B);\tag{③}$$

若 $P(A)>0$,则有

$$P(AB)=P(A)P(B|A).\tag{④}$$

概率的乘法公式③和④给出了求积事件概率的一种算法. 此公式可推广到多个事件的情形:

设 A_1,A_2,A_3 为三个事件,且 $P(A_1A_2)>0$,则

$$P(A_1A_2A_3)=P(A_1)P(A_2|A_1)P(A_3|A_1A_2).\tag{⑤}$$

一般地,若 $A_1,A_2,\cdots,A_n$ 为 $n(n\geqslant 2)$ 个事件,且 $P(A_1A_2\cdots A_{n-1})>0$,则

$$P(A_1A_2A_3\cdots A_n)=P(A_1)P(A_2|A_1)P(A_3|A_1A_2)\cdots P(A_n|A_1A_2\cdots A_{n-1}).\tag{⑥}$$

例 4 设盒中装有 4 个白球,6 个红球,每次从中随机地取出一个(不放回),抽取两次,试求:

(1) 两次都取到白球的概率; (2) 第一次取到白球,第二次取到红球的概率;

(3) 取到白球、红球各一个的概率.

解 设 A 表示"两次都取到白球",B 表示"第一次取到白球,第二次取到红球",C 表示"取到白球、红球各一个",A_i 表示"第 i 次取到白球"$(i=1,2)$.

(1) 因为 $A=A_1A_2$,由概率的乘法公式得

$$P(A)=P(A_1A_2)=P(A_1)P(A_2|A_1)=\frac{4}{10}\times\frac{3}{9}=\frac{2}{15}.$$

(2) 因为 $B=A_1\overline{A_2}$,由概率的乘法公式得

$$P(B)=P(A_1\overline{A_2})=P(A_1)P(\overline{A_2}|A_1)=\frac{4}{10}\times\frac{6}{9}=\frac{4}{15}.$$

(3) 因为 $C=A_1\overline{A_2}+\overline{A_1}A_2$，且 $A_1\overline{A_2}$ 与 $\overline{A_1}A_2$ 互不相容，故

$$P(C)=P(A_1\overline{A_2})+P(\overline{A_1}A_2)=P(A_1)P(\overline{A_2}\,|\,A_1)+P(\overline{A_1})P(A_2\,|\,\overline{A_1})$$
$$=\frac{4}{10}\times\frac{6}{9}+\frac{6}{10}\times\frac{4}{9}=\frac{8}{15}.$$

例 5 设某光学仪器厂制造的透镜，第一次落下时被打破的概率为 1/2；若第一次落下未被打破，第二次落下被打破的概率为 7/10；若前两次落下未被打破，第三次落下被打破的概率为 9/10. 试求透镜落下三次而未被打破的概率.

解 设 B 表示"透镜落下三次而未被打破"，A_i 表示"透镜第 i 次落下被打破"($i=1,2,3$). 因为 $B=\overline{A_1}\,\overline{A_2}\,\overline{A_3}$，由概率的乘法公式得

$$P(B)=P(\overline{A_1}\,\overline{A_2}\,\overline{A_3})=P(\overline{A_1})P(\overline{A_2}\,|\,\overline{A_1})P(\overline{A_3}\,|\,\overline{A_1}\,\overline{A_2})$$
$$=\left(1-\frac{1}{2}\right)\left(1-\frac{7}{10}\right)\left(1-\frac{9}{10}\right)=\frac{3}{200}.$$

例 6 设五人依序抓阄，五个阄中只有一阄内有物，试计算每个人抓到有物阄的概率.

解 设 A_i 表示"第 i 次抓到有物阄"($i=1,2,3,4,5$).

第一个人抓到有物阄的概率 $P(A_1)=1/5$.

第二个人抓到有物阄意味着第 1 次抓到空阄且第二次抓到了有物阄，故第二个人抓到有物阄的概率为

$$P(\overline{A_1}A_2)=P(\overline{A_1})P(A_2\,|\,\overline{A_1})=\frac{4}{5}\times\frac{1}{4}=\frac{1}{5}.$$

同样地，第三个人抓到有物阄的概率为

$$P(\overline{A_1}\,\overline{A_2}A_3)=P(\overline{A_1})P(\overline{A_2}\,|\,\overline{A_1})P(A_3\,|\,\overline{A_1}\,\overline{A_2})=\frac{4}{5}\times\frac{3}{4}\times\frac{1}{3}=\frac{1}{5}.$$

同理，第四、五个人抓到有物阄的概率也都是 1/5.

例 6 从理论上说明了抓阄的公平性，所以抓阄的方式被人们所认同和采用.

三、全概率公式和贝叶斯公式

从已知的简单事件的概率推算出未知的复杂事件的概率是概率论的一个重要研究课题. 为此，经常需要把一个复杂事件分解为若干个互不相容的简单事件之和，再通过分别计算这些简单事件的概率，最后利用概率的可加性得到最终结果. 全概率公式对解决这些复杂事件的概率问题起着重要的作用. 下面首先引入样本空间划分的定义.

定义 2 设 Ω 为样本空间，若存在 $A_i\subset\Omega(i=1,2,\cdots,n)$，满足

$$A_iA_j=\varnothing(i\neq j),\quad \bigcup_{i=1}^{n}A_i=\Omega,$$

则称 $A_1,A_2,\cdots,A_n$ 为 Ω 的一个**划分**.

如图 1,设对给定的样本空间 Ω,存在划分 $A_1,A_2,\cdots,A_n$,则事件 B 可表示为

$$B = B\Omega = B\left(\bigcup_{i=1}^{n} A_i\right) = \bigcup_{i=1}^{n} BA_i.$$

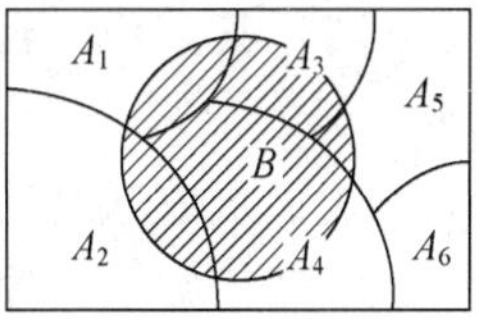

图 1

由概率的可加性得

$$P(B) = \sum_{i=1}^{n} P(BA_i),$$

再利用概率的乘法公式得

$$P(B) = \sum_{i=1}^{n} P(B\,|\,A_i)P(A_i).$$

这个公式称为全概率公式.

定理 2(全概率公式) 设样本空间 Ω 的一个划分为 $A_1,A_2,\cdots,A_n$,且 $P(A_i)>0(i=1,2,\cdots,n)$,则对任一事件 $B\subset\Omega$,有

$$P(B) = \sum_{i=1}^{n} P(B\,|\,A_i)P(A_i). \tag{7}$$

全概率公式是概率论的一个基本公式,应用很广泛.使用全概率公式的关键是对样本空间进行适当的划分,并在该划分下利用概率的乘法公式求出每一个 $P(BA_i)(i=1,2,\cdots,n)$.

定理 3(贝叶斯(Bayes)公式) 设 $A_1,A_2,\cdots,A_n$ 为样本空间 Ω 的一个划分,且 $P(A_i)>0(i=1,2,\cdots,n)$.对任意的事件 $B\subset\Omega$,若 $P(B)>0$,则

$$P(A_i\,|\,B) = \frac{P(B\,|\,A_i)P(A_i)}{\sum\limits_{i=1}^{n} P(B\,|\,A_i)P(A_i)} \quad (i = 1,2,\cdots,n). \tag{8}$$

证 由条件概率的定义及全概率公式得

$$\begin{aligned} P(A_i\,|\,B) &= \frac{P(A_iB)}{P(B)} = \frac{P(B\,|\,A_i)P(A_i)}{P(B)} \\ &= \frac{P(B\,|\,A_i)P(A_i)}{\sum\limits_{i=1}^{n} P(B\,|\,A_i)P(A_i)} \quad (i = 1,2,\cdots,n). \end{aligned}$$

在使用贝叶斯公式中,往往把 B 理解为"结果",样本空间 Ω 的划分 $A_1,A_2,\cdots,A_n$ 理解为"原因".贝叶斯公式给出了在"结果"事件 B 已发生的条件下,"原因"事件 $A_i(i=1,2,\cdots,n)$的条件概率.从这个意义上讲,它是一个"执果索因"的条件概率公式.相对于事件 B 而言,概率论中把 $P(A_i)$称为**先验概率**,而把 $P(A_i\,|\,B)$称为**后验概率**.贝叶斯公式就是用来计算后验概率的公式.后验概率是在已有附加信息(即事件 B 已发生)之后对先验概率做出的重新认识,是对先验概率的修正.这一思想方法所产生的统计推断在工程技术、经济分析、投资决策、药物的临床检验诸方面有极大的实用价值.

例 7 某厂用三台机床生产了同样规格的一批产品,第一、二、三台机床的产量分别占 50%,30%,20%,次品率依次为 3%,2%,4%. 现从这批产品中随机地取一件.

(1) 试求取到次品的概率;

(2) 若已知取到的是次品,此次品由三台机床生产的概率分别是多少?

解 设 B 表示"取到的一件是次品",A_i 表示"取到第 i 台机床生产的产品"($i=1,2,3$). 显然 A_1,A_2,A_3 构成样本空间的一个划分. 由题意知

$$P(A_1)=\frac{50}{100},\quad P(A_2)=\frac{30}{100},\quad P(A_3)=\frac{20}{100},$$

$$P(B|A_1)=\frac{3}{100},\quad P(B|A_2)=\frac{2}{100},\quad P(B|A_3)=\frac{4}{100}.$$

(1) 由全概率公式得

$$P(B)=\sum_{i=1}^{3}P(B|A_i)P(A_i)=\frac{3}{100}\times\frac{50}{100}+\frac{2}{100}\times\frac{30}{100}+\frac{4}{100}\times\frac{20}{100}=0.029.$$

(2) 由贝叶斯公式得

$$P(A_1|B)=\frac{P(B|A_1)P(A_1)}{P(B)}=\frac{0.03\times0.5}{0.029}=0.517,$$

$$P(A_2|B)=\frac{0.02\times0.3}{0.029}=0.207,\quad P(A_3|B)=\frac{0.04\times0.2}{0.029}=0.276.$$

计算结果表明,这件次品是第一台车床生产的可能性最大.

例 8 临床诊断记录表明,利用某种试验检查癌症的效果如下:对癌症患者进行试验的结果呈阳性者占 95%,对非癌症患者进行试验的结果呈阴性者占 96%. 现在用这种试验对某市居民进行癌症普查,假如该市的癌症患者数约占居民总数的 0.4%,求:

(1) 试验结果呈阳性者确实患有癌症的概率;

(2) 试验结果呈阴性者确实未患癌症的概率.

解 设 A 表示"试验结果呈阳性",B 表示"被检查者患有癌症",则由题意有

$$P(B)=0.004,\quad P(A|B)=0.95,\quad P(\overline{A}|\overline{B})=0.96.$$

由此可知

$$P(\overline{B})=0.996,\quad P(\overline{A}|B)=0.05,\quad P(A|\overline{B})=0.04.$$

(1) 由贝叶斯公式得试验结果呈阳性者确实患有癌症的概率为

$$P(B|A)=\frac{P(B)P(A|B)}{P(B)P(A|B)+P(\overline{B})P(A|\overline{B})}$$

$$=\frac{0.004\times0.95}{0.004\times0.95+0.996\times0.04}=0.0871.$$

上述结果表明,试验结果呈阳性者确实患有癌症的可能性并不大,还需要通过进一步检查才能确诊,否则,将会得出错误的诊断.

(2) 同样由贝叶斯公式得试验结果呈阴性者确定未患癌症的概率为

$$P(\overline{B}|\overline{A})=\frac{P(\overline{B})P(\overline{A}|\overline{B})}{P(B)P(\overline{A}|B)+P(\overline{B})P(\overline{A}|\overline{B})}$$

$$=\frac{0.996\times 0.96}{0.004\times 0.05+0.996\times 0.96}=0.9998.$$

(2)的结果表明,试验结果呈阴性者未患癌症的可能性极大,因此,这可作为排除呈阴性者患癌症的重要依据之一.

习　题　1.4

1. 设 A,B 为两个事件,且 $P(\overline{A})=0.3,P(B)=0.4,P(A\overline{B})=0.5$,求 $P(B|A\cup\overline{B})$.

2. 设 A,B 为两个事件,且 $P(A)=1/4,P(B|A)=1/3,P(A|B)=1/2$,求 $P(A\cup B)$.

3. 设一批零件共 100 个,次品率为 10%. 现每次从其中任取一个零件,取出的零件不放回,求第三次才取得合格品的概率.

4. 设袋中装有 r 个红球,t 个白球. 每次自袋中任取一个球,观察其颜色然后放回,并再放入 a 个与所取出的那个球同色的球. 若在袋中连续取球四次,试求第一、二次取到红球且第三、四次取到白球的概率.

5. 设有一批产品,其中 90% 是正品,10% 是次品. 已知正品被验证为正品的概率是 0.95,次品被检验为次品的概率为 0.90. 今从中任取一件产品,求检验其为正品的概率.

6. 设甲盒中装有 4 个白球,6 个红球;乙盒装有 2 个白球,8 个红球.

(1) 今从甲盒中随机取出一个球放入乙盒中,再从乙盒随机取出一个球,求取得白球的概率;

(2) 假设从乙盒中取出的是白球,问当初从甲盒中取出放入乙盒中的是白球的概率.

§1.5　随机事件的独立性

一、相互独立的随机事件

前面学习了条件概率,然而在实际中还存在另一类现象,即事件 B 发生与否对事件 A 的概率不产生影响. 下面我们先看一个例子.

例 1　设一个袋子中装有 a 个黑球和 b 个白球. 采用有放回摸球,连续摸两次,每次摸一个,求:

(1) 在已知第一次摸得黑球的条件下,第二次摸出黑球的概率;

(2) 第二次摸出黑球的概率.

解　设事件 A 表示"第一次摸得黑球",事件 B 表示"第二次摸得黑球",则

$$P(A)=\frac{a}{a+b},\quad P(AB)=\frac{a^2}{(a+b)^2},\quad P(\overline{A}B)=\frac{ba}{(a+b)^2}.$$

(1) 在已知第一次摸得黑球的条件下，第二次摸出黑球的概率为

$$P(B|A)=\frac{P(AB)}{P(A)}=\frac{a}{a+b}.$$

(2) 第二次摸出黑球的概率为

$$P(B)=P(AB)+P(\overline{A}B)=\frac{a^2}{(a+b)^2}+\frac{ba}{(a+b)^2}=\frac{a}{a+b}.$$

从上面的计算可看出 $P(B|A)=P(B)$. 这说明事件 A 发生与否，对事件 B 发生的概率没有影响. 也就是说在有放回抽样情况下事件 A 与事件 B 的发生具有某种"独立性". 为此引入事件的独立性的概念.

定义 1 若事件 A,B 满足

$$P(AB)=P(A)P(B), \qquad ①$$

则称事件 A 与 B **相互独立**.

由该定义可推出如下定理：

定理 1 设 A,B 为两个事件，且 $P(B)>0$，则 A 与 B 相互独立的充分必要条件是 $P(A|B)=P(A)$. 若 $P(A)>0$，则 A 与 B 相互独立的充分必要条件是 $P(B|A)=P(B)$.

定理 2 若事件 A 与 B 相互独立，则下列三对事件 $\overline{A}$ 与 B，A 与 $\overline{B}$，$\overline{A}$ 与 $\overline{B}$ 亦相互独立.

证 由于

$$\begin{aligned}P(\overline{A}B)&=P(B-AB)=P(B)-P(AB)\\&=P(B)-P(A)P(B)=P(B)[1-P(A)]\\&=P(\overline{A})P(B),\end{aligned}$$

所以 $\overline{A}$ 与 B 相互独立. 其余结论即可推知.

例 2 甲、乙两人同时独立向一敌机开炮，已知甲击中敌机的概率为 0.6，乙击中敌机的概率为 0.5，求敌机被击中的概率.

解 设 A 表示"甲击中敌机"，B 表示"乙击中敌机"，C 表示"敌机被击中"，根据题意有 $C=A\cup B$.

方法 1 由概率的加法公式以及 A 与 B 相互独立得

$$\begin{aligned}P(C)&=P(A\cup B)=P(A)+P(B)-P(AB),\\&=P(A)+P(B)-P(A)P(B)\\&=0.6+0.5-0.3=0.8.\end{aligned}$$

方法 2 因为 A 与 B 相互独立，从而 $\overline{A}$ 与 $\overline{B}$ 相互独立，所以

$$\begin{aligned}P(C)&=1-P(\overline{C})=1-P(\overline{A\cup B})=1-P(\overline{A}\cap\overline{B})\\&=1-P(\overline{A})P(\overline{B})=1-0.4\times0.5=0.8.\end{aligned}$$

例 3 若事件 A,B 互不相容，且 $P(A)>0$，$P(B)>0$，证明 A 与 B 不相互独立.

证 因为 $AB=\varnothing$，从而 $P(AB)=P(\varnothing)=0$，又 $P(A)>0$，$P(B)>0$，故 $P(A)P(B)>0$，所以 $P(AB)\neq P(A)P(B)$，因此 A 与 B 不相互独立.

类似地，可以定义三个事件的独立性.

定义 2 对 A,B,C 三个事件，若下列四个等式同时成立，则称它们**相互独立**：

$$\left.\begin{aligned} P(AB) &= P(A)P(B), \\ P(BC) &= P(B)P(C), \\ P(AC) &= P(A)P(C), \end{aligned}\right\} \qquad ②$$

$$P(ABC) = P(A)P(B)P(C). \qquad ③$$

由两个事件相互独立的定义可知，若②成立，则 A 与 B，B 与 C，C 与 A 都相互独立，即 A,B,C 两两独立. 可见，若三个事件相互独立，则一定两两独立；反之，若三事件两两独立，不一定相互独立. 这从下面的例子可以看出.

例 4(伯恩斯坦(Bernstein)反例) 设一个均匀的正四面体，其第一面染成红色，第二面染成白色，第三面染成黑色，而第四面同时染上红、白、黑三种颜色. 现以 A,B,C 分别记投掷一次四面体出现红、白、黑颜色朝下的事件，则由于在四面体中有两面有红色，因此 $P(A)=1/2$，同理可知 $P(B)=P(C)=1/2$. 由题意可算出

$$P(AB) = P(BC) = P(AC) = 1/4,$$

所以 A,B,C 两两独立. 但

$$P(ABC) = 1/4 \neq 1/8 = P(A)P(B)P(C),$$

所以 A,B,C 不相互独立.

下面定义 n 个事件的独立性.

定义 3 对 $n(n\geqslant 2)$ 个事件 $A_1,A_2,\cdots,A_n$，若其中任意一组事件 $A_{i_1},A_{i_2},\cdots,A_{i_k}(2\leqslant k\leqslant n)$，都有

$$P(A_{i_1}A_{i_2}\cdots A_{i_k}) = P(A_{i_1})P(A_{i_2})\cdots P(A_{i_k})$$

成立，则称 $A_1,A_2,\cdots,A_n$ 相互独立.

从定义容易看出，n 个事件相互独立需要

$$C_n^2 + C_n^3 + \cdots + C_n^n = 2^n - n - 1$$

个等式来保证.

显然若 n 个事件相互独立，则它们中的任何 $m(2\leqslant m<n)$ 个事件也相互独立. 另外，对多个相互独立的事件也有类似于本节定理 1 和定理 2 的结论成立，请读者自行叙述并验证.

最后，对无穷多个事件，若其中任意有限多个事件都相互独立，则这无穷多个事件是相互独立的.

例 5 设某射手向某一目标射击，该射手在一次射击中命中目标的概率为 $p=0.004$. 求 n 次独立射击过程中击中目标的概率.

解 设 A 表示"n 次独立射击过程中击中目标"，A_i 表示"第 i 次射击时击中目标"$(i=$

$1,2,\cdots,n$). 由题意可知 $A_1,A_2,\cdots,A_n$ 是相互独立的,且 $A=\bigcup_{i=1}^{n}A_i$, $P(A_i)=p=0.004$,则

$$P(A)=P\left(\bigcup_{i=1}^{n}A_i\right)=1-P\left(\overline{\bigcup_{i=1}^{n}A_i}\right)=1-P\left(\bigcap_{i=1}^{n}\overline{A_i}\right)$$
$$=1-P(\overline{A_1})P(\overline{A_2})\cdots P(\overline{A_n})=1-(1-p)^n=1-0.996^n.$$

本例应用了德·摩根对偶律和事件的独立性,使得计算简化.请读者在做题时注意使用这一方法.另外,从本例的结果可见,虽然 $p=0.004$ 很小,但当 n 很大时,$P(A)$可以达到较大.比如该题当 $n=100$ 时,$P(A)\approx 0.33$.这说明虽然小概率事件在一次试验中几乎不可能发生,但多次重复后,即当试验次数尽可能的多且各次试验独立进行时,那么这一事件的发生几乎是必然的.所以在日常的生活和工作中,绝不能轻视小概率事件.

二、独立试验概型

重复独立试验概型在概率论理论和应用中起着十分重要的作用.前面已经讲过,随机现象的统计规律性只有在相同条件下进行大量的重复试验或观察才显示出来.重复独立试验是针对"在相同条件下重复试验"的数学模型而提出的.下面研究一类最简单的重复独立试验——n 重伯努利(Bernoulli)试验.

伯努利试验(或**伯努利概型**)是指每次试验只有两个可能的结果的试验.这两个结果可分别用事件 A 与 $\overline{A}$ 表示,并设

$$P(A)=p,\quad P(\overline{A})=q\quad (0<p<1,q=1-p).$$

n 重伯努利试验是重复地进行 n 次独立的伯努利试验.它具有下面四个特点:

(1) 共进行 n 次试验;

(2) 各次试验相互独立;

(3) 每次试验出现两个结果之一:A 或 $\overline{A}$;

(4) A 在每次试验中出现的概率 p 保持不变.

关于 n 重伯努利试验,有下面重要的定理.

定理 3 设在 n 重伯努利试验中,事件 A 的概率为 p,则在 n 次试验中事件 A 出现 k 次的概率为

$$P_n(k)=\mathrm{C}_n^k p^k q^{n-k}\quad (0\leqslant k\leqslant n,q=1-p),$$

并且

$$\sum_{k=0}^{n}P_n(k)=1.$$

证 由伯努利概型知事件 A 在其中的 k 次试验中发生,而在其余 $n-k$ 次试验中不发生.事件"在指定 k 次试验中事件 A 发生,而其余 $n-k$ 次试验中事件 A 不发生"的概率为 p^kq^{n-k}.显然事件 A 的发生可以有各种排列顺序,由排列组合理论可知它共有 C_n^k 种不同的

排列顺序，而 C_n^k 种排列所对应的 C_n^k 个事件是互不相容的，则由概率的加法公式得

$$P_n(k) = C_n^k p^k q^{n-k} \quad (0 \leqslant k \leqslant n),$$

并且

$$\sum_{k=0}^{n} P_n(k) = \sum_{k=0}^{n} C_n^k p^k q^{n-k} = (p+q)^n = 1.$$

例 6 一个射手进行射击，设每次射击的命中率为 0.02，独立射击 400 次，试求至少击中两次的概率.

解 设 A 表示"每次射击击中目标"，则

$$P(A) = 0.02, \quad P(\overline{A}) = 0.98,$$

由题意，可用 $n=400$ 的伯努利概型来研究所求事件的概率：

$$p = \sum_{k=2}^{400} C_{400}^k \times 0.02^k \times 0.98^{400-k}$$

$$= 1 - C_{400}^0 \times 0.02^0 \times 0.98^{400} - C_{400}^1 \times 0.02^1 \times 0.98^{399} = 0.9972.$$

要直接计算上述概率是很困难的，实际应用中可用近似公式进行计算，近似计算方法将在第二章中给出.

习 题 1.5

1. 设 A,B 为两个相互独立的事件，且 $P(A)=0.3, P(B)=0.5$，求 $P(\overline{A}B), P(A\overline{B}), P(\overline{A}|\overline{B})$.

2. 设 A,B 为两个相互独立的事件，且 $P(A)=0.4, P(A\cup B)=0.7$，求 $P(\overline{B}|A)$.

3. 设事件 A,B 相互独立，且 $P(A)=1/3, P(B)=1/2$，求 $P(\overline{AB})$ 与 $P(\overline{A\cup B})$.

4. 设四人同时射击一目标，他们击中目标的概率分别是 0.5，0.3，0.4，0.2，试求目标被击中的概率.

5. 设事件 $A_1,A_2,\cdots,A_n$ 相互独立，而 $P(A_k)=p_k(k=1,2,\cdots,n)$，试求：

(1) 所有事件均不发生的概率；

(2) 事件 $A_1,A_2,\cdots,A_n$ 中至少有一个不发生的概率；

(3) 事件 $A_1,A_2,\cdots,A_n$ 中恰好发生一个的概率.

6. 已知某条自动生产线上产品的一级品率为 0.6. 现检查了 10 件，求至少有两件一级品的概率.

总练习题一

1. 设 $A_1,A_2,\cdots,A_n$ 为 n 个事件，试将 $A_1\cup A_2\cup\cdots\cup A_n$ 表示成 n 个互不相容事件的和.

2. 设 A,B 是两个事件，且 $P(A)=0.6,P(B)=0.7$，问：

(1) 在什么条件下 $P(AB)$ 取到最大值，最大值是多少？

(2) 在什么条件下 $P(AB)$ 取到最小值，最小值是多少？

3. 设 A,B 为两个任意事件，求证：$P(AB)=P(\overline{A}\,\overline{B})$ 的充要条件是 $P(A)+P(B)=1$.

4. 已知甲袋中有红、黑、白球各 3 个，乙袋中有黄、黑、白球各 2 个. 现从甲、乙两袋中各取一球，求所取两球有相同颜色的概率.

5. 在 1～2000 的整数中随机地取一个数，问：取到的整数既不能被 6 整除，又不能被 8 整除的概率是多少？

6. 从五双不同的鞋子中任取四只，问：这四只鞋子中至少有两只配成一双的概率是多少？

7. 已知男性有 5% 是色盲患者，女性有 0.25% 是色盲患者. 今从男女人数相等的人群中随机地挑选一人，恰好是色盲患者，问：此人是男性的概率是多少？

8. 设在一盒中有 15 个球，其中 9 个新球. 第一次比赛从中任取 3 个使用，赛后仍放回盒中，第二次比赛再从中任取 3 个球. 求：

(1) 第二次取出的球都是新球的概率；

(2) 已知第二次取出的球都是新球，第一次仅取出 2 个新球的概率.

9. 三人独立地去破译一份密码，已知各人能译出的概率分别为 1/5，1/3，1/4. 问：三人中至少有一人能将此密码译出的概率是多少？

10. 设对同一目标进行三次独立射击，第一、二、三次射击的命中概率分别为 0.4，0.5，0.7. 试求：

(1) 恰好有一次命中目标的概率；　　(2) 至少有一次命中目标的概率.

11. 设 A,B 为两个事件，且已知 $P(A)=0.2,P(B)=0.3,P(\overline{B}|A)=0.6$，求 $P(\overline{A}\cup\overline{B})$ 和 $P(B|\overline{A})$.

12. 设 A,B 为两个事件，且已知 $P(A)=0.3,P(B)=0.4,P(B|A)=0.7$，求 $P(\overline{A}-B)$ 和 $P(\overline{A}|B)$.

13. 设事件 A,B,C 两两独立，且 A,B,C 至少有一个不发生的概率为 $\frac{13}{25}$，A,B,C 至少有一个发生的概率为 $\frac{24}{25}$，$P(A)=P(B)=P(C)$，求 $P(A)$.

14. 设甲、乙、丙三人向同一飞机射击，击中的概率分别是 0.4，0.5，0.7. 若只有一人击中，则飞机被击落的概率为 0.2；若有两人击中，则飞机被击落的概率是 0.6；若三人都击中，则飞机一定被击落. 求飞机被击落的概率.

第二章 随机变量及其概率分布

在第一章我们研究了随机事件及其概率.为了利用更多的数学工具研究随机现象,本章介绍随机变量及其分布函数的概念.随机变量的引入,可以将随机试验的结果数量化,使我们能借助于近代数学中的一些重要方法,更深入地揭示随机现象的规律性.

§2.1 随机变量与分布函数

一、随机变量

在我们讨论过的随机试验中,有些试验的样本空间本身就是用数值表示的.例如,抛掷骰子出现的点数,它的样本空间是$\{1,2,3,4,5,6\}$;再如考查一个电子元件的使用寿命,其样本空间为$\{t: t\geqslant 0\}$;等等.但是还有一些试验的样本空间不是用数值而是用属性刻画的,对于这类试验,我们可以设法使样本点和数值对应起来.例如,抛掷一枚均匀的硬币观察结果,其样本空间是{正面,反面},如果引入变量 X,对应于试验的两个结果,将 X 的值分别规定为 1 和 0,即

$$X=\begin{cases}1, & \text{当出现正面时},\\ 0, & \text{当出现反面时},\end{cases}$$

这样,样本点就和数值对应起来,同时随着试验结果的确定,X 的取值也就确定了.

由此看出,不管随机试验的结果是否是数值,我们都可以建立从样本空间到实数的对应关系,用数值来表示试验的结果.由于这样的数值依赖随机试验的结果,而对随机试验来说,尽管能事先明确试验的所有可能结果,但在每次试验之前无法断定会出现何种结果,从而也就无法确定它的值,即它的值具有随机性,亦即这样的数值可以看做某个变量的随机取值.因此我们引入随机变量的概念.

定义 1 设 E 是随机试验,它的样本空间为 $\Omega=\{e\}$.若 $X=X(e)$ $(e\in\Omega)$是定义在 Ω 上的一个单值实函数,且对于任意实数 x,集合$\{X\leqslant x\}$ $=\{e: X(e)\leqslant x, e\in\Omega\}$是随机事件,则称 $X=X(e)$为 Ω 上的一个**随机变量**.

注 1 定义 1 表明，随机变量 $X=X(e)$ 是样本点 e 的函数，但它与普通实函数有本质的区别：普通实函数无需做试验便可依据自变量的值确定函数值；而随机变量随着试验出现不同的结果而取不同的值. 由于试验所有可能出现的结果是预先知道的，故对每一个随机变量，我们可以知道它的取值范围及取值的概率，但在试验前不能预知它取什么值，只有在试验之后，依据所出现的结果才能确定.

注 2 定义 1 中要求对任一实数 x，$\{X\leqslant x\}$ 都是随机事件，是为了方便概率的计算. 因此并非任何定义在 E 上的单值实函数 $X(e)$ 都是随机变量，而是对函数有一定的要求，也就是说把随机试验的结果数量化时，不可随心所欲，而是应该符合概率公理体系的规范. 将定义在 E 上的单值实函数区分为随机变量和非随机变量，在理论研究上是必要的，但在应用中一般不会遇到这样的问题，故不做深入讨论.

本书中，随机变量用大写的英文字母 X,Y,Z 等表示，其取值用小写字母 x,y,z 等表示.

引入随机变量之后，随机事件就可以用随机变量值的集合来表示. 首先，对于任意实数 x，集合 $\{X\leqslant x\}$ 是一个随机事件，又由

$$\{X < x\} = \bigcup_{n=1}^{\infty}\left\{X \leqslant x - \frac{1}{n}\right\}$$

知 $\{X<x\}$ 也是随机事件，于是对任意的实数 $x,x_1,x_2(x_1\leqslant x_2)$，

$$\{x_1<X\leqslant x_2\}=\{X\leqslant x_2\}-\{X\leqslant x_1\},\quad \{X=x_1\}=\{X\leqslant x_1\}-\{X<x_1\},$$

$$\{X>x\}=\overline{\{X\leqslant x\}},\quad \{X\geqslant x\}=\overline{\{X<x\}}$$

都是随机事件. 同样 $\{x_1\leqslant X\leqslant x_2\}$，$\{x_1\leqslant X<x_2\}$ 和 $\{x_1<X<x_2\}$ 也是随机事件.

例 1 设一批产品有 30 件，其中有 8 件次品，22 件正品. 现从中取出 6 件，令 X 表示取出 6 件产品中的次品数，则 X 是一个随机变量，它的可能取值为 $0,1,2,\cdots,6$. 事件 $\{X=0\}$ 表示“取出的产品全是正品”，事件 $\{X\geqslant 1\}$ 表示“取出的产品至少有一件次品”.

例 2 观察某一路口在上午 8:00 到 9:00 之间通过的汽车数，令 X 表示在该时间段内通过的汽车数，则 X 是一随机变量，X 的可能取值为 $0,1,2,\cdots$. 事件 $\{10\leqslant X\leqslant 100\}$ 表示“通过的车数介于 10～100 辆之间”.

例 3 某厂生产一种电子元件，按规定电子元件的寿命小于 1000 h 为次品，在 1000～2000 h 之间为二等品，大于 2000 h 为一等品. 现随机抽取一个进行检验，用 X 表示所检测元件的寿命，则 X 是一个随机变量，它的可能取值是非负实数. 事件 $\{X<1000\}$ 表示“电子元件是次品”，事件 $\{1000\leqslant X\leqslant 2000\}$ 表示“电子元件是二等品”，事件 $\{X>2000\}$ 表示“电子元件是一等品”.

由以上例子可以看出，随机变量的引入，使概率论的研究由个别随机事件扩大为随机变量所表征的随机现象的研究. 正因为随机变量可以描述各种随机事件，使我们不只是孤立地研究单个随机事件，而是通过随机变量将各个随机事件联系起来进行研究. 因此随机事件是从静态的观点来研究随机现象，而随机变量则是从动态的观点来研究随机现象，随机事件的

概念是包含在随机变量这个更广的概念之中的.

随机变量分为两类：离散型随机变量和非离散型随机变量.非离散型随机变量的范围广泛且复杂，其中最常见也是最重要的随机变量就是连续型随机变量.本书在以后章节中只讨论离散型随机变量和连续型随机变量.

二、分布函数

对于随机变量 X，我们不只是看它取哪些值，更重要的是看它以多大的概率取那些值.由随机变量的定义可知，对于每一个实数 x，$\{X\leqslant x\}$都是一个随机事件，因此有一个确定的概率 $P\{X\leqslant x\}$与之对应，所以概率 $P\{X\leqslant x\}$是 x 的函数.这个函数在理论和应用中都是很重要的，为此有以下定义：

定义 2 设 X 是一个随机变量，对于任意实数 x，称函数

$$F(x)=P\{X\leqslant x\} \quad (-\infty<x<+\infty) \qquad ①$$

为随机变量 X 的**分布函数**.

分布函数实质上是一个特殊事件$\{X\leqslant x\}$的概率，它是一个普通函数，其定义域为全体实数.从几何的角度来看，如果将 X 看做是数轴上随机点的坐标，那么分布函数 $F(x)$在点 x 处的值为随机变量 X 落在区间$(-\infty,x]$上的概率.

若随机变量 X 的分布函数为 $F(x)$，则对于任意实数 $x_1,x_2(x_1\leqslant x_2)$，有

$$P\{x_1<X\leqslant x_2\}=P\{X\leqslant x_2\}-P\{X\leqslant x_1\}=F(x_2)-F(x_1). \qquad ②$$

因此，若已知 X 的分布函数，我们就知道 X 落在任一区间$(x_1,x_2]$上的概率.从这个意义上说，分布函数完整地描述了随机变量的统计规律性.

分布函数 $F(x)$具有以下重要**性质**：

(1) $0\leqslant F(x)\leqslant 1$；

(2) **单调性**：当 $x_1<x_2$ 时，$F(x_1)\leqslant F(x_2)$；

(3) $F(-\infty)=\lim\limits_{x\to-\infty}F(x)=0$，$F(+\infty)=\lim\limits_{x\to+\infty}F(x)=1$；

(4) **右连续性**：$F(x+0)=\lim\limits_{t\to x+0}F(t)=F(x)$.

证 (1) 由于分布函数 $F(x)$表示事件$\{X\leqslant x\}$的概率，故 $0\leqslant F(x)\leqslant 1$.

(2) 当 $x_1<x_2$ 时，$\{X\leqslant x_1\}\subset\{X\leqslant x_2\}$，由概率的单调性，有

$$F(x_1)=P\{X\leqslant x_1\}\leqslant P\{X\leqslant x_2\}=F(x_2).$$

(3)，(4)的证明从略.

以上四条性质是分布函数最本质的性质，即任何随机变量的分布函数都具备这四条性质；反之还可以证明，如果一元函数 $F(x)$具有以上四条性质，则它一定可以作为某一个随机变量的分布函数.因此，这四条性质常被用于检验一个函数是否是某随机变量 X 的分布函数.

利用分布函数，进一步可以得到

$$P\{X<x\}=\lim_{n\to\infty}P\left\{X\leqslant x-\frac{1}{n}\right\}=\lim_{n\to\infty}F\left(x-\frac{1}{n}\right)=F(x-0), \tag{③}$$

$$P\{X=x\}=P\{X\leqslant x\}-P\{X<x\}=F(x)-F(x-0), \tag{④}$$

例 4 将一枚硬币抛掷 3 次，用随机变量 X 表示"3 次中正面出现的次数"，求：

(1) X 的分布函数； (2) $P\left\{X\leqslant\frac{1}{2}\right\}$，$P\left\{\frac{3}{2}<X\leqslant\frac{5}{2}\right\}$，$P\{2\leqslant X\leqslant 3\}$的值.

解 将"出现正面"记为 H，"出现反面"记为 T，则样本空间为

$$\Omega=\{HHH,HHT,HTH,THH,HTT,TTH,THT,TTT\}.$$

随机变量 X 的可能取值是 0,1,2,3，且

$$P\{X=0\}=1/8,\quad P\{X=1\}=P\{X=2\}=3/8,\quad P\{X=3\}=1/8.$$

当 $x<0$ 时，$F(x)=P\{X\leqslant x\}=0$；

当 $0\leqslant x<1$ 时，$F(x)=P\{X\leqslant x\}=P\{X=0\}=1/8$；

当 $1\leqslant x<2$ 时，$F(x)=P\{X=0\}+P\{X=1\}=1/2$；

当 $2\leqslant x<3$ 时，$F(x)=P\{X=0\}+P\{X=1\}+P\{X=2\}=7/8$；

当 $x\geqslant 3$ 时，

$F(x)=P\{X=0\}+P\{X=1\}+P\{X=2\}+P\{X=3\}=1.$

所以，X 的分布函数(图 1)为

$$F(x)=\begin{cases}0, & x<0,\\ 1/8, & 0\leqslant x<1,\\ 1/2, & 1\leqslant x<2,\\ 7/8, & 2\leqslant x<3,\\ 1, & x\geqslant 3.\end{cases}$$

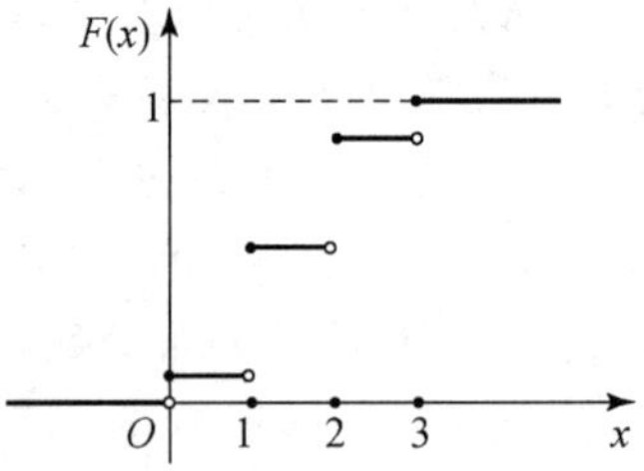

图 1

于是

$$P\left\{X\leqslant\frac{1}{2}\right\}=F\left(\frac{1}{2}\right)=\frac{1}{8},\quad P\left\{\frac{3}{2}<X\leqslant\frac{5}{2}\right\}=F\left(\frac{5}{2}\right)-F\left(\frac{3}{2}\right)=\frac{7}{8}-\frac{1}{2}=\frac{3}{8},$$

$$P\{2\leqslant X\leqslant 3\}=F(3)-F(2)+P\{X=2\}=1-\frac{7}{8}+\frac{3}{8}=\frac{1}{2}.$$

例 5 在半径为 2 的圆域 D 内任投一点，设点落在 D 内任何部分区域的概率与该区域的面积成正比. 以 X 表示投入的点与圆心的距离，试求随机变量 X 的分布函数.

解 当 $x<0$ 时，$\{X\leqslant x\}$是不可能事件，于是 $F(x)=P\{X\leqslant x\}=0$.

当 $0\leqslant x<2$ 时，根据题意有

$$\begin{aligned}F(x)&=P\{X\leqslant x\}=P\{X\leqslant 0\}+P\{0<X\leqslant x\}\\&=P\{0<X\leqslant x\}=\frac{\pi x^2}{\pi\cdot 2^2}=\frac{x^2}{4};\end{aligned}$$

当 $x\geqslant 2$ 时，$\{X\leqslant x\}$是必然事件，于是 $F(x)=1$.

所以 X 的分布函数为

$$F(x)=\begin{cases}0, & x<0,\\ x^2/4, & 0\leqslant x<2,\\ 1, & x\geqslant 2.\end{cases}$$

$F(x)$的图形为一连续曲线(如图 2).

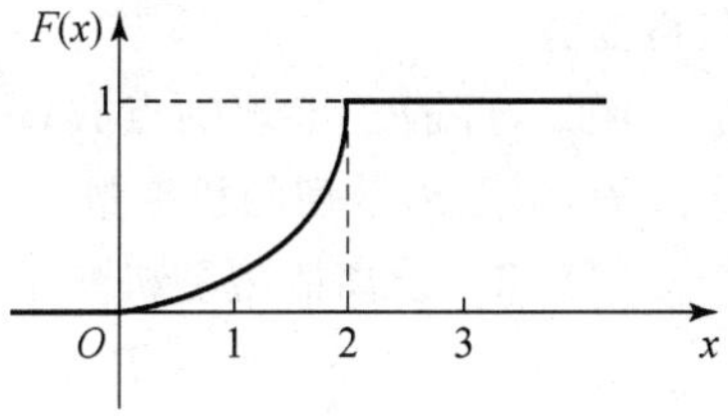

图 2

习 题 2.1

1. 观察某市一年的降水量,用随机变量表示下列事件:

(1) 降水量不足 30 mm; (2) 降水量在 60～100 mm; (3) 降水量超过 200 mm.

2. 判断下列函数是否为某随机变量的分布函数:

(1) $F(x)=\begin{cases}0, & x<0,\\ \sin x, & 0\leqslant x<\pi/2,\\ 1, & x\geqslant\pi/2;\end{cases}$ (2) $F(x)=\begin{cases}0, & x<0,\\ \cos x, & 0\leqslant x<\pi,\\ 1, & x\geqslant\pi.\end{cases}$

3. 设随机变量 X 的分布函数为

$$F(x)=\begin{cases}0, & x<0,\\ x/3, & 0\leqslant x<1,\\ x/2, & 1\leqslant x<2,\\ 1, & x\geqslant 2.\end{cases}$$

求:(1) $P\{X\leqslant 1/2\}$; (2) $P\{1/2\leqslant X\leqslant 1\}$; (3) $P\{1/2<X<1\}$;

(4) $P\{1\leqslant X\leqslant 3/2\}$; (5) $P\{1<X<2\}$.

4. 在区间$[a,b]$上任意投一个质点,以 X 表示这个质点的坐标. 设这个质点落在$[a,b]$中任意小区间内的概率与这个小区间的长度成正比例,试求 X 的分布函数.

5. 设随机变量 X 的分布函数为 $F(x)=A+B\arctan x$,求:

(1) 常数 A,B 的值; (2) $P\{0<X\leqslant 2\}$.

6. 设函数 $F_1(x)$和 $F_2(x)$都是随机变量的分布函数,a,b 为非负常数且 $a+b=1$,证明函数 $F(x)=aF_1(x)+bF_2(x)$也是随机变量的分布函数.

§2.2 离散型随机变量

在第一节中讨论了一般的随机变量,在本节及下一节中,我们将分别讨论两类最重要的随机变量——离散型随机变量和连续型随机变量.

一、离散型随机变量的概念

定义 1 如果随机变量 X 的所有可能取值是有限个或可列无穷多个,则称 X 为**离散型**

随机变量.

例如,掷骰子出现的点数;n 次射击中击中目标的次数;电话交换台一天中收到的呼叫次数等,都是离散型随机变量.

定义 2 设离散型随机变量 X 的所有可能取值为 $x_1,x_2,\cdots,x_n,\cdots$,称

$$P\{X=x_k\}=p_k \quad (k=1,2,\cdots,n,\cdots) \qquad ①$$

为离散型随机变量 X 的**概率分布律**(简称**分布律**).

离散型随机变量 X 的分布律①也常用表格形式表示如下:

X	x_1	x_2	$\cdots$	x_n	$\cdots$
P	p_1	p_2	$\cdots$	p_n	$\cdots$

由概率的性质知,离散型随机变量 X 的分布律具有以下两个性质:

(1) **非负性**:$p_k\geqslant 0(k=1,2,\cdots)$;

(2) **规范性**:$\sum\limits_k p_k=1$.

进一步可以证明,任意满足以上两个性质的数列$\{p_k\}$,都可以作为某个离散型随机变量的分布律.

设离散型随机变量 X 的分布律为 $P\{X=x_k\}=p_k(k=1,2,\cdots,n,\cdots)$,根据分布函数的定义,$X$ 的分布函数为

$$F(x)=P\{X\leqslant x\}=P\Big(\bigcup_{x_k\leqslant x}\{X=x_k\}\Big)=\sum_{x_k\leqslant x}P\{X=x_k\}=\sum_{x_k\leqslant x}p_k.$$

由此可知,离散型随机变量 X 的分布函数 $F(x)$是一个右连续、单调不减的阶梯函数,每一个点 x_k 是 $F(x)$的第一类跳跃型间断点,在点 x_k 处的跳跃度为 p_k(假定对每一个 k,$p_k>0$). 不妨设 $x_1<x_2<\cdots<x_{k-1}<x_k<\cdots<x_n<\cdots$,则 X 的分布函数的图形大致如图 1 所示.

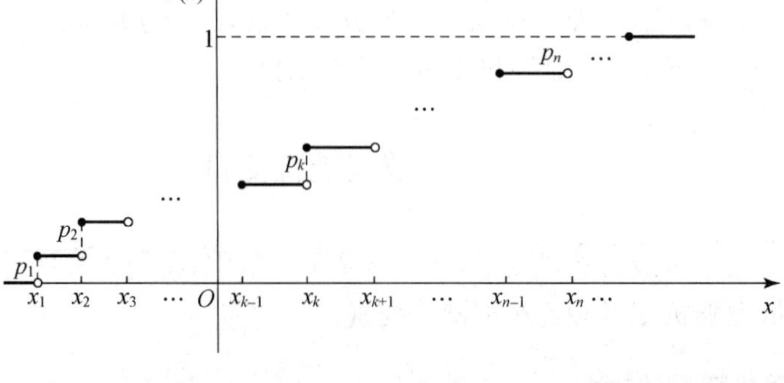

图 1

离散型随机变量的分布函数和分布律可以相互唯一确定，因此分布律和分布函数一样，完整地刻画了离散型随机变量取值的统计规律性.

例 1 设袋中装有 5 个同样大小的球，编号为 1,2,3,4,5. 从中同时取出 3 个球，求取出的最大号码 X 的分布律及其分布函数，并作出分布函数的图形.

解 由题知，X 的可能取值为 3,4,5，且

$$P\{X=3\}=1/C_5^3=1/10,\ P\{X=4\}=C_3^2/C_5^3=3/10,\ P\{X=5\}=C_4^2/C_5^3=6/10,$$

所以，X 的分布律为

X	3	4	5
P	1/10	3/10	3/5

由 $F(x)=\sum\limits_{x_k\leqslant x}p_k$ 得 X 的分布函数

$$F(x)=\begin{cases}0, & x<3,\\ 1/10, & 3\leqslant x<4,\\ 2/5, & 4\leqslant x<5,\\ 1, & x\geqslant 5.\end{cases}$$

其图形如图 2 所示.

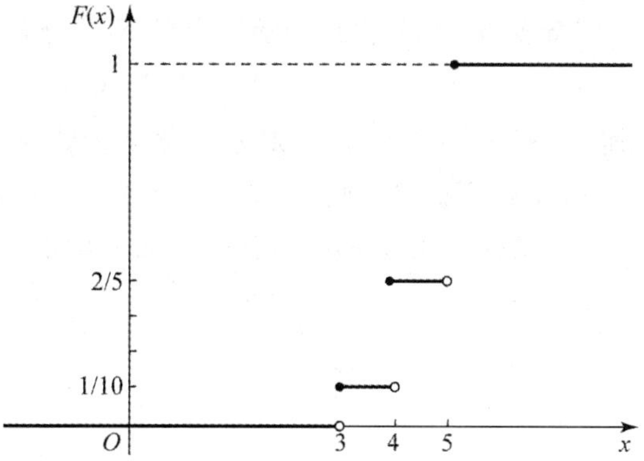

图 2

二、几种常见的离散型随机变量的分布

1. 两点分布

定义 3 设离散型随机变量 X 只可能取 0 和 1 两个值，且它的分布律为

$$P\{X=k\}=p^k(1-p)^{1-k}\quad (k=0,1;0<p<1), \qquad ②$$

则称 X 服从参数为 p 的**两点分布**，也称 X 服从 0-1 **分布**，记为 $X\sim$0-1 分布.

两点分布的分布律②也可以表示为

X	1	0
P	p	$1-p$

显然②式满足分布律的两个基本性质.

两点分布是最简单的一种分布，可用来描述只有两种可能结果 A 和 $\overline{A}$ 的随机试验的概率分布，如新生婴儿的性别、射击是否击中目标、种籽是否发芽、系统是否正常、电力消耗是否超负荷等，都属于两点分布.

2. 二项分布

n 重伯努利试验是一种很重要的数学模型，也是研究最多的模型之一.

由第一章§1.5定理3知“n重伯努利试验中事件A出现k次”这一事件的概率为

$$p_k = C_n^k p^k q^{n-k} \quad (k=0,1,2,\cdots,n),$$

其中$P(A)=p(0<p<1,q=1-p)$. 易知$p_k \geqslant 0(k=0,1,2,\cdots,n)$,且

$$\sum_{k=0}^{n} p_k = \sum_{k=0}^{n} C_n^k p^k q^{n-k} = (p+q)^n = 1,$$

故$p_k(k=0,1,2,\cdots,n)$满足分布律的两个性质,且各个p_k恰好由二项式$(p+q)^n$展开的各项组成,从而有以下定义:

定义4 如果离散型随机变量X的分布律为

$$P\{X=k\} = C_n^k p^k q^{n-k} \quad (k=0,1,2,\cdots,n), \qquad ③$$

其中$0<p<1,q=1-p$,则称X服从参数为n,p的**二项分布**,记为$X \sim B(n,p)$.

当$n=1$时,二项分布就是两点分布. 故有时两点分布也记为$B(1,p)$.

图3(a),(b),(c)是对某些n和p的取值,作出的二项分布$B(n,p)$的概率分布图.

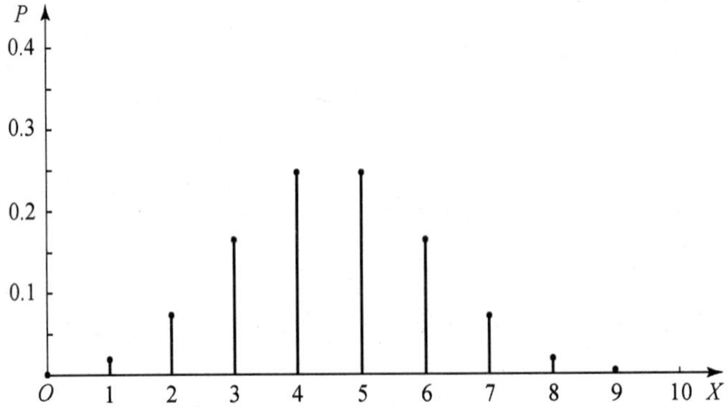

(a) n=9, p=0.5

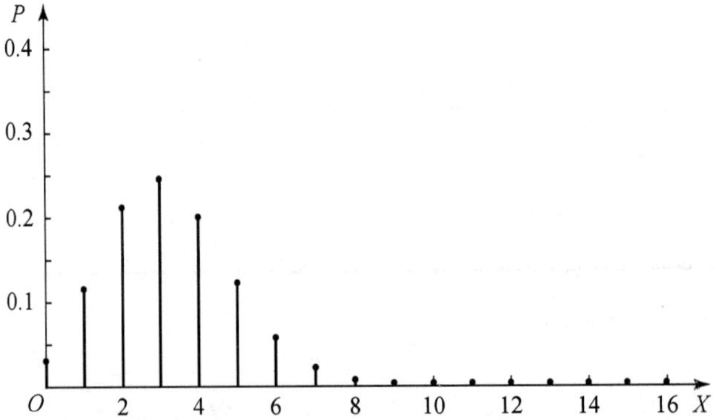

(b) n=16, p=0.2

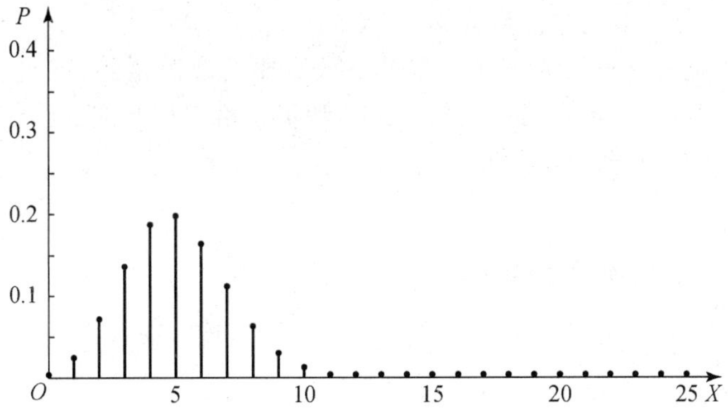

(c) n=25，p=0.2

图 3

设随机变量 $X\sim B(n,p)$. 下面讨论 X 的分布律的变化情况. 考虑比值

$$\frac{P\{X=k\}}{P\{X=k-1\}}=\frac{C_n^k p^k q^{n-k}}{C_n^{k-1}p^{k-1}q^{n-k+1}}=\frac{(n-k+1)p}{k(1-p)}=1+\frac{(n+1)p-k}{k(1-p)}.$$

可见，当 $k<(n+1)p$ 时，$P\{X=k\}>P\{X=k-1\}$，即概率值随着 k 的增加而增加；当 $k>(n+1)p$ 时，$P\{X=k\}<P\{X=k-1\}$，即概率值随着 k 的增加而减少. 若 $(n+1)p$ 是正整数，且 $k=(n+1)p$，$P\{X=k\}=P\{X=k-1\}$，则这两项的概率值均为最大值；若 $(n+1)p$ 不是正整数，则存在唯一的 $k=[(n+1)p]$ 满足 $(n+1)p-1<k<(n+1)p$，使 $P\{X=k\}$ 为最大值.

如果自然数 k_0 使得二项分布 $B(n,p)$ 的分布律中某一项 $P\{X=k_0\}$ 达到最大值，则称 k_0 为二项分布 $B(n,p)$ 的**最可能出现次数**. 通过上面的讨论可知，二项分布 $B(n,p)$ 的最可能出现次数

$$k_0=\begin{cases}[(n+1)p], & \text{当}(n+1)p\text{ 不是正整数时},\\ (n+1)p,(n+1)p-1, & \text{当}(n+1)p\text{ 是正整数时}.\end{cases}$$

例 2 设一大批产品的次品率为 0.06，现从中抽取 20 件产品，试求下列事件的概率：

(1) A={恰有 2 件次品}； (2) B={不超过 4 件次品}； (3) C={至少有 1 件次品}.

解 依题意应为不放回抽样，但 20 件产品相对于总数来说数目很小，因而可以近似作为放回抽样处理. 抽取一件产品可看做是一个伯努利试验，则抽取 20 件产品中的次品数 $X\sim B(20,0.06)$. 所以 X 的分布律为

$$P\{X=k\}=C_{20}^k\times 0.06^k\times 0.94^{n-k}\quad (k=0,1,2,\cdots,20).$$

(1) $P(A)=P\{X=2\}=C_{20}^2\times 0.06^2\times 0.94^{18}=0.2246$.

(2) $P(B)=P\{X\leqslant 4\}=\sum\limits_{k=0}^{4}C_{20}^k\times 0.06^k\times 0.94^{20-k}=0.9944$.

(3) $P(C)=P\{X\geqslant 1\}=1-P\{X<1\}=1-P\{X=0\}=1-0.94^{20}=0.7099$.

在本题中，最可能抽取的次品数为 $k_0=[(20+1)\times 0.06]=[1.26]=1$.

以 n 重伯努利试验为背景的二项分布是一个重要的离散型随机变量分布，具有广泛的应用. 例如，在质量管理中，不合格产品数控制图和不合格率控制图的绘制，一些抽样方案的制订，都是以二项分布为理论依据的.

3. 泊松分布

定义 5 如果离散型随机变量 X 的分布律为

$$P\{X=k\}=\frac{\lambda^k}{k!}e^{-\lambda}\quad (k=0,1,2,\cdots), \tag{④}$$

其中 $\lambda>0$ 是常数，则称 X 服从参数为 λ 的**泊松**(Poisson)**分布**，记为 $X\sim P(\lambda)$.

容易验证：

(1) $\frac{\lambda^k}{k!}e^{-\lambda}>0\ (k=0,1,2,\cdots)$；　　(2) $\sum\limits_{k=0}^{\infty}\frac{\lambda^k}{k!}e^{-\lambda}=e^{-\lambda}\sum\limits_{k=0}^{\infty}\frac{\lambda^k}{k!}=e^{-\lambda}\cdot e^{\lambda}=1$.

所以公式④是一个离散型随机变量的分布律.

泊松分布是概率论中很重要的分布，自然界和科学技术中的许多指标都是服从泊松分布的. 例如，电话交换台在某一时间段内收到的呼叫次数，公共汽车站在某一时间段来到的乘客人数，某时间段纱锭上棉纱断头的次数，空间中某一区域在某一时间段内收到的放射性物质发射的粒子数，等等，都可以认为是服从泊松分布的.

例 3 放射性物质放射出的 α 粒子数是服从泊松分布的一个著名例子. 1910 年，在卢瑟福(E. Rutherford)等人的著名实验中，观察 7.5 s 时间间隔内达到某指定区域内的粒子数，共观察了 $N=2608$ 次. 以 N_k 表示 N 次观察中落到该区域内的粒子数为 k 的观察次数，实验结果与参数为 $\lambda=\frac{10094}{2608}=3.870$ 的泊松分布对照，如表 1 所示，其中 10094 是整个 2608 段时间内观测到的 α 粒子总数. 从表中可以看到，观察值(频率)与理论值(概率)二者符合得相当好.

表 1　卢瑟福实验结果与泊松分布对照表

k	N_k	频率 $\frac{N_k}{N}$	$p_k=\frac{3.870^k e^{-3.870}}{k!}$
0	57	0.0219	0.0209
1	203	0.0778	0.0807
2	383	0.1469	0.1562
3	525	0.2013	0.2015
4	532	0.2040	0.1950
5	408	0.1564	0.1509
6	273	0.1047	0.0973

续表

k	N_k	频率$\frac{N_k}{N}$	$p_k=\frac{3.870^k e^{-3.870}}{k!}$
7	139	0.0533	0.0538
8	45	0.0172	0.0260
9	27	0.0104	0.0112
$\geqslant 10$	16	0.0061	0.0066
总计	2608	1.0000	1.0000

下面的定理说明泊松分布在理论上也有其特殊重要的地位.

定理(泊松定理) 对于数列 $a_n=C_n^k p_n^k(1-p_n)^{n-k}(n=1,2,\cdots)$,如果 $\lim\limits_{n\to\infty}np_n=\lambda(\lambda>0$ 为常数),则有

$$\lim_{n\to\infty}C_n^k p_n^k(1-p_n)^{n-k}=\frac{\lambda^k}{k!}e^{-\lambda}\quad(k=0,1,2,\cdots).$$

证 令 $np_n=\lambda_n$,则有

$$C_n^k p_n^k(1-p_n)^{n-k}=\frac{n(n-1)\cdots(n-k+1)}{k!}\left(\frac{\lambda_n}{n}\right)^k\left(1-\frac{\lambda_n}{n}\right)^{n-k}$$

$$=\left(1-\frac{1}{n}\right)\left(1-\frac{2}{n}\right)\cdots\left(1-\frac{k-1}{n}\right)\frac{\lambda_n^k}{k!}\left(1-\frac{\lambda_n}{n}\right)^{n-k}.$$

对任意固定的 $k(0\leqslant k\leqslant n)$,有

$$\lim_{n\to\infty}\left(1-\frac{1}{n}\right)\left(1-\frac{2}{n}\right)\cdots\left(1-\frac{k-1}{n}\right)=1,\quad \lim_{n\to\infty}\lambda_n^k=\lambda^k.$$

$$\lim_{n\to\infty}\left(1-\frac{\lambda_n}{n}\right)^{n-k}=\lim_{n\to\infty}\left(1-\frac{\lambda_n}{n}\right)^{\frac{n}{\lambda_n}\cdot\lambda_n\cdot\frac{n-k}{n}}=e^{-\lambda},$$

所以

$$\lim_{n\to\infty}C_n^k p_n^k(1-p_n)^{n-k}=\frac{\lambda^k}{k!}e^{-\lambda}\quad(k=0,1,2,\cdots).$$

上述定理表明,泊松分布是二项分布当 $n\to\infty$ 时的极限分布.在实际计算中,当 n 很大,且 p 很小,而 np 是一个大小适当的数(通常 $0<np\leqslant 8$)时,二项分布下的概率可由泊松分布来近似:

$$C_n^k p^k(1-p)^{n-k}\approx\frac{\lambda^k}{k!}e^{-\lambda}\quad(k=0,1,2,\cdots),\qquad ⑤$$

其中 $\lambda=np$,而关于$\frac{\lambda^k}{k!}e^{-\lambda}$的值,可由泊松分布表查到(见附表 2).

例 4 为保证设备正常工作,需配备一些维修工人.如果每台设备发生故障是相互独立的,且发生故障的概率都是 1%,试在以下各情况下求设备发生故障而不能及时维修的概率:

(1) 每位维修工人负责 20 台; (2) 3 名维修工人同时负责 90 台;

(3) 12 名维修工人同时负责 400 台.

解 (1) 设 20 台设备同时发生故障的台数为 X_1，则 $X_1 \sim B(20,0.01)$. 只有多于 1 台设备同时发生故障时，事件"不能及时维修"才会发生，于是所求的概率为

$$P\{X_1 > 1\} = 1 - \sum_{k=0}^{1} P\{X_1 = k\} = 1 - \sum_{k=0}^{1} C_{20}^{k} \times 0.01^k \times 0.99^{20-k} = 0.0169.$$

(2) 设 90 台设备同时发生故障的台数为 X_2，则 $X_2 \sim B(90,0.01)$. 只有多于 3 台设备同时发生故障时，事件"不能及时维修"才会发生，于是所求的概率为

$$P\{X_2 > 3\} = 1 - \sum_{k=0}^{3} C_{90}^{k} \times 0.01^k \times 0.99^{90-k} = 0.0129.$$

(3) 设 400 台设备同时发生故障的台数为 X_3，则 $X_3 \sim B(400,0.01)$. 只有多于 12 台设备同时发生故障时，事件"不能及时维修"才会发生，于是所求的概率为

$$P\{X_3 > 12\} = 1 - \sum_{k=0}^{12} C_{400}^{k} \times 0.01^k \times 0.99^{400-k} = 0.0002.$$

因为 $P\{X_3>12\}$ 的计算量很大，而 $n=400$ 很大，$p=0.01$ 很小，$\lambda=np=4$ 比较适中，所以可以用泊松分布来近似计算：

$$P\{X_3 > 12\} \approx 1 - \sum_{k=0}^{12} \frac{4^k}{k!} e^{-4} = 1 - 0.9997 = 0.0003.$$

通过这个例子的计算不难看出，如果 12 名维修工人同时负责 400 台设备，设备发生故障而不能及时维修的概率要比每人负责 20 台设备和 3 人同时负责 90 台设备时的情况小得多，且对于 400 台设备，需要的维修工人也较少，这样大大地提高了工作效率，减少人员配置.

习 题 2.2

1. 设随机变量 $X \sim 0\text{-}1$ 分布，求 X 的分布函数并作出图形.

2. 设随机变量 X 的分布律为

X	1	2	3	4
P	1/4	1/2	1/8	1/8

求 X 的分布函数并作出图形.

3. 已知一批零件共 10 件，其中有 3 件不合格. 采取不放回抽样任取一件使用，求在首次取到合格品之前取出的不合格品件数 X 的分布律.

4. 设有三个盒子，第一个盒子装有 4 个红球，1 个黑球；第二个盒子装有 3 个红球，2 个黑球；第三个盒子装有 2 个红球，3 个黑球. 现任取一盒，从中任取 3 个球，以 X 表示所取到红球数.

(1) 写出 X 的分布律； (2) 求所取到的红球个数不少于 2 的概率.

5. 进行重复独立试验，设每次试验成功的概率为 p，失败的概率为 $q=1-p(0<p<1)$.

(1) 将试验进行到出现一次成功为止，以 X 表示所需的试验次数，求 X 的分布律(此时称 X 服从参数为 p 的**几何分布**)；

(2) 将试验进行到出现 r 次成功为止，以 Y 表示所需的试验次数，求 Y 的分布律(此时称 Y 服从参数为 r,p 的**巴斯卡分布**).

6. 设一篮球运动员的投篮命中率为 45%，以 X 表示他首次投中时累计已投篮的次数，写出 X 的分布律，并计算 X 取偶数的概率.

7. 从甲地到乙地途中有三个路口，假设在各个路口遇到红灯的事件是相互独立的，并且概率都是 $\frac{2}{5}$，设 X 为途中遇到红灯的次数，求随机变量 X 的分布律与分布函数.

8. 某地区有五个加油站，调查表明在任一时刻每个加油站被使用的概率为 0.1. 求：在同一时刻，

(1) 恰有两个加油站被使用的概率；

(2) 至少有三个加油站被使用的概率；

(3) 至多有三个加油站被使用的概率.

9. 设随机变量 $X\sim B(2,p)$，$Y\sim B(3,p)$. 若 $P\{X\geqslant 1\}=5/9$，求 $P\{Y\geqslant 1\}$的值.

10. 某人独立射击 5000 次，已知每次的命中率为 0.001，求：

(1) 最可能命中次数及相应的概率；　(2) 命中次数不少于两次的概率.

11. 设随机变量 $X\sim P(\lambda)$，问：当 k 为何值时，$P\{X=k\}$取最大值？

12. 设有一本 500 页的书，共 500 个错字，每个错字等可能的出现在每一页上，求在给定的某一页上最多有两个错字的概率.

13. 某商店出售某种商品，根据经验此商品的月销售量 X 服从参数 $\lambda=3$ 的泊松分布. 问：在月初进货时要库存多少件此种商品，才能以 99%的概率满足顾客要求？

14. 设每天进入图书馆的人数 X 服从参数为 λ 的泊松分布，而且在进入图书馆的人中，借书的概率为 p，各个人是否借书是相互独立的，求：

(1) 某天恰有 k 个人借书的概率；

(2) 若某天有 k 个人借书，求该天进入图书馆的人数为 n 概率.

15. 设离散型随机变量 X 的分布函数为

$$F(x)=\begin{cases}0, & x<-1,\\ 0.4, & -1\leqslant x<1,\\ 0.8, & 1\leqslant x<3,\\ 1, & x\geqslant 3,\end{cases}$$

求 X 的分布律.

§2.3 连续型随机变量

前面介绍了离散型随机变量,它们的取值只有有限个或可列无穷多个.在非离散型随机变量中有一类重要的随机变量就是连续型随机变量.这种随机变量可以取某个区间$[a,b]$或$(-\infty,+\infty)$的一切值.我们常用概率密度函数来刻画这种随机变量的概率分布.

一、概率密度函数的概念

定义 1 设随机变量 X 的分布函数为 $F(x)$.如果存在一个非负可积函数 $f(x)$,使得对于任意实数 x,有

$$F(x)=\int_{-\infty}^{x} f(t)\,\mathrm{d}t, \tag{①}$$

则称 X 为**连续型随机变量**,称 $f(x)$为 X 的**概率密度函数**(简称**概率密度**或**密度函数**).

如同离散型随机变量的概率分布被其分布律所确定一样,连续型随机变量的概率分布被其概率密度函数所确定.根据微积分的知识可知,连续型随机变量 X 的分布函数 $F(x)$是一个连续函数.

概率密度函数 $f(x)$具有如下**性质**:

(1) **非负性**:$f(x)\geqslant 0$;

(2) **规范性**:$\int_{-\infty}^{+\infty} f(x)\mathrm{d}x=1$.

以上两个性质是概率密度函数的基本性质.进一步还可以证明,任意一个满足以上两个性质的函数,都可以作为某个连续型随机变量的概率密度函数.从几何上看,概率密度函数的图形(称为**密度曲线**)在 X 轴的上方,且与 x 轴所围成的面积是 1,如图 1 所示.

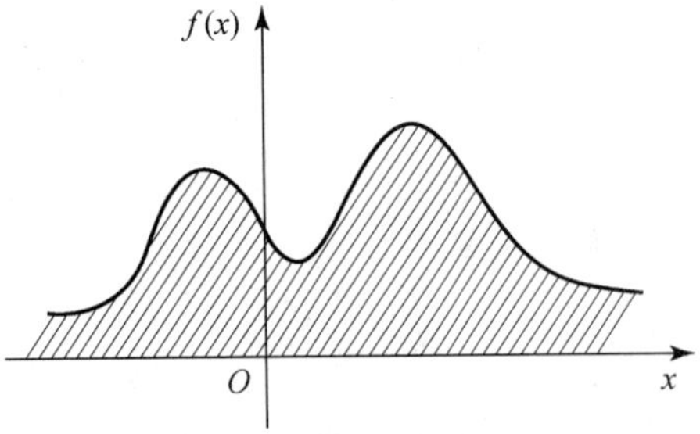

图 1

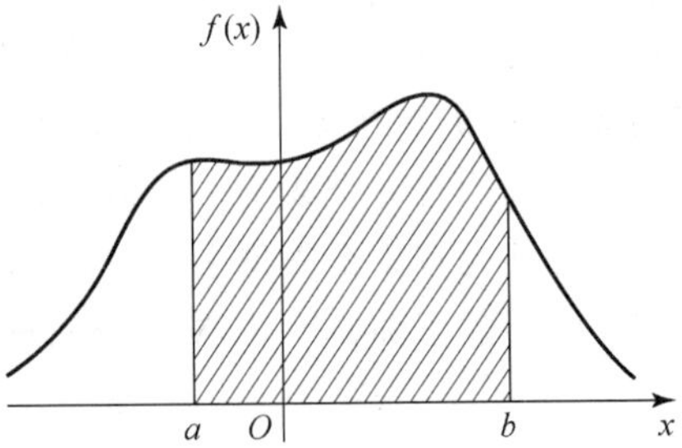

图 2

(3) 对于任意实数 a,b,且 $a\leqslant b$,有

$$P\{a<X\leqslant b\}=F(b)-F(a)=\int_{a}^{b} f(x)\mathrm{d}x, \tag{②}$$

即随机变量 X 落在区间$(a,b]$内的概率为密度曲线与直线 $x=a$,$x=b$ 及 x 轴所围曲边梯形

的面积,如图 2 所示.

(4) 若 $f(x)$在点 x 处连续,则有 $F'(x)=f(x)$.

由性质(4),在 $f(x)$的连续点 x 处,有

$$f(x)=\lim_{\Delta x\to 0+}\frac{F(x+\Delta x)-F(x)}{\Delta x}=\lim_{\Delta x\to 0+}\frac{P\{x<X\leqslant x+\Delta x\}}{\Delta x}.$$

可以看出概率密度的定义与物理学中的线密度的定义类似,所以在概率中将 $f(x)$称为概率密度.

需要说明的是,对于任意实数 a,连续型随机变量 X 取 a 的概率等于零,即 $P\{X=a\}=0$. 事实上,对于任意 $\Delta x>0$,有

$$0\leqslant P\{X=a\}\leqslant P\{a-\Delta x<X\leqslant a\}=\int_{a-\Delta x}^{a}f(x)\mathrm{d}x,$$

而 $\lim\limits_{\Delta x\to 0}\int_{a-\Delta x}^{a}f(x)\mathrm{d}x=0$,所以 $P\{X=a\}=0$. 因此有

$$P\{a<X<b\}=P\{a\leqslant X<b\}=P\{a<X\leqslant b\}=P\{a\leqslant X\leqslant b\}=\int_{a}^{b}f(x)\mathrm{d}x. \quad ③$$

式③说明,当计算连续型随机变量在某一区间上取值的概率时,是否取到区间端点对概率的大小没有影响.

此外,由 $P\{X=a\}=0$ 可知:概率为 0 的事件不一定是不可能事件. 同理概率为 1 的事件也不一定是必然事件.

例 1 设连续型随机变量 X 的概率密度为

$$f(x)=\begin{cases}kx, & 0\leqslant x\leqslant 1,\\ 2-x, & 1<x<2,\\ 0, & \text{其他},\end{cases}$$

试求:(1) 常数 k; (2) X 的分布函数; (3) $P\left\{\frac{1}{2}<X\leqslant\frac{3}{2}\right\}$.

解 (1) 由 $\int_{-\infty}^{+\infty}f(x)\mathrm{d}x=1$ 得

$$\int_0^1 kx\,\mathrm{d}x+\int_1^2(2-x)\mathrm{d}x=1,\quad 即 \quad \frac{kx^2}{2}\Big|_0^1-\frac{(2-x)^2}{2}\Big|_1^2=1.$$

解之得 $k=1$.

(2) 由 $k=1$ 知 X 的概率密度为

$$f(x)=\begin{cases}x, & 0\leqslant x\leqslant 1,\\ 2-x, & 1<x<2,\\ 0, & \text{其他}.\end{cases}$$

当 $x<0$ 时,$F(x)=\int_{-\infty}^{x}f(t)\mathrm{d}t=\int_{-\infty}^{x}0\mathrm{d}t=0$;

当 $0\leqslant x<1$ 时,$F(x)=\int_{-\infty}^{x}f(t)\mathrm{d}t=\int_{-\infty}^{0}0\mathrm{d}t+\int_0^x t\mathrm{d}t=\frac{1}{2}x^2$;

当 $1 \leqslant x < 2$ 时，

$$F(x)=\int_{-\infty}^{x} f(t)\mathrm{d}t=\int_{-\infty}^{0} 0\mathrm{d}t+\int_{0}^{1} t\mathrm{d}t+\int_{1}^{x}(2-t)\mathrm{d}t=-\frac{1}{2}x^2+2x-1;$$

当 $x \geqslant 2$ 时，$F(x)=\int_{-\infty}^{x} f(t)\mathrm{d}t=1$.

所以 X 的分布函数为

$$F(x)=\begin{cases}0, & x<0,\\ \frac{1}{2}x^2, & 0\leqslant x<1,\\ -\frac{1}{2}x^2+2x-1, & 1\leqslant x<2,\\ 1, & x\geqslant 2.\end{cases}$$

(3) $P\left\{\frac{1}{2}<X\leqslant\frac{3}{2}\right\}=\int_{1/2}^{3/2} f(x)\mathrm{d}x=\int_{1/2}^{1} x\mathrm{d}x+\int_{1}^{3/2}(2-x)\mathrm{d}x=\frac{3}{4}$.

或者 $$P\left\{\frac{1}{2}<X\leqslant\frac{3}{2}\right\}=F\left(\frac{3}{2}\right)-F\left(\frac{1}{2}\right)=\frac{3}{4}.$$

二、几种常见的连续型随机变量的分布

1. 均匀分布

定义 2 如果连续型随机变量 X 的概率密度为

$$f(x)=\begin{cases}\frac{1}{b-a}, & a<x<b,\\ 0, & \text{其他},\end{cases} \tag{④}$$

则称 X 服从区间 (a,b) 上的**均匀分布**，记为 $X\sim U(a,b)$.

容易看出④满足概率密度的两个基本性质. 若随机变量 $X\sim U(a,b)$，则易知 X 的分布函数为

$$F(x)=\begin{cases}0, & x<a,\\ \frac{x-a}{b-a}, & a\leqslant x<b,\\ 1, & x\geqslant b.\end{cases} \tag{⑤}$$

X 的概率密度 $f(x)$ 与分布函数 $F(x)$ 的图形分别见图 3 与图 4.

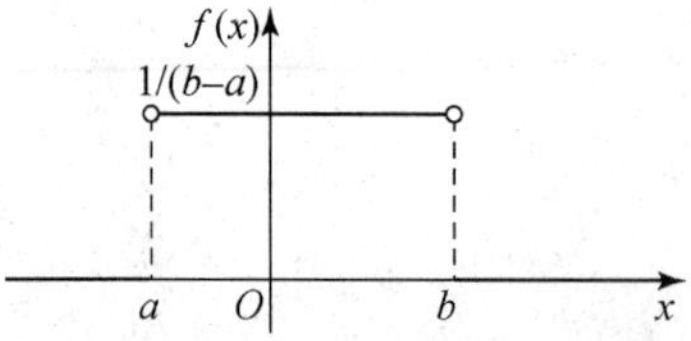

图 3

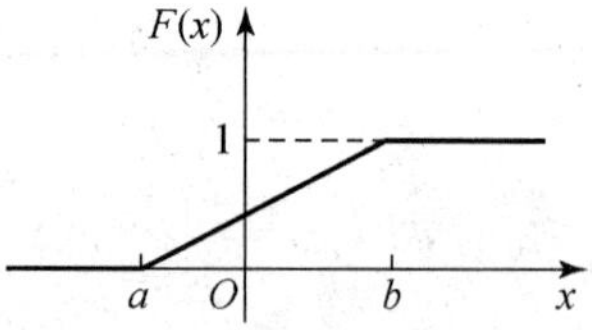

图 4

如果随机变量 X 服从(a,b)上的均匀分布，则对于任意满足 $a\leqslant c\leqslant d\leqslant b$ 的 c,d，有

$$P\{c \leqslant X \leqslant d\} = \int_c^d f(x)\mathrm{d}x = \frac{d-c}{b-a}.$$

该式说明，X 取值于(a,b)中任意小区间的概率与该小区间的长度成正比，而与该小区间的具体位置无关. 这就是均匀分布的直观概率意义. 因此，均匀分布可用来描述在某区间上具有等可能结果的随机试验的统计规律性. 例如，在数值计算中，设计算结果保留到小数点后第 n 位，则通常假定舍入误差 X 服从$(-0.5\times10^{-n},0.5\times10^{-n})$上的均匀分布.

例 2 已知某秒表的最小刻度差为 0.01 s. 若计时精度是取最近的刻度值，求使用该秒表计时产生的随机误差 X 的概率密度，并计算误差的绝对值不超过 0.004 s 的概率.

解 由题设知，随机误差 X 等可能地取得区间$(-0.005,0.005)$上的任一值，则

$$X \sim U(-0.005,0.005).$$

所以 X 的概率密度为

$$f(x) = \begin{cases} 100, & |x| < 0.005, \\ 0, & \text{其他}. \end{cases}$$

故误差的绝对值不超过 0.004 s 的概率为

$$P\{|X| \leqslant 0.004\} = \int_{-0.004}^{0.004} 100\mathrm{d}x = 0.8.$$

2. 指数分布

定义 3 如果连续型随机变量 X 的概率密度为

$$f(x) = \begin{cases} \lambda \mathrm{e}^{-\lambda x}, & x > 0, \\ 0, & x \leqslant 0, \end{cases} \tag{⑥}$$

其中 $\lambda>0$ 是常数，则称 X 服从参数为 λ 的**指数分布**，记为 $X\sim E(\lambda)$.

容易验证式⑥满足概率密度的两个基本性质. 设随机变量 $X\sim E(\lambda)$，则易求得 X 的分布函数为

$$F(x) = \begin{cases} 1-\mathrm{e}^{-\lambda x}, & x > 0, \\ 0, & x \leqslant 0. \end{cases} \tag{⑦}$$

指数分布概率密度 $f(x)$ 与分布函数 $F(x)$ 的图形分别见图 5 与图 6.

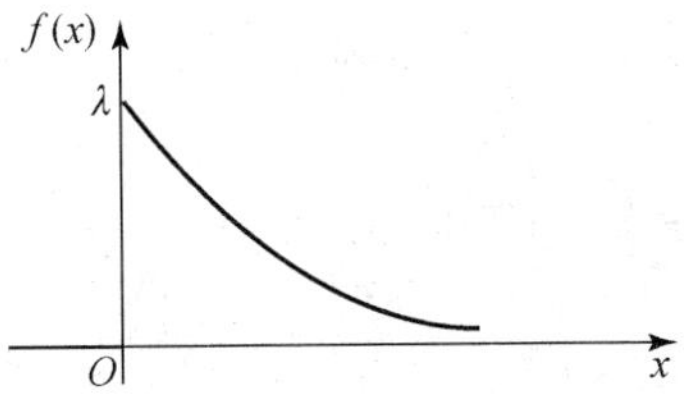

图 5

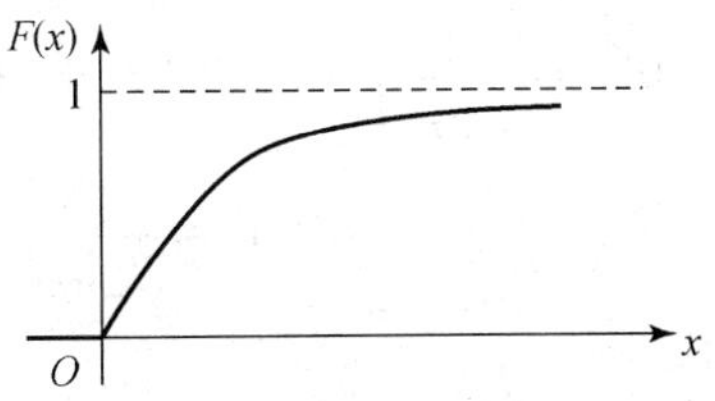

图 6

指数分布在实际中有着广泛的应用.例如,各种电子元件的寿命,电话通话的时间,随机服务系统的服务时间,等等,都可认为是服从指数分布的.因此,指数分布也被称为**寿命分布**.

例 3 设一大型设备在任何长为 t 的时间内发生故障的次数 $N(t)\sim P(\lambda t)$.

(1) 求相继两次故障的时间间隔 X 的概率分布;

(2) 求设备已经无故障运行 s 小时的情况下,再无故障运行 t 小时的概率 p.

解 (1) X 的分布函数

$$F(t)=P\{X\leqslant t\}=\begin{cases}1-P\{X>t\}, & t>0,\\ 0, & t\leqslant 0.\end{cases}$$

由于$\{X>t\}=\{$到时刻 t 时故障数为 0$\}$,从而

$$P\{X>t\}=P\{N(t)=0\}=\frac{(\lambda t)^0\mathrm{e}^{-\lambda t}}{0!}=\mathrm{e}^{-\lambda t},$$

所以
$$F(t)=\begin{cases}1-\mathrm{e}^{-\lambda t}, & t>0,\\ 0, & t\leqslant 0,\end{cases}\quad \text{即}\quad X\sim E(\lambda).$$

(2) 所求的概率为

$$\begin{aligned}p&=P\{X>s+t\,|\,X>s\}=\frac{P\{X>s+t,X>s\}}{P\{X>s\}}=\frac{P\{X>s+t\}}{P\{X>s\}}\\&=\frac{1-P\{X\leqslant s+t\}}{1-P\{X\leqslant s\}}=\frac{1-F(s+t)}{1-F(s)}=\frac{\mathrm{e}^{-\lambda(s+t)}}{\mathrm{e}^{-\lambda s}}=\mathrm{e}^{-\lambda t}.\end{aligned}$$

由例 3 的(2)得到

$$P\{X>s+t\,|\,X>s\}=\mathrm{e}^{-\lambda t}=P\{X>t\}.$$

上式表明,在设备已被使用了 s 小时的前提下,它至少能再被使用 t 小时的条件概率,与从开始使用时算起它至少能被使用 t 小时的概率相等.这就是说,设备对它已被使用过 s 小时没有“记忆”.这个性质称为指数分布的**无记忆性**.

3. 正态分布

定义 4 如果连续型随机变量 X 的概率密度为

$$f(x)=\frac{1}{\sqrt{2\pi}\sigma}\mathrm{e}^{-\frac{1}{2\sigma^2}(x-\mu)^2}\quad(-\infty<x<+\infty),\tag{⑧}$$

其中 $\mu,\sigma(\sigma>0)$为常数,则称 X 服从参数为 μ,σ 的**正态分布**或**高斯分布**,记为 $X\sim N(\mu,\sigma^2)$.

下面说明式⑧满足概率密度函数的两个基本性质.首先,非负性显然满足;其次,要证明 $\int_{-\infty}^{+\infty}f(x)\mathrm{d}x=\frac{1}{\sqrt{2\pi}\sigma}\int_{-\infty}^{+\infty}\mathrm{e}^{-\frac{(x-\mu)^2}{2\sigma^2}}\mathrm{d}x=1$.为此,记 $I=\int_{-\infty}^{+\infty}f(x)\mathrm{d}x$,并令 $t=\frac{x-\mu}{\sigma}$,则

$$I=\frac{1}{\sqrt{2\pi}\sigma}\int_{-\infty}^{+\infty}\mathrm{e}^{-\frac{(x-\mu)^2}{2\sigma^2}}\mathrm{d}x=\frac{1}{\sqrt{2\pi}}\int_{-\infty}^{+\infty}\mathrm{e}^{-\frac{t^2}{2}}\mathrm{d}t.$$

这时有

$$I^2=\left(\frac{1}{\sqrt{2\pi}}\int_{-\infty}^{+\infty}\mathrm{e}^{-\frac{t^2}{2}}\mathrm{d}t\right)^2=\frac{1}{2\pi}\left(\int_{-\infty}^{+\infty}\mathrm{e}^{-\frac{x^2}{2}}\mathrm{d}x\right)\left(\int_{-\infty}^{+\infty}\mathrm{e}^{-\frac{y^2}{2}}\mathrm{d}y\right)=\frac{1}{2\pi}\int_{-\infty}^{+\infty}\int_{-\infty}^{+\infty}\mathrm{e}^{-\frac{x^2+y^2}{2}}\mathrm{d}x\mathrm{d}y$$

作极坐标变换,令 $x=r\cos\theta, y=r\sin\theta(0\leqslant r<+\infty, 0\leqslant\theta\leqslant 2\pi)$,于是

$$I^2=\frac{1}{2\pi}\left(\int_0^{2\pi}\mathrm{d}\theta\right)\left(\int_0^{+\infty}\mathrm{e}^{-\frac{r^2}{2}}r\mathrm{d}r\right)=\frac{1}{2\pi}\cdot 2\pi\cdot 1=1$$

又因为 $f(x)\geqslant 0$,故

$$I=\int_{-\infty}^{+\infty}f(x)\mathrm{d}x=\frac{1}{\sqrt{2\pi}\sigma}\int_{-\infty}^{+\infty}\mathrm{e}^{-\frac{(x-\mu)^2}{2\sigma^2}}\mathrm{d}x=1.$$

设随机变量 $X\sim N(\mu,\sigma^2)$,则 X 的分布函数为

$$F(x)=\frac{1}{\sqrt{2\pi}\sigma}\int_{-\infty}^{x}\mathrm{e}^{-\frac{(t-\mu)^2}{2\sigma^2}}\mathrm{d}t\quad(-\infty<x<+\infty). \tag{9}$$

正态分布 $N(\mu,\sigma^2)$ 概率密度 $f(x)$ 的图形如图 7 所示,而分布函数 $F(x)$ 的图形如图 8 所示.

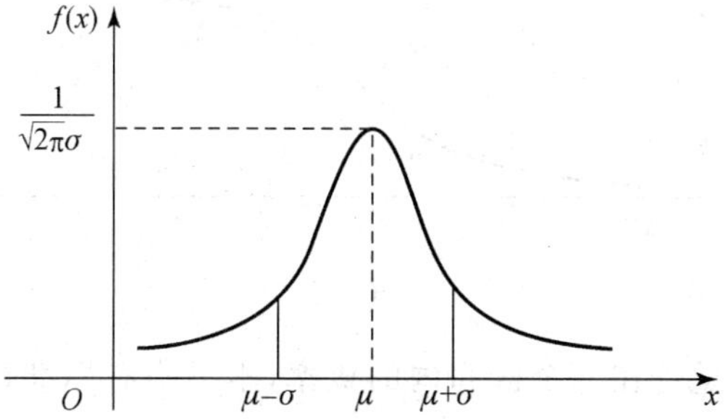

图 7

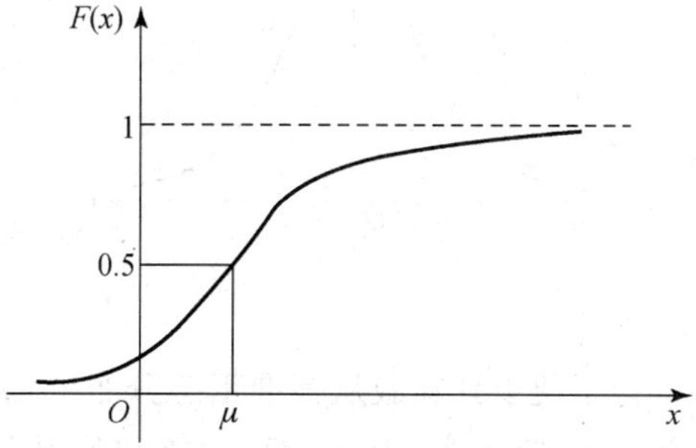

图 8

正态分布的概率密度函数 $f(x)$ 具有以下特点: $f(x)$ 的图形(正态密度曲线)关于直线 $x=\mu$ 对称,并且当 $x=\mu$ 时,$f(x)$ 达到最大值 $\frac{1}{\sqrt{2\pi}\sigma}$;当 $x\to\pm\infty$ 时,正态密度曲线以 x 轴为渐近线;在点 $x=\mu\pm\sigma$ 处,正态密度曲线有拐点. 若固定 σ,改变 μ 值,则正态密度曲线沿 x 轴平行移动,曲线的几何形状不变,因此参数 μ 决定曲线的位置(如图 9). 若固定 μ,改变 σ 值,由 $f(x)$ 的最大值可知,σ 越大,正态密度曲线越平坦;σ 越小,正态密度曲线越陡峭. 所以参数 σ 决定曲线的形状(如图 10).

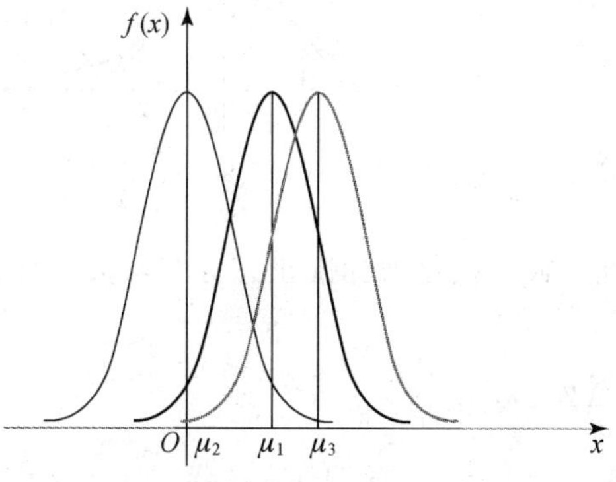

图 9

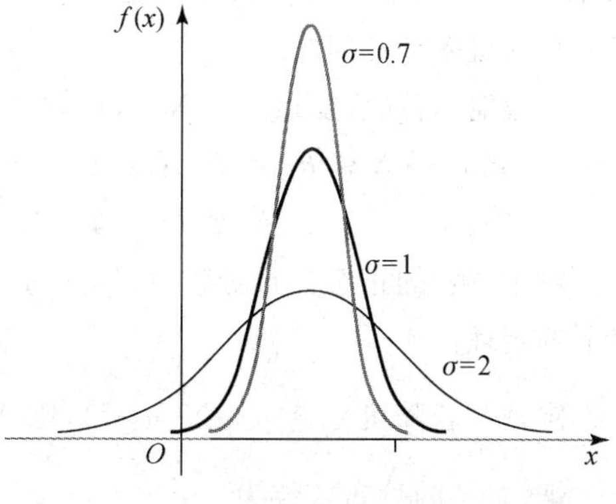

图 10

特别地，当 $\mu=0,\sigma=1$ 时，称 X 服从**标准正态分布**，即 $X\sim N(0,1)$. 今后用 $\varphi(x)$ 和 $\Phi(x)$ 分别表示标准正态分布的概率密度和分布函数，即

$$\varphi(x)=\frac{1}{\sqrt{2\pi}}e^{-\frac{x^2}{2}}\quad(-\infty<x<+\infty),\tag{⑩}$$

$$\Phi(x)=\frac{1}{\sqrt{2\pi}}\int_{-\infty}^{x}e^{-\frac{t^2}{2}}dt\quad(-\infty<x<+\infty).\tag{⑪}$$

$\varphi(x)$ 和 $\Phi(x)$ 的图形分别如图 11 和图 12 所示.

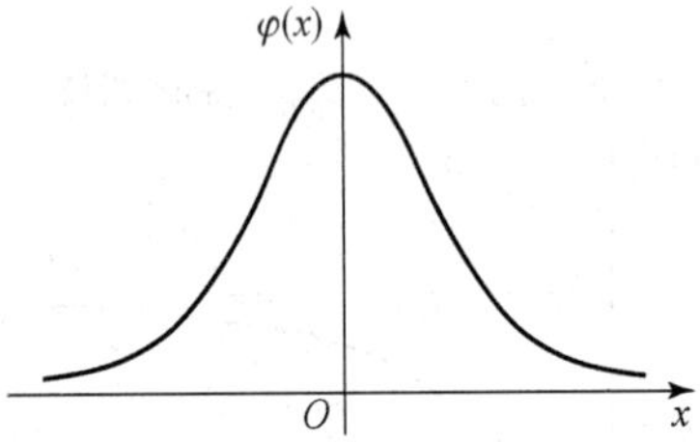

图 11

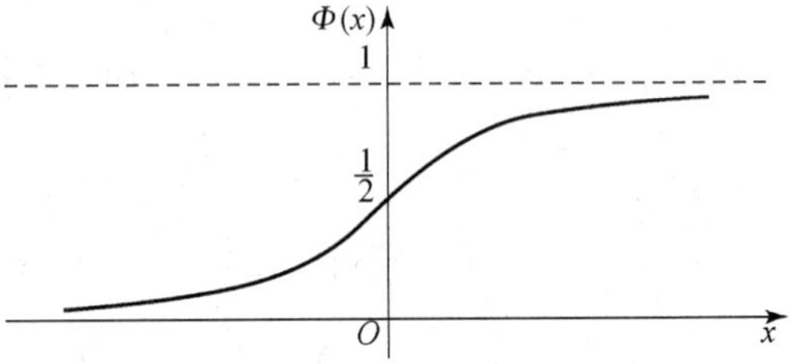

图 12

为了便于计算服从标准正态分布的随机变量落在一个区间内的概率，本书附有标准正态分布表（附表 1）. 从表中可以查出服从标准正态分布 $N(0,1)$ 的随机变量 X 小于指定值 $x\,(x\geqslant 0)$ 的概率 $P\{X\leqslant x\}=\Phi(x)$. 当 $x<0$ 时，由于 $\varphi(x)$ 为偶函数，所以

$$\Phi(-x)=\int_{-\infty}^{-x}\varphi(t)dt \text{ 令 } \underline{\underline{u=-t}} \int_{x}^{+\infty}\varphi(u)du$$

$$=\int_{-\infty}^{+\infty}\varphi(u)du-\int_{-\infty}^{x}\varphi(u)du=1-\Phi(x),$$

因而有公式

$$\Phi(-x)=1-\Phi(x)\tag{⑫}$$

（如图 13）. 由标准正态分布表及公式⑫，就可以解决标准正态分布的概率计算问题.

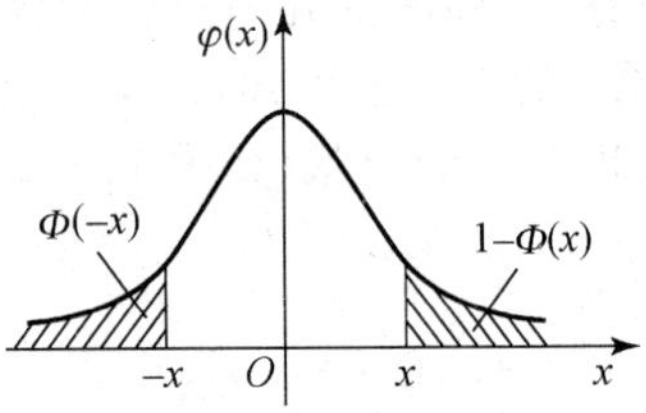

图 13

一般地，若随机变量 $X\sim N(0,1)$，则

$$P\{a<X\leqslant b\}=P\{X\leqslant b\}-P\{X\leqslant a\}$$
$$=\Phi(b)-\Phi(a).$$

对于一般的正态分布函数，可以通过一个线性变换转换化为标准正态分布函数. 为此有以下的定理：

定理 若随机变量 $X\sim N(\mu,\sigma^2)$，则 $X^*=\dfrac{X-\mu}{\sigma}\sim N(0,1)$.

证 X^* 的分布函数为

$$F_{X^*}(x)=P\{X^*\leqslant x\}=P\left\{\frac{X-\mu}{\sigma}\leqslant x\right\}=P\{X\leqslant \mu+\sigma x\}=\frac{1}{\sqrt{2\pi}\sigma}\int_{-\infty}^{\mu+\sigma x}\mathrm{e}^{-\frac{(t-\mu)^2}{2\sigma^2}}\mathrm{d}t.$$

令$\frac{t-\mu}{\sigma}=u$，有

$$F_{X^*}(x)=\frac{1}{\sqrt{2\pi}}\int_{-\infty}^{x}\mathrm{e}^{-\frac{u^2}{2}}\mathrm{d}u=\Phi(x),$$

于是 $X^*=\frac{X-\mu}{\sigma}\sim N(0,1)$.

根据上述定理，如果随机变量 $X\sim N(\mu,\sigma^2)$，那么

$$P\{X\leqslant x\}=P\left\{\frac{X-\mu}{\sigma}\leqslant\frac{x-\mu}{\sigma}\right\}=\Phi\left(\frac{x-\mu}{\sigma}\right), \tag{13}$$

$$P\{a< X\leqslant b\}=P\left\{\frac{a-\mu}{\sigma}<\frac{X-\mu}{\sigma}\leqslant\frac{b-\mu}{\sigma}\right\}=\Phi\left(\frac{b-\mu}{\sigma}\right)-\Phi\left(\frac{a-\mu}{\sigma}\right). \tag{14}$$

例 4 设随机变量 $X\sim N(2,9)$，求：

(1) $P\{1\leqslant X<5\}$； (2) $P\{X>0\}$.

解 由 $X\sim N(2,9)$ 知$\frac{X-2}{3}\sim N(0,1)$.

(1) $P\{1\leqslant X<5\}=\Phi\left(\frac{5-2}{3}\right)-\Phi\left(\frac{1-2}{3}\right)=\Phi(1)-\Phi\left(-\frac{1}{3}\right)$

$=\Phi(1)+\Phi\left(\frac{1}{3}\right)-1=0.8413+0.6293-1=0.4706.$

(2) $P\{X>0\}=1-P\{X\leqslant 0\}=1-\Phi\left(-\frac{2}{3}\right)=\Phi\left(\frac{2}{3}\right)=0.7486.$

例 5 设随机变量 $X\sim N(\mu,\sigma^2)$，试求 $P\{|X-\mu|<k\sigma\}$($k>0$ 为常数).

解 $P\{|X-\mu|<k\sigma\}=P\{\mu-k\sigma<X<\mu+k\sigma\}$

$=P\left\{-k<\frac{X-\mu}{\sigma}<k\right\}=\Phi(k)-\Phi(-k)=2\Phi(k)-1.$

特别地，当 $k=1,2,3$ 时，分别得到

$$P\{|X-\mu|<\sigma\}=0.6826,\quad P\{|X-\mu|<2\sigma\}=0.9544,$$
$$P\{|X-\mu|<3\sigma\}=0.9974.$$

由以上计算可知，如果随机变量 $X\sim N(\mu,\sigma^2)$，则 X 落在区间$[\mu-\sigma,\mu+\sigma]$，$[\mu-2\sigma,\mu+2\sigma]$，$[\mu-3\sigma,\mu+3\sigma]$内的概率分别为 0.6826，0.9544 及 0.9974. 可见，随机变量 X 几乎落在区间$[\mu-3\sigma,\mu+3\sigma]$内，而落在该区间以外的概率可以忽略不计. 这就是通常所说的“3σ 原则”，如图 14 所示.

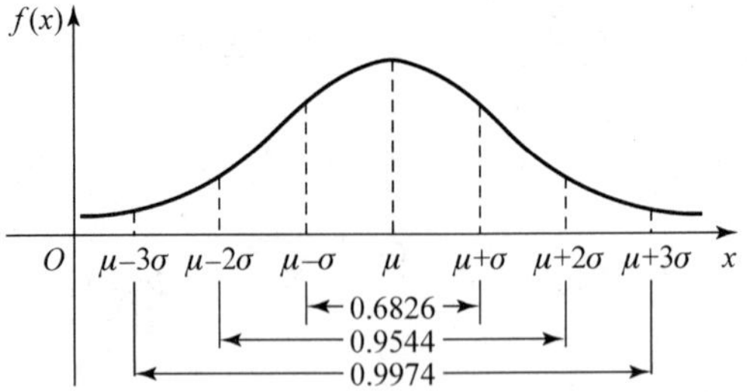

图 14

例 6 设随机变量 $X \sim N(0,1)$，求 x，使得 $P\{|X|>x\}<0.1$.

解 显然应有 $x>0$. 由于

$$P\{|X|>x\}=1-P\{|X|\leqslant x\}=1-P\{-x\leqslant X\leqslant x\}$$
$$=1-[\Phi(x)-\Phi(-x)]=2[1-\Phi(x)],$$

因此有 $2[1-\Phi(x)]<0.1$，得 $\Phi(x)>0.95$. 查附表 2 得 $x=1.65$.

此题的解法在数理统计中常常用到.

正态分布在概率论与数理统计的理论研究和实际应用中都占有十分重要的地位，它广泛地存在于自然现象、生产及科学技术的各个领域中. 例如，在正常生产条件下各种产品的质量指标(如零件的尺寸、电容器的电容量、纤维的强度和张力等)，一个群体的某种特征(如一个地区同龄儿童生理特征：身高、体重、肺活量)，在一定条件下生长的小麦的株高、穗长、单位面积的产量，某地区每年 7 月份的最高气温、平均湿度及降雨量，等等，都服从或近似服从正态分布. 一般来说，若某一数量指标受到众多相互独立的随机因素的影响，而每个因素的影响都是微小的，则这个数量指标近似服从正态分布. 这一点我们将在第四章加以讨论. 另外，在数理统计部分可以看到，许多重要分布都是由服从正态分布的随机变量的函数导出的. 因此，无论在理论上还是实践中，正态分布是概率论中最重要的一种分布.

例 7 设随机变量 $X \sim N(3,1)$，现对 X 进行 3 次独立观测，试求至少有 2 次观测值大于 3 的概率.

解 设 A 表示事件“对 X 的观测值大于 3”. 因为 $X \sim N(3,1)$，则

$$P(A)=P\{X>3\}=P\left\{\frac{X-3}{1}>\frac{3-3}{1}\right\}=1-\Phi(0)=\frac{1}{2}.$$

设 Y 表示 3 次独立观测中观测值大于 3 的次数，则 $Y \sim B(3,1/2)$. 所以所求概率为

$$P\{Y\geqslant 2\}=\mathrm{C}_3^2(1/2)^2(1/2)+\mathrm{C}_3^3(1/2)^3=1/2.$$

以后当我们提到一个随机变量 X 的“概率分布”时指的是它的分布函数，或者当 X 是离散型随机变量时指的是它的分布律，当 X 是连续型随机变量时指的是它的概率密度.

习 题 2.3

1. 设随机变量 X 的概率密度为

$$f(x)=\begin{cases}2x, & 0\leqslant x<1/2\\ 6-6x, & 1/2\leqslant x\leqslant 1,\\ 0, & \text{其他},\end{cases}$$

求 X 分布函数.

2. 设随机变量 X 具有概率密度

$$f(x)=\begin{cases}kx^2, & 0\leqslant x<2,\\ kx, & 2\leqslant x\leqslant 3,\\ 0 & \text{其他},\end{cases}$$

求：(1) 常数 k；(2) X 的分布函数；(3) 概率 $P\{1<X<5/2\}$.

3. 设连续型随机变量 X 的分布函数为

$$F(x)=\begin{cases}0, & x\leqslant 0,\\ Ax^2, & 0<x\leqslant 1,\\ 1, & x>1.\end{cases}$$

(1) 确定常数 A；(2) 求 X 概率密度；(3) 求 $P\{0.3<X<0.7\}$.

4. 设连续型随机变量 X 的分布函数为

$$F(x)=\begin{cases}0, & x<-a,\\ A+B\arcsin\dfrac{x}{a}, & -a\leqslant x<a,\\ 1, & x\geqslant a,\end{cases}$$

求：(1) 系数 A,B 的值；(2) $P\{-a<X<a/2\}$；(3) 随机变量 X 的概率密度.

5. 已知某批晶体管的使用寿命 X(单位：h)具有概率密度

$$f(x)=\begin{cases}\dfrac{100}{x^2}, & x\geqslant 100,\\ 0, & x<100.\end{cases}$$

任取其中 5 根，求：

(1) 使用最初 150 h 内，无一晶体管损坏的概率；

(2) 使用最初 150 h 内，至多有一根晶体管损坏的概率.

6. 设长途客车到达某一个中途停靠站的时间 T 在 12 点 10 分至 12 点 45 分之间都是等可能的. 某旅客于 12 点 30 分到达车站，等候半个小时后离开，求他在这段时间能赶上客车的概率.

7. 设随机变量 X 服从(1,6)上的均匀分布，求一元二次方程 $t^2+Xt+1=0$ 有实根的概率.

8. 设某种轮胎在损坏以前可以行驶的路程 X(单位：10^3 km)是一个随机变量，已知其概率密度为

$$f(x)=\begin{cases}\dfrac{1}{10}e^{-\frac{x}{10}}, & x>0,\\ 0, & x\leqslant 0.\end{cases}$$

今从中随机地抽取 5 个轮胎,试求至少有 2 个轮胎能行驶的路程数不足 30×10^3 km 的概率.

9. 设某电话交换台等候第一个呼叫来到的时间 X(单位: min)是随机变量,服从参数为 θ 的指数分布,即其概率密度为

$$f(x)=\begin{cases}\dfrac{1}{\theta}e^{-\frac{x}{\theta}}, & x>0,\\ 0, & x\leqslant 0.\end{cases}$$

若已知第一个呼叫在 5 min 到 10 min 之间来到的概率是 $\dfrac{1}{4}$,试求第一个呼叫在 20 min 以后来到的概率.

10. 设随机变量 $X\sim N(0,1)$,求:

(1) $P\{X<2.2\}$;　(2) $P\{-0.78<X<1.36\}$;

(3) $P\{|X|<1.55\}$;　(4) $P\{|X|>2.5\}$.

11. 设随机变量 $X\sim N(2.5,4)$,求:

(1) $P\{X<3\}$;　(2) $P\{|X|>1.5\}$;　(3) $P\{1<X\leqslant 3\}$.

12. 设随机变量 $X\sim N(2,3^2)$,求 C,使得 $P\{X>C\}=P\{X\leqslant C\}$.

13. 公共汽车车门的高度是按男子与车门碰头的机会在 0.01 以下来设计的. 设男子身高 X(单位: cm)服从正态分布 $N(170,6^2)$,试确定车门的高度.

14. 设随机变量 X 在(2,5)上服从均匀分布,现对 X 进行三次独立观测,求至少有两次的观测值大于 3 的概率.

15. 设测量的误差 $X\sim N(7.5,100)$(单位: m),问: 要进行多少次独立测量,才能使至少有一次误差的绝对值不超过 10 m 的概率大于 0.9?

§2.4　二维随机变量

在某些随机现象中,每次试验的结果需要同时用两个或两个以上的随机变量来描述. 例如,炮弹弹着点的位置要用其横坐标 X 与纵坐标 Y 来确定,而 X 和 Y 均是随机变量;又如,在测定钢材所含的微量元素时,涉及钢材的含碳量 X、含硫量 Y、含磷量 Z 等随机变量. 对于同一个试验结果的各个随机变量之间,一般有某种联系,因而需要把它们作为一个整体来研究. 本章只介绍两个随机变量的情况,有关的内容可以平行推广到两个以上随机变量的情况.

一、二维随机变量及其分布函数

定义 1 设 $\Omega=\{e\}$ 为随机试验 E 的样本空间，$X=X(e)$，$Y=Y(e)$ 是定义在 Ω 上的随机变量，则称有序对 (X,Y) 为**二维随机变量或二维随机向量**.

设 (X,Y) 是一个二维随机变量，用记号 $\{X\leqslant x,Y\leqslant y\}$ 表示随机事件 $\{X\leqslant x\}$ 与 $\{Y\leqslant y\}$ 的积，$\{x_1<X\leqslant x_2,y_1<Y\leqslant y_2\}$ 表示随机事件 $\{x_1<X\leqslant x_2\}$ 与 $\{y_1<Y\leqslant y_2\}$ 的积，等等，它们都是随机事件.

定义 2 设 (X,Y) 是二维随机变量，对于任意实数 x,y，称二元函数

$$F(x,y)=P\{X\leqslant x,Y\leqslant y\} \quad ①$$

为二维随机变量 (X,Y) 的**联合分布函数**(简称**分布函数**).

如果把二维随机变量 (X,Y) 看做平面上随机点的坐标，那么分布函数 $F(x,y)$ 在 (x,y) 处的函数值就是随机点 (X,Y) 落在以点 (x,y) 为顶点而且位于该点左下方的无穷矩形域内的概率，如图 1 所示. 进而可以求出随机点 (X,Y) 落在矩形区域 $D=\{(x,y):x_1<x\leqslant x_2 y_1<y\leqslant y_2\}$ (见图 2) 中的概率：

$$P\{x_1<X\leqslant x_2,y_1<Y\leqslant y_2\}=F(x_2,y_2)-F(x_1,y_2)-F(x_2,y_1)+F(x_1,y_1). \quad ②$$

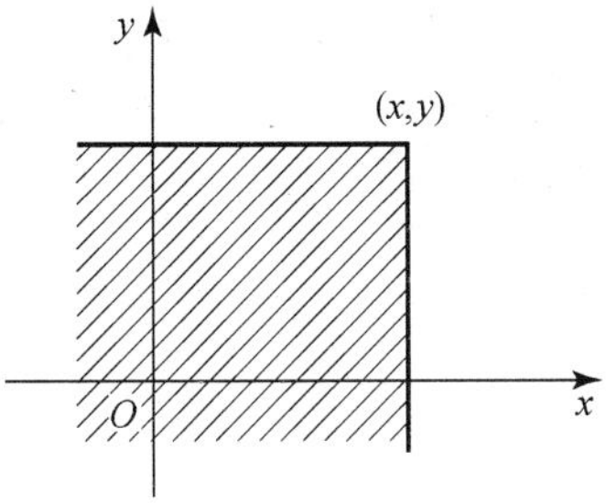

图 1

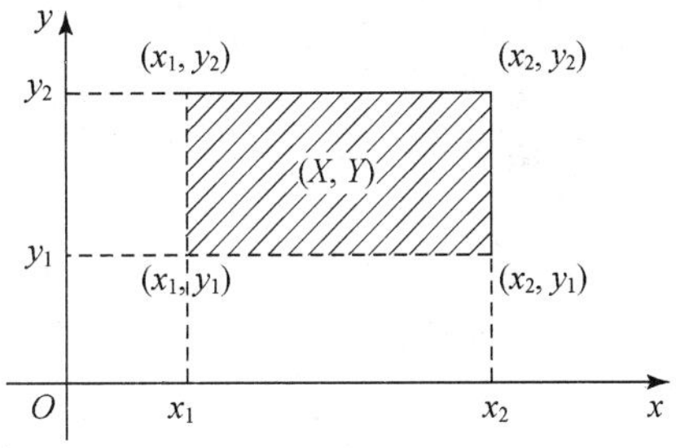

图 2

可以证明二维随机变量 (X,Y) 的分布函数 $F(x,y)$ 具有以下**性质**：

(1) $F(x,y)$ 关于每个变量是单调不减函数，即

若 $x_1<x_2$，则对于任意的 y，有 $F(x_1,y)\leqslant F(x_2,y)$；

若 $y_1<y_2$，则对于任意的 x，有 $F(x,y_1)\leqslant F(x,y_2)$.

(2) 对任意的实数 x,y，有 $0\leqslant F(x,y)\leqslant 1$，且

$$F(-\infty,y)=\lim_{x\to-\infty}F(x,y)=0,\quad F(x,-\infty)=\lim_{y\to-\infty}F(x,y)=0,$$

$$F(-\infty,-\infty)=\lim_{\substack{x\to-\infty\\ y\to-\infty}}F(x,y)=0,\quad F(+\infty,+\infty)=\lim_{\substack{x\to+\infty\\ y\to+\infty}}F(x,y)=1.$$

(3) $F(x,y)$ 关于每个变量均右连续，即

$$F(x,y)=F(x+0,y),\quad F(x,y)=F(x,y+0).$$

(4) 对任意的实数 $x_1<x_2, y_1<y_2$，有

$$F(x_2,y_2)-F(x_2,y_1)+F(x_1,y_1)-F(x_1,y_2)\geqslant 0$$

上述四条性质是二维随机变量分布函数的基本性质，即任何二维随机变量的分布函数都具有上述四条性质；反之还可以证明，如果一个二元函数 $F(x,y)$ 具有上述四条性质，则 $F(x,y)$ 一定可以作为某一个二维随机变量的分布函数.

由于二维随机变量 (X,Y) 的分布函数 $F(x,y)$ 完全决定了 (X,Y) 的概率特征，因而也就完全决定了它的两个分量的概率特征. 事实上，对任意的实数 x，有

$$P\{X\leqslant x\}=P\{X\leqslant x,Y<+\infty\}=F(x,+\infty)\xlongequal{\text{记为}}F_X(x);\qquad ③$$

同样，对任意的实数 y，有

$$P\{Y\leqslant y\}=P\{X<+\infty,Y\leqslant y\}=F(+\infty,y)\xlongequal{\text{记为}}F_Y(y).\qquad ④$$

$F_X(x)$ 和 $F_Y(y)$ 分别称为二维随机变量 (X,Y) 关于 X 和关于 Y 的**边缘分布函数**. 式③和式④给出了由 (X,Y) 的联合分布函数 $F(x,y)$ 求关于 X 和关于 Y 的边缘分布函数的公式.

从几何上看，$F_X(x)$ 和 $F_Y(y)$ 分别表示随机点 (X,Y) 落在横坐标不超过 x 的左半平面和纵坐标不超过 y 的下半平面的概率.

例 1 设二维随机变量 (X,Y) 的联合分布函数为

$$F(x,y)=\begin{cases}c-2^{-x}-2^{-y}+2^{-x-y}, & x\geqslant 0,y\geqslant 0,\\ 0, & \text{其他}.\end{cases}$$

(1) 求常数 c；

(2) 求 (X,Y) 落在区域 $G=\{(x,y): 1<x\leqslant 2, 3<y\leqslant 5\}$ 内的概率；

(3) 求关于 X 和关于 Y 的边缘分布函数.

解 (1) 由 $F(+\infty,+\infty)=1$ 得

$$\lim_{\substack{x\to+\infty\\ y\to+\infty}}F(x,y)=\lim_{\substack{x\to+\infty\\ y\to+\infty}}(c-2^{-x}-2^{-y}+2^{-x-y})=c=1.$$

所以

$$F(x,y)=\begin{cases}1-2^{-x}-2^{-y}+2^{-x-y}, & x\geqslant 0,y\geqslant 0,\\ 0, & \text{其他}.\end{cases}$$

(2) $$\begin{aligned}P\{(X,Y)\in G\}&=P\{x_1<X\leqslant x_2,y_1<Y\leqslant y_2\}\\ &=F(2,5)-F(1,5)-F(2,3)+F(1,3)=0.0234.\end{aligned}$$

(3) 关于 X 和关于 Y 的边缘分布函数分别为

$$F_X(x)=F(x,+\infty)=\lim_{y\to+\infty}F(x,y)=\begin{cases}1-2^{-x}, & x\geqslant 0,\\ 0, & x<0;\end{cases}$$

$$F_Y(y)=F(+\infty,y)=\lim_{x\to+\infty}F(x,y)=\begin{cases}1-2^{-y}, & y\geqslant 0,\\ 0, & y<0.\end{cases}$$

二、二维离散型随机变量

定义 3 如果二维随机变量(X,Y)所有可能取值是有限个或可列无穷多个数对$(x_i,y_j)$$(i,j=1,2,\cdots)$，则称$(X,Y)$为**二维离散型随机变量**，并称

$$P\{X=x_i,Y=y_j\}=p_{ij},\quad i,j=1,2,\cdots \tag{5}$$

为二维离散型随机变量(X,Y)的**联合分布律**(简称**分布律**).

由概率的性质可知，(X,Y)的联合分布律⑤满足以下两个**性质**：

(1) 非负性：$p_{ij}\geqslant 0(i,j=1,2,\cdots)$；

(2) 规范性：$\sum\limits_{i,j}p_{ij}=1$.

反过来，当$p_{ij}(i,j=1,2,\cdots)$满足以上两个性质时，它一定可以作为某个二维离散型随机变量的联合分布律.

当(X,Y)的联合分布律$p_{ij}(i,j=1,2,\cdots)$已知时，可以求出随机变量X和Y的分布律：

$$P\{X=x_i\}=\sum_j P\{X=x_i,Y=y_j\}=\sum_j p_{ij}\overset{\text{记为}}{=\!=}p_{i\cdot},\quad i=1,2,\cdots, \tag{6}$$

$$P\{Y=y_j\}=\sum_i P\{X=x_i,Y=y_j\}=\sum_i p_{ij}\overset{\text{记为}}{=\!=}p_{\cdot j},\quad j=1,2,\cdots. \tag{7}$$

分别称$p_{i\cdot}(i=1,2,\cdots)$和$p_{\cdot j}(j=1,2,\cdots)$为$(X,Y)$关于$X$和关于$Y$的**边缘分布律**.

二维离散型随机变量(X,Y)的联合分布律与边缘分布律可用表1来表示. 表1中的最后一列是(X,Y)关于X的边缘分布律，$p_{i\cdot}$是表中第i行的各数之和；同样，表1中的最后一行是(X,Y)关于Y的边缘分布律，$p_{\cdot j}$是表中第j列的各数之和.

表 1

X \ Y	y_1	y_2	$\cdots$	y_j	$\cdots$	$p_{i\cdot}$
x_1	p_{11}	p_{12}	$\cdots$	p_{1j}	$\cdots$	$p_{1\cdot}$
x_2	p_{21}	p_{12}	$\cdots$	p_{2j}	$\cdots$	$p_{2\cdot}$
$\vdots$	$\vdots$	$\vdots$		$\vdots$		$\vdots$
x_i	p_{i1}	p_{i2}	$\cdots$	p_{ij}	$\cdots$	$p_{i\cdot}$
$\vdots$	$\vdots$	$\vdots$	$\cdots$	$\vdots$	$\cdots$	$\vdots$
$p_{\cdot j}$	$p_{\cdot 1}$	$p_{\cdot 2}$	$\cdots$	$p_{\cdot j}$	$\cdots$	1

若二维离散型随机变量(X,Y)的联合分布律为⑤，则其分布函数为

$$F(x,y)=\sum_{x_i\leqslant x}\sum_{y_j\leqslant y}p_{ij}. \tag{8}$$

它是由一些矩形平面组成的单调不减、右连续的"台阶形"空间曲面. 设x_i，x_{i+1}及y_j，y_{j+1}分

别是 X,Y 的两个相邻的可能取值，且 $x_i<x_{i+1}$，$y_i<y_{i+1}$，则 $F(x,y)$ 在矩形区域 $\{(x,y):x_i<x\leqslant x_{i+1},y_j<y\leqslant y_{j+1}\}$ 内是常数值，在点 (x_i,y_j) 处，$F(x,y)$ 有跳跃，其跳跃度为 $P\{X=x_i,Y=y_j\}=p_{ij}$. 由式⑧得关于 X 和关于 Y 的边缘分布函数分别为

$$F_X(x)=F(x,+\infty)=\sum_{x_i\leqslant x}\sum_j p_{ij}=\sum_{x_i\leqslant x}p_{i\cdot}, \tag{9}$$

$$F_Y(y)=F(+\infty,y)=\sum_{y_j\leqslant y}\sum_i p_{ij}=\sum_{y_j\leqslant y}p_{\cdot j}. \tag{10}$$

与一维离散型随机变量的两点分布类似，对于二维离散型随机变量也有二维两点分布. 若二维离散型随机变量 (X,Y) 的联合分布律如表 2 所示，其中 $0<p<1$，$p+q=1$，则称 (X,Y) 服从**二维两点分布**.

表 2

$X \backslash Y$	0	1	$p_{i\cdot}$
0	q	0	q
1	0	p	p
$p_{\cdot j}$	q	p	1

例 2 把三个球等可能地放入编号为 1,2,3 的三个盒子中，每盒容纳的球数无限制. 记 X 为落入 1 号盒的球数，Y 为落入 2 号盒的球数. 求：

(1) (X,Y) 的联合分布律与边缘分布律；　(2) $P\{X=Y\}$ 与 $P\{X<Y\}$.

解 (1) 显然，X 与 Y 的可能取值都是 0,1,2,3. 利用概率的乘法公式，得 (X,Y) 的联合分布律为

$$\begin{aligned}P\{X=i,Y=j\}&=P\{X=i\}P\{Y=j\,|\,X=i\}\\&=C_3^i\left(\frac{1}{3}\right)^i\left(\frac{2}{3}\right)^{3-i}C_{3-i}^j\left(\frac{1}{2}\right)^j\left(1-\frac{1}{2}\right)^{3-i-j}(i=0,1,2,3;j=0,\cdots,3-i).\end{aligned}$$

具体计算得其联合分布律与边缘分布律如表 3 所示.

表 3

$X \backslash Y$	0	1	2	3	$p_{i\cdot}$
0	1/27	1/9	1/9	1/27	8/27
1	1/9	2/9	1/9	0	4/9
2	1/9	1/9	0	0	2/9
3	1/27	0	0	0	1/27
$p_{\cdot j}$	8/27	4/9	2/9	1/27	1

(2) 由表 3 知，$P\{X=Y\}=\sum\limits_{x=y}p_{ij}=\frac{7}{27}$，$P\{X<Y\}=\sum\limits_{x<y}p_{ij}=\frac{10}{27}$.

三、二维连续型随机变量

定义 4 设二维随机变量(X,Y)的联合分布函数为$F(x,y)$. 如果存在一个非负函数$f(x,y)$，使得对于任意实数x,y，都有

$$F(x,y)=P\{X\leqslant x,Y\leqslant y\}=\int_{-\infty}^{x}\int_{-\infty}^{y}f(u,v)\mathrm{d}u\mathrm{d}v, \tag{11}$$

则称(X,Y)是**二维连续型随机变量**，并称函数$f(x,y)$为二维连续型随机变量(X,Y)的**联合概率密度函数**(简称**概率密度**).

容易证明二维随机变量(X,Y)的概率密度$f(x,y)$具有以下**性质**：

(1) **非负性**：$f(x,y)\geqslant 0$；

(2) **规范性**：$\int_{-\infty}^{+\infty}\int_{-\infty}^{+\infty}f(x,y)\mathrm{d}x\mathrm{d}y=F(+\infty,+\infty)=1$.

这两个性质是二维随机变量概率密度的基本性质. 这里不加证明地指出：任何一个满足上述两个性质的二元函数$f(x,y)$，必定可以作为某个二维连续型随机变量(X,Y)的概率密度. 在几何上，二维连续型随机变量(X,Y)的概率密度$z=f(x,y)$表示一个曲面，通常称这个曲面为(X,Y)的**分布曲面**. 分布曲面总位于Oxy平面的上方，且由性质(2)知，介于分布曲面和Oxy平面之间的空间区域的全部体积等于 1.

(3) 若$f(x,y)$在点(x,y)连续，则$\frac{\partial^2F(x,y)}{\partial x\partial y}=f(x,y)$；

(4) $P\{(X,Y)\in D\}=\iint\limits_{D}f(x,y)\mathrm{d}x\mathrm{d}y$，其中$D$为$Oxy$平面上的任意一个区域.

性质(4)表明，(X,Y)落在区域D内的概率等于以D为底，以曲面$z=f(x,y)$为顶的曲顶柱体的体积.

利用式⑪，(X,Y)关于X的边缘分布函数为

$$F_X(x)=F(x,+\infty)=\int_{-\infty}^{x}\int_{-\infty}^{+\infty}f(u,v)\mathrm{d}u\mathrm{d}v=\int_{-\infty}^{x}\left(\int_{-\infty}^{+\infty}f(u,v)\mathrm{d}v\right)\mathrm{d}u, \tag{12}$$

从而知X是一个连续型随机变量，相应的概率密度为

$$f_X(x)=F'_X(x)=\int_{-\infty}^{+\infty}f(x,y)\mathrm{d}y; \tag{13}$$

同理可知Y也是一个连续型随机变量，相应的概率密度为

$$f_Y(y)=\int_{-\infty}^{+\infty}f(x,y)\mathrm{d}x. \tag{14}$$

分别称$f_X(x)$与$f_Y(y)$为(X,Y)关于X和关于Y的**边缘概率密度函数**(简称**边缘概率密度**).

例 3 设 G 是平面上的一个有界区域，其面积为 $S(S>0)$. 若二维随机变量 (X,Y) 具有联合概率密度为

$$f(x,y)=\begin{cases}\dfrac{1}{S}, & (x,y)\in G,\\ 0, & (x,y)\notin G,\end{cases} \tag{15}$$

则称 (X,Y) 在 G 上服从**二维均匀分布**. 对 G 的任一子区域 D，有

$$P\{(X,Y)\in D\}=\iint_D f(x,y)\mathrm{d}x\mathrm{d}y=\iint_{(x,y)\in D}\frac{1}{S}\mathrm{d}x\mathrm{d}y=\frac{S_1}{S},$$

其中 S_1 是 D 的面积. 这表明，二维随机变量落入区域 D 的概率与 D 的面积成正比，而与 D 在 G 中的位置与形状无关. 这正是第一章讲到的几何概型. 由此可知均匀分布中"均匀"的含义就是"等可能"的意思.

例 4 设二维随机变量 (X,Y) 具有联合概率密度

$$f(x,y)=\begin{cases}c\mathrm{e}^{-2(x+y)}, & 0<x<+\infty,0<y<+\infty,\\ 0, & \text{其他},\end{cases}$$

求：(1) 常数 c； (2) (X,Y) 的联合分布函数；

(3) (X,Y) 落在如图 3 所示的三角区域 D 内的概率；

(4) 关于 X 和关于 Y 的边缘概率密度.

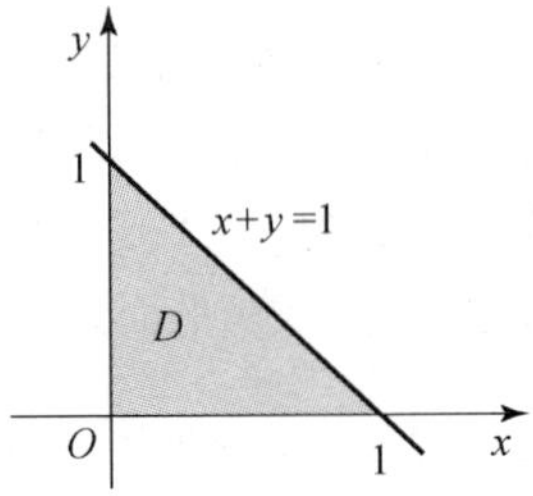

图 3

解 (1) 因为

$$1=\int_{-\infty}^{+\infty}\int_{-\infty}^{+\infty}f(x,y)\mathrm{d}x\mathrm{d}y=\int_0^{+\infty}\int_0^{+\infty}c\mathrm{e}^{-2(x+y)}\mathrm{d}x\mathrm{d}y$$

$$=c\left(\int_0^{+\infty}\mathrm{e}^{-2x}\mathrm{d}x\right)\left(\int_0^{+\infty}\mathrm{e}^{-2y}\mathrm{d}y\right)=\frac{c}{4},$$

所以 $c=4$.

(2) $$F(x,y)=\int_{-\infty}^{x}\int_{-\infty}^{y}f(u,v)\mathrm{d}u\mathrm{d}v=\begin{cases}\displaystyle\int_0^x\int_0^y 4\mathrm{e}^{-2(u+v)}\mathrm{d}u\mathrm{d}v, & x>0,y>0,\\ 0, & \text{其他}\end{cases}$$

$$=\begin{cases}(1-\mathrm{e}^{-2x})(1-\mathrm{e}^{-2y}), & x>0,y>0,\\ 0, & \text{其他}.\end{cases}$$

(3) $$P\{(X,Y)\in D\}=\iint_D f(x,y)\mathrm{d}x\mathrm{d}y=\int_0^1\mathrm{d}x\int_0^{1-x}4\mathrm{e}^{-2(x+y)}\mathrm{d}y=1-3\mathrm{e}^{-2}.$$

(4) 关于 X 的边缘概率密度为

$$f_X(x)=\int_{-\infty}^{+\infty}f(x,y)\mathrm{d}y=\begin{cases}\displaystyle\int_0^{+\infty}4\mathrm{e}^{-2(x+y)}\mathrm{d}y, & x>0,\\ 0, & x\leqslant 0\end{cases}$$

$$=\begin{cases}2\mathrm{e}^{-2x}, & x>0,\\ 0, & x\leqslant 0.\end{cases}$$

同理可求得关于 Y 的边缘概率密度为

$$f_Y(y)=\begin{cases}2e^{-2y}, & y>0,\\ 0, & y\leqslant 0.\end{cases}$$

例 5 设二维随机变量 (X,Y) 的联合概率密度为

$$f(x,y)=\frac{1}{2\pi\sigma_1\sigma_2\sqrt{1-\rho^2}}\exp\left\{\frac{-1}{2(1-\rho^2)}\left[\frac{(x-\mu_1)^2}{\sigma_1^2}-2\rho\frac{(x-\mu_1)(y-\mu_2)}{\sigma_1\sigma_2}+\frac{(y-\mu_2)^2}{\sigma_2^2}\right]\right\}$$

$$(-\infty<x<+\infty,-\infty<y<+\infty), \quad ⑯$$

其中 $\mu_1,\mu_2,\sigma_1,\sigma_2,\rho$ 都是常数，且 $\sigma_1>0,\sigma_2>0,-1<\rho<1$，我们称 (X,Y) 服从**二维正态分布**，记为 $(X,Y)\sim N(\mu_1,\mu_2,\sigma_1^2,\sigma_2^2,\rho)$（二维正态分布的分布曲面如图 4 所示）. 试求关于 X 和关于 Y 的边缘概率密度 $f_X(x)$ 和 $f_Y(y)$.

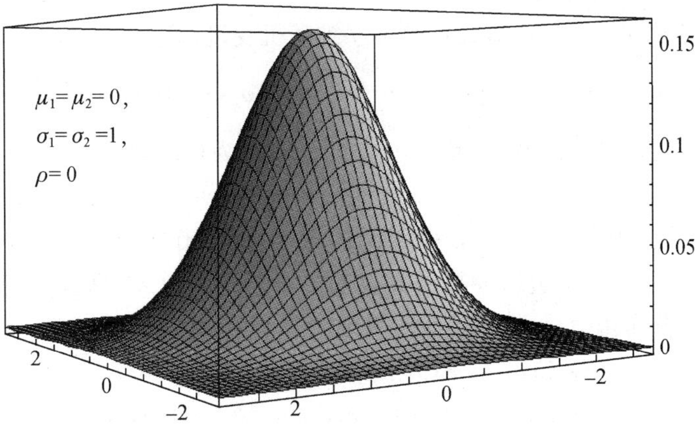

图 4

解 令 $u=\dfrac{x-\mu_1}{\sigma_1}, v=\dfrac{y-\mu_2}{\sigma_2}$，则

$$f_X(x)=\int_{-\infty}^{+\infty}f(x,y)\mathrm{d}y=\frac{1}{2\pi\sigma_1\sqrt{1-\rho^2}}\int_{-\infty}^{+\infty}e^{-\frac{1}{2(1-\rho^2)}(u^2-2\rho uv+v^2)}\mathrm{d}v$$

$$=\frac{1}{\sqrt{2\pi}\sigma_1}e^{-\frac{u^2}{2}}\int_{-\infty}^{+\infty}\frac{1}{\sqrt{2\pi}\sqrt{1-\rho^2}}e^{-\frac{(v-\rho u)^2}{2(1-\rho^2)}}\mathrm{d}v.$$

再令 $t=\dfrac{1}{\sqrt{1-\rho^2}}(v-\rho u)$，得

$$f_X(x)=\frac{1}{\sqrt{2\pi}\sigma_1}e^{-\frac{u^2}{2}}\int_{-\infty}^{+\infty}\frac{1}{\sqrt{2\pi}}e^{-\frac{t^2}{2}}\mathrm{d}t=\frac{1}{\sqrt{2\pi}\sigma_1}e^{-\frac{u^2}{2}}=\frac{1}{\sqrt{2\pi}\sigma_1}e^{-\frac{(x-\mu_1)^2}{2\sigma_1^2}},$$

即 $X\sim N(\mu_1,\sigma_1)$.

同理可得

$$f_Y(y)=\frac{1}{\sqrt{2\pi}\sigma_2}e^{-\frac{(y-\mu_2)^2}{2\sigma_2^2}},\quad 即\quad Y\sim N(\mu_2,\sigma_2).$$

本例表明,二维正态分布的两个边缘分布均为一维正态分布,且均与参数 ρ 无关.

以上关于二维随机变量的概念,可推广到 n 维随机变量的情况. 设 E 是一个随机试验,它的样本空间是 $\Omega=\{e\}$,再设 $X_1=X_1(e), X_2=X_2(e),\cdots,X_n=X_n(e)$ 是定义在 Ω 上的 n 个随机变量,由它们构成的 n 维向量 $X=(X_1,X_2,\cdots,X_n)$ 称为 **n 维随机变量**或 **n 维随机向量**,其中 $X_i(i=1,2,\cdots,n)$ 称为 X 的**第 i 个分量**.

n 维随机变量 $(X_1,X_2,\cdots,X_n)$ 的联合分布函数定义为

$$F(x_1,x_2,\cdots,x_n)=P\{X_1\leqslant x_1,X_2\leqslant x_2,\cdots,X_n\leqslant x_n\},$$

其中 $x_1,x_2,\cdots,x_n$ 为任意实数.

若存在非负函数 $f(x_1,x_2,\cdots,x_n)$,使得 n 维随机变量 $(X_1,X_2,\cdots,X_n)$ 的联合分布函数

$$F(x_1,x_2,\cdots,x_n)=\int_{-\infty}^{x_1}\int_{-\infty}^{x_2}\cdots\int_{-\infty}^{x_n}f(u_1,u_2,\cdots,u_n)\mathrm{d}u_1\mathrm{d}u_2\cdots\mathrm{d}u_n,$$

其中 $x_1,x_2,\cdots,x_n$ 可取任意实数,则称 $f(x_1,x_2,\cdots x_n)$ 为 $(X_1,X_2,\cdots,X_n)$ 的**联合概率密度函数**.

若已知 n 维随机变量 $(X_1,X_2,\cdots,X_n)$ 的联合分布函数 $F(x_1,x_2,\cdots,x_n)$,则 $(X_1,X_2,\cdots,X_n)$ 的 $k(1\leqslant k\leqslant n)$ 维边缘分布函数就随之确定. 例如 $(X_1,X_2,\cdots,X_n)$ 关于 X_1 和关于 (X_1,X_2) 的边缘分布函数分别为

$$F_{X_1}(x_1)=F(x_1,+\infty,+\infty,\cdots,+\infty),$$

$$F_{X_1,X_2}(x_1,x_2)=F(x_1,x_2,+\infty,+\infty,\cdots,+\infty)$$

另外,若已知 $f(x_1,x_2,\cdots,x_n)$ 是 n 维随机变量 $(X_1,X_2,\cdots,X_n)$ 的联合概率密度,则关于 X_1 和关于 (X_1,X_2) 边缘概率密度分别为

$$f_{X_1}(x_1)=\int_{-\infty}^{+\infty}\int_{-\infty}^{+\infty}\cdots\int_{-\infty}^{+\infty}f(x_1,x_2,\cdots x_n)\mathrm{d}x_2\mathrm{d}x_3\cdots\mathrm{d}x_n,$$

$$f_{X_1,X_2}(x_1,x_2)=\int_{-\infty}^{+\infty}\int_{-\infty}^{+\infty}\cdots\int_{-\infty}^{+\infty}f(x_1,x_2,\cdots x_n)\mathrm{d}x_3\mathrm{d}x_4\cdots\mathrm{d}x_n.$$

习　题　2.4

1. 设二维随机变量 (X,Y) 的联合分布函数为

$$F(x,y)=a\left(b+\arctan\frac{x}{2}\right)\left(c+\arctan\frac{y}{2}\right)\quad(-\infty<x<+\infty,-\infty<y<+\infty),$$

其中 a,b,c 为常数.

(1) 确定常数 a,b,c；　(2) 求关于 X 和关于 Y 的边缘分布函数；

(3) 求 $P\{X>2\}$.

2. 已知某种电子器件包含两个主要组件，分别以 X 和 Y 表示这两个组件的寿命(单位：h). 设(X,Y)的联合分布函数为

$$F(x,y)=\begin{cases}1-\mathrm{e}^{-0.01x}-\mathrm{e}^{-0.01y}+\mathrm{e}^{-0.01(x+y)}, & x\geqslant 0,y\geqslant 0,\\ 0, & \text{其他},\end{cases}$$

求两个组件的寿命都超过 120 h 的概率.

3. 已知二元函数 $F(x,y)=\begin{cases}0, & x+y<1,\\ 1, & x+y\geqslant 1,\end{cases}$ 讨论 $F(x,y)$能否成为某个二维随机变量的分布函数.

4. 设二维随机变量(X,Y)的联合分布函数为 $F(x,y)$，试用 $F(x,y)$来表示下列概率，其中 a,b,c,d 为常数，且 $a<b,c<d$：

(1) $P\{a\leqslant X\leqslant b,Y\leqslant y\}$； (2) $P\{X=a,Y<y\}$； (3) $P\{a\leqslant X<b,c<Y\leqslant d\}$.

5. 设 $F(x,y)$是二维随机变量(X,Y)的联合分布函数，且当 $x\geqslant 0,y\geqslant 0$ 时，

$$F(x,y)=(a-\mathrm{e}^{-\lambda x})(b-\mathrm{e}^{-\gamma y})\quad (a>0,b>0,\lambda>0,\gamma>0).$$

(1) 求 a,b； (2) 当 $x<0$ 或 $y<0$ 时，求 $F(x,y)$的值.

6. 设袋中有 6 个白球，3 个黑球. 在袋中任意取出 4 个球，分别以 X,Y 表示取到的白球数和黑球数. 求(X,Y)的联合分布律及关于 X 和关于 Y 的边缘分布律.

7. 将一枚硬币连抛 3 次，以 X 表示出现正面的次数，Y 表示正面次数与反面次数之差的绝对值. 写出(X,Y)的联合分布律及关于 X 和关于 Y 的边缘分布律.

8. 设随机变量 X 在 1,2,3,4 这四个整数中等可能地取一个值，另一个随机变量 Y 在 $1\sim X$中等可能地取一整数值，试求(X,Y)的联合分布律.

9. 设 $f_1(x),f_2(x)$都是一维随机变量的概率密度. 为使

$$f(x,y)=f_1(x)f_2(y)+h(x,y)$$

成为某个二维随机变量的概率密度函数，问：其中的 $h(x,y)$必须满足什么条件?

10. 设二维连续型随机变量(X,Y)的概率密度为

$$f(x,y)=\begin{cases}c(R-\sqrt{x^2+y^2}), & x^2+y^2\leqslant R^2,\\ 0, & \text{其他},\end{cases}$$

试求：(1) 常数 c； (2) 概率 $P\{X^2+Y^2\leqslant r^2\}$(其中 $0<r<R$).

11. 设二维随机变量(X,Y)的联合概率密度为

$$f(x,y)=\begin{cases}2(x+y-2xy), & 0\leqslant x\leqslant 1,0\leqslant y\leqslant 1,\\ 0, & \text{其他},\end{cases}$$

试求关于 X 和关于 Y 的边缘概率密度. 能否构造另一个与此二维随机变量具有相同边缘概率密度的二维随机变量?

12. 设二维随机变量(X,Y)的联合概率密度为

$$f(x,y)=\begin{cases}3x/2, & 0\leqslant x\leqslant 1,-x\leqslant y\leqslant x,\\ 0, & \text{其他},\end{cases}$$

求：(1) 关于 X 和关于 Y 的边缘概率密度； (2) X 和 Y 至少有一个小于 1/2 的概率.

13. 设平面区域 D 由曲线 $y=x^2$ 及直线 $y=x$ 所围成，二维随机变量 (X,Y) 服从区域 D 上的均匀分布. 试求 (X,Y) 的联合概率密度以及关于 X 与关于 Y 的边缘概率密度.

14. 设区域 $G=\{(x,y)\mid 0\leqslant y\leqslant x,0\leqslant x\leqslant 1\}$，二维随机变量 (X,Y) 服从区域 G 上的均匀分布. 求：

(1) $f(x,y)$； (2) $P\{Y>X^2\}$；

(3) (X,Y) 在平面上的落点到 y 轴的距离小于 0.3 的概率.

15. 证明 $f(x,y)=\dfrac{1}{2\pi}\mathrm{e}^{-\frac{x^2+y^2}{2}}(1+\sin x\sin y)$ 是某个二维随机变量的概率密度，且该二维随机变量的两个边缘分布都是标准正态分布.

§2.5 条件分布与随机变量的独立性

前面我们已经知道，由二维随机变量 (X,Y) 的联合分布可以确定关于 X 和关于 Y 的边缘分布. 本节将进一步讨论两个随机变量 X 和 Y 之间的相互依赖性，即在一个随机变量取固定值的条件下另一个随机变量的概率分布问题. 仍分为离散型随机变量与连续型随机变量两种情形进行讨论.

一、条件分布

1. 离散型随机变量的条件分布

定义 1 设二维离散型随机变量 (X,Y) 的联合分布律为

$$P\{X=x_i,Y=y_j\}=p_{ij}\quad (i,j=1,2,\cdots).$$

对于给定的 $j(j=1,2,\cdots)$，若 $P\{Y=y_j\}=p_{\cdot j}>0$，则称

$$P\{X=x_i\mid Y=y_j\}=\frac{P\{X=x_i,Y=y_j\}}{P\{Y=y_j\}}=\frac{p_{ij}}{p_{\cdot j}}\quad (i=1,2,\cdots)\qquad ①$$

为在 $Y=y_j$ **条件下随机变量** X **的条件分布律**(简称**条件分布律**).

类似地，对于固定的 $i(i=1,2,\cdots)$，若 $P\{X=x_i\}=p_{i\cdot}>0$，则称

$$P\{Y=y_j\mid X=x_i\}=\frac{P\{X=x_i,Y=y_j\}}{P\{X=x_i\}}=\frac{p_{ij}}{p_{i\cdot}}\quad (j=1,2,\cdots)\qquad ②$$

为在 $X=x_i$ **条件下随机变量** Y **的条件分布律**(简称**条件分布律**).

条件分布律也满足分布律的两个基本性质，即

(1) **非负性**：$P\{X=x_i\mid Y=y_j\}\geqslant 0$，$P\{Y=y_j\mid X=x_i\}\geqslant 0$；

(2) **规范性**：$\sum_i P\{X=x_i\mid Y=y_j\}=\sum_i \frac{p_{ij}}{p_{\cdot j}}=\frac{p_{\cdot j}}{p_{\cdot j}}=1$，

$$\sum_j P\{Y=y_j\mid X=x_i\}=\sum_j \frac{p_{ij}}{p_{i\cdot}}=\frac{p_{i\cdot}}{p_{i\cdot}}=1.$$

例 1 设二维离散型随机变量(X,Y)的联合分布律如表 1 所示，求：

(1) 在 $X=3$ 条件下 Y 的条件分布律； (2) 在 $Y=1$ 条件下 X 的条件分布律.

表 1

X \ Y	1	2	3	4
1	1/4	0	0	0
2	1/8	1/8	0	0
3	1/12	1/12	1/12	0
4	1/16	1/16	1/16	1/16

解 关于 X 和关于 Y 的边缘分布律如表 2 所示.

表 2

X \ Y	1	2	3	4	$p_{i\cdot}$
1	1/4	0	0	0	1/4
2	1/8	1/8	0	0	1/4
3	1/12	1/12	1/12	0	1/4
4	1/16	1/16	1/16	1/16	1/4
$p_{\cdot j}$	25/48	13/48	7/48	1/16	1

(1) 由于 $P\{X=3\}=1/4$，根据公式②，用表 2 第三行概率分别除以 1/4，就可以得到在 $X=3$条件下 Y 的条件分布律如下：

Y	1	2	3	4
$P\{Y=y_j\mid X=3\}$	1/3	1/3	1/3	0

由于 $P\{Y=1\}=25/48$，用表 2 第一列概率分别除以 25/48，就可以得到在 $Y=1$ 条件下 X 的条件分布律如下：

X	1	2	3	4
$P\{X=x_i\mid Y=1\}$	12/25	6/25	4/25	3/25

例 2 以 X 记某医院一天出生的婴儿的人数，以 Y 记其中男婴的人数. 若(X,Y)的联合分布律为

$$P\{X=n,Y=m\}=\frac{e^{-14}\times 7.14^m\times 6.86^{n-m}}{m!(n-m)!}\quad (m=0,1,2,\cdots,n;n=0,1,2,\cdots),$$

试求关于 X 和关于 Y 边缘分布律以及条件分布律.

解 关于 X 边缘分布律为

$$\begin{aligned}P\{X=n\}&=\sum_{m=0}^{n}P\{X=n,Y=m\}=\sum_{m=0}^{n}\frac{e^{-14}\times 7.14^m\times 6.86^{n-m}}{m!(n-m)!}\\&=\frac{e^{-14}}{n!}\sum_{m=0}^{n}C_n^m\times 7.14^m\times 6.86^{n-m}=\frac{e^{-14}}{n!}(7.14+6.86)^n\\&=\frac{14^n e^{-14}}{n!}\quad (n=0,1,2,\cdots),\end{aligned}$$

关于 Y 边缘分布律为

$$\begin{aligned}P\{Y=m\}&=\sum_{n=m}^{\infty}P\{X=n,Y=m\}=\sum_{n=m}^{\infty}\frac{e^{-14}\times 7.14^m\times 6.86^{n-m}}{m!(n-m)!}\\&=\frac{e^{-14}\times 7.14^m}{m!}\sum_{n=m}^{\infty}\frac{6.86^{n-m}}{(n-m)!}=\frac{e^{-14}\times 7.14^m}{m!}e^{6.86}\\&=\frac{7.14^m e^{-7.14}}{m!}\quad (m=0,1,2,\cdots).\end{aligned}$$

对于固定的 $m(m=0,1,2,\cdots)$，有

$$P\{X=n\mid Y=m\}=\frac{P\{X=n,Y=m\}}{P\{Y=m\}}=\frac{6.86^{n-m}e^{-6.86}}{(n-m)!}\quad (n=m,m+1,m+2,\cdots).$$

对于固定的 $n(n=0,1,2,\cdots)$，有

$$\begin{aligned}P\{Y=m\mid X=n\}&=\frac{P\{X=n,Y=m\}}{P\{X=n\}}=\frac{n!}{m!(n-m)!}\left(\frac{7.14}{14}\right)^m\left(\frac{6.86}{14}\right)^{n-m}\\&=C_n^m\times 0.51^m\times 0.49^{n-m}\quad (m=0,1,2,\cdots,n).\end{aligned}$$

2. 连续型随机变量的条件分布

若(X,Y)是二维连续型随机变量，因为对于任意的 y，$P\{Y=y\}=0$，所以随机变量 X 在 $Y=y$ 条件下的条件分布函数 $P\{X\leqslant x|Y=y\}$不能直接用条件概率的方式来定义. 我们可以用求极限的方法来给出相应的定义.

定义 2 设(X,Y)是二维连续型随机变量，且对于给定的常数 y 及任意的 $\Delta y>0$，$P\{y<Y\leqslant y+\Delta y\}>0$. 若极限

$$\lim_{\Delta y\to 0}P\{X\leqslant x\,|\,y<Y\leqslant y+\Delta y\}=\lim_{\Delta y\to 0}\frac{P\{X\leqslant x,y<Y\leqslant y+\Delta y\}}{P\{y<Y\leqslant y+\Delta y\}}\qquad ③$$

存在，则称此极限为**随机变量 X 在 $Y=y$ 条件下的条件分布函数**(简称**条件分布函数**)，记做

$$F_{X|Y}(x|y)=P\{X\leqslant x|Y=y\}. \quad ④$$

设二维随机变量(X,Y)有连续的概率密度$f(x,y)$，它关于Y的边缘概率密度是连续函数$f_Y(y)$，且对于给定的y，$f_Y(y)>0$，则由式③得

$$F_{X|Y}(x|y)=\lim_{\Delta y\to 0}\frac{P\{X\leqslant x,y<Y\leqslant y+\Delta y\}}{P\{y<Y\leqslant y+\Delta y\}}=\lim_{\Delta y\to 0}\frac{\int_{-\infty}^{x}\left[\int_{y}^{y+\Delta y}f(u,v)\mathrm{d}v\right]\mathrm{d}u}{\int_{y}^{y+\Delta y}f_Y(v)\mathrm{d}v}.$$

利用积分中值定理，得

$$F_{X|Y}(x|y)=\lim_{\Delta y\to 0}\frac{\int_{-\infty}^{x}f(u,y+\theta_1\Delta y)\Delta y\mathrm{d}u}{f_Y(y+\theta_2\Delta y)\Delta y}=\int_{-\infty}^{x}\frac{f(u,y)}{f_Y(y)}\mathrm{d}u \quad (0<\theta_1,\theta_2<1) \quad ⑤$$

同理，若(X,Y)关于X的边缘概率密度$f_X(x)$连续且对于给定的x，$f_X(x)>0$，可得随机变量Y在$X=x$条件下的条件分布函数

$$F_{Y|X}(y|x)=\int_{-\infty}^{y}\frac{f(x,v)}{f_X(x)}\mathrm{d}v. \quad ⑥$$

于是我们有下面的定义.

定义 3 设(X,Y)是二维连续型随机变量，它的联合概率密度$f(x,y)$及边缘概率密度$f_X(x)$，$f_Y(y)$都是连续函数. 对于给定的y，当$f_Y(y)>0$时，称

$$f_{X|Y}(x|y)=\frac{f(x,y)}{f_Y(y)} \quad ⑦$$

为**随机变量X在$Y=y$条件下的条件概率密度函数**（简称**条件概率密度**）；对于给定的x，当$f_X(x)>0$时，称

$$f_{Y|X}(y|x)=\frac{f(x,y)}{f_X(x)} \quad ⑧$$

为**随机变量Y在$X=x$条件下的条件概率密度函数**（简称**条件概率密度**）.

条件概率密度函数$f_{X|Y}(x|y)$有以下**性质**：

(1) 对任意的x，$f_{X|Y}(x|y)\geqslant 0$；

(2) $\int_{-\infty}^{+\infty}f_{X|Y}(x|y)\mathrm{d}x=\frac{1}{f_Y(y)}\int_{-\infty}^{+\infty}f(x,y)\mathrm{d}x=\frac{1}{f_Y(y)}\cdot f_Y(y)=1.$

随机变量Y在$X=x$条件下的条件概率密度$f_{Y|X}(y|x)$也有类似的性质.

例 3 已知二维随机变量(X,Y)服从圆域$\{(x,y):x^2+y^2\leqslant 1\}$上的均匀分布，试求条件概率密度$f_{X|Y}(x|y)$和$f_{Y|X}(y|x)$.

解 由题设，(X,Y)的联合概率密度为

$$f(x,y)=\begin{cases}1/\pi, & x^2+y^2\leqslant 1,\\ 0, & \text{其他},\end{cases}$$

关于Y的边缘概率密度为

$$f_Y(y)=\int_{-\infty}^{+\infty}f(x,y)\mathrm{d}x=\begin{cases}\dfrac{1}{\pi}\displaystyle\int_{-\sqrt{1-y^2}}^{\sqrt{1-y^2}}\mathrm{d}x, & -1\leqslant y\leqslant 1,\\ 0, & \text{其他}\end{cases}=\begin{cases}\dfrac{2}{\pi}\sqrt{1-y^2}, & -1\leqslant y\leqslant 1,\\ 0, & \text{其他},\end{cases}$$

于是，当 $-1<y<1$ 时，

$$f_{X|Y}(x|y)=\frac{f(x,y)}{f_Y(y)}=\begin{cases}\dfrac{1}{2\sqrt{1-y^2}}, & -\sqrt{1-y^2}\leqslant x\leqslant\sqrt{1-y^2},\\ 0, & \text{其他};\end{cases}$$

当 $y\leqslant -1$ 或 $y\geqslant 1$ 时，$f_{X|Y}(x|y)$ 不存在. 由此可见，当 $Y=y(-1<y<1)$ 时，

$$X\sim U(-\sqrt{1-y^2},\sqrt{1-y^2}).$$

同理，当 $-1<x<1$ 时，

$$f_{Y|X}(y|x)=\begin{cases}\dfrac{1}{2\sqrt{1-x^2}}, & -\sqrt{1-x^2}\leqslant y\leqslant\sqrt{1-x^2},\\ 0, & \text{其他},\end{cases}$$

即当 $X=x(-1<x<1)$ 时，$Y\sim U(-\sqrt{1-x^2},\sqrt{1-x^2})$.

例 4 设二维随机变量 $(X,Y)\sim N(\mu_1,\mu_2,\sigma_1^2,\sigma_2^2,\rho)$，求条件概率密度 $f_{X|Y}(x|y)$.

解 因为 (X,Y) 的联合概率密度为

$$f(x,y)=\frac{1}{2\pi\sigma_1\sigma_2\sqrt{1-\rho^2}}\exp\left\{\frac{-1}{2(1-\rho^2)}\left[\frac{(x-\mu_1)^2}{\sigma_1^2}-2\rho\frac{(x-\mu_1)(y-\mu_2)}{\sigma_1\sigma_2}+\frac{(y-\mu_2)^2}{\sigma_2^2}\right]\right\}$$
$$(-\infty<x<+\infty,-\infty<y<+\infty),$$

关于 Y 的边缘概率密度为

$$f_Y(y)=\frac{1}{\sqrt{2\pi}\sigma_2}\mathrm{e}^{-\frac{(y-\mu_2)^2}{2\sigma_2^2}}\quad(-\infty<y<+\infty),$$

所以

$$f_{X|Y}(x|y)=\frac{f(x,y)}{f_Y(y)}=\frac{1}{\sqrt{2\pi}\sigma_1\sqrt{1-\rho^2}}\mathrm{e}^{-\frac{1}{2\sigma_1^2(1-\rho^2)}\left[(x-\mu_1)-\rho\frac{\sigma_1}{\sigma_2}(y-\mu_2)\right]^2},$$

从而 $f_{X|Y}(x|y)$ 为正态分布 $N\left(\mu_1+\rho\dfrac{\sigma_1}{\sigma_2}(y-\mu_2),\sigma_1^2(1-\rho^2)\right)$ 的概率密度.

同理可得 $f_{Y|X}(y|x)$ 为正态分布 $N\left(\mu_2+\rho\dfrac{\sigma_2}{\sigma_1}(x-\mu_1),\sigma_2^2(1-\rho^2)\right)$ 的概率密度.

这个例子表明，二维正态分布的两个条件分布均为一维正态分布.

二、随机变量的独立性

随机事件独立性的概念可以推广到随机变量的情形.

定义 4 设二维随机变量 (X,Y) 的联合分布函数为 $F(x,y)$，关于 X 和关于 Y 的边缘分

布函数分别是 $F_X(x)$ 与 $F_Y(y)$. 如果对于任意的实数 x,y,有

$$P\{X \leqslant x, Y \leqslant y\} = P\{X \leqslant x\} P(Y \leqslant y\}, \tag{9}$$

即

$$F(x,y) = F_X(x) F_Y(y), \tag{10}$$

则称随机变量 X 与 Y **相互独立**.

由上述定义可知,当 X 与 Y 相互独立时,由关于 X 和关于 Y 的边缘分布可唯一地确定 (X,Y) 的联合分布. 判断两个随机变量的独立性常用以下两个定理.

定理 1 设二维离散型随机变量 (X,Y) 的所有可能取值是 $(x_i, y_j)(i,j=1,2,\cdots)$,则 X 与 Y 相互独立的充分必要条件是: 对所有的 i,j,都有

$$P\{X = x_i, Y = y_j\} = P\{X = x_i\} P\{Y = y_j\}, \tag{11}$$

即

$$p_{ij} = p_{i\cdot}\, p_{\cdot j}. \tag{12}$$

证 必要性 若 X 与 Y 相互独立,则式⑩成立,从而对任意的实数 $a,b,c,d(a<b, c<d)$,有

$$\begin{aligned} P\{a < X \leqslant b, c < Y \leqslant d\} &= F(b,d) - F(a,d) - F(b,c) + F(a,c) \\ &= F_X(b)F_Y(d) - F_X(a)F_Y(d) - F_X(b)F_Y(c) + F_X(a)F_Y(c) \\ &= [F_X(b) - F_X(a)][F_Y(d) - F_Y(c)] = P\{a < X \leqslant b\} P\{c < Y \leqslant d\}. \end{aligned}$$

对所有给定的 i,j,取两个充分小的区间 $[a,b]$ 和 $[c,d]$,使得 X 所取的值仅有 x_i 包含在 $[a,b]$ 中,Y 所取的值仅有 y_j 包含在 $[c,d]$ 中,因此

$$\{X = x_i\} = \{a < X \leqslant b\}, \quad \{Y = y_j\} = \{c < Y \leqslant d\}.$$

于是有 $P\{X=x_i, Y=y_j\} = P\{X=x_i\} P\{Y=y_j\}$,即式⑪成立.

充分性 若式⑪成立,则对于任意实数 x,y,有

$$\begin{aligned} F(x,y) &= P\{X \leqslant x, Y \leqslant y\} = \sum_{x_i \leqslant x, y_j \leqslant y} P\{X = x_i, Y = y_j\} \\ &= \sum_{x_i \leqslant x, y_j \leqslant y} P\{X = x_i\} P\{Y = y_j\} = \sum_{x_i \leqslant x} P\{X = x_i\} \cdot \sum_{y_j \leqslant y} P\{Y = y_j\} \\ &= P\{X \leqslant x\} P\{Y \leqslant y\} = F_X(x) F_Y(y), \end{aligned}$$

即式⑩成立,所以 X 与 Y 相互独立.

定理 2 设 (X,Y) 是二维连续型随机变量,$f(x,y)$,$f_X(x)$,$f_Y(y)$ 分别是 (X,Y) 的联合概率密度与关于 X 和关于 Y 的边缘概率密度,则 X 与 Y 相互独立的充分必要条件是: 对于 $f(x,y)$ 连续的点 (x,y),都有

$$f(x,y) = f_X(x) f_Y(y). \tag{13}$$

证 必要性 设 $F(x,y)$,$F_X(x)$,$F_Y(y)$ 分别是 (X,Y) 的联合分布函数与关于 X 和关于 Y 的边缘分布函数. 若 X 与 Y 相互独立,则对于任意的实数 x,y,有

$$F(x,y) = F_X(x) F_Y(y).$$

于是在 $f(x,y)$ 连续的点 (x,y) 处,有

$$f(x,y)=\frac{\partial^2 F(x,y)}{\partial x\partial y}=\frac{\mathrm{d}F_X(x)}{\mathrm{d}x}\cdot\frac{\mathrm{d}F_Y(y)}{\mathrm{d}y}=f_X(x)f_Y(y),$$

充分性 若在 $f(x,y)$ 连续的点 (x,y) 处，有 $f(x,y)=f_X(x)f_Y(y)$，则对任意的实数 x,y，(X,Y) 的联合分布函数

$$F(x,y)=\int_{-\infty}^{x}\int_{-\infty}^{y}f(u,v)\mathrm{d}u\mathrm{d}v=\int_{-\infty}^{x}\int_{-\infty}^{y}f_X(u)f_Y(v)\mathrm{d}u\mathrm{d}v$$
$$=\int_{-\infty}^{x}f_X(u)\mathrm{d}u\int_{-\infty}^{y}f_Y(v)\mathrm{d}v=F_X(x)F_Y(y),$$

从而 X 与 Y 相互独立.

例 5 设二维随机变量 (X,Y) 的联合分布律如表 3 所示. 容易验证，对一切的 i,j，有 $p_{ij}=p_{i\cdot}\,p_{\cdot j}$，所以 X 与 Y 相互独立.

表 3

X \ Y	1	2	$p_{i\cdot}$
0	1/6	1/6	1/3
1	2/6	2/6	2/3
$p_{\cdot j}$	1/2	1/2	1

例 6 设二维随机变量 $(X,Y)\sim N(\mu_1,\mu_2,\sigma_1^2,\sigma_2^2,\rho)$，证明：$X$ 与 Y 相互独立的充分必要条件是 $\rho=0$.

证 充分性 若 $\rho=0$，则

$$f(x,y)=\frac{1}{2\pi\sigma_1\sigma_2}\exp\left\{\frac{-1}{2}\left[\frac{(x-\mu_1)^2}{\sigma_1^2}+\frac{(y-\mu_2)^2}{\sigma_2^2}\right]\right\}$$
$$=\frac{1}{\sqrt{2\pi}\sigma_1}\mathrm{e}^{-\frac{(x-\mu_1)^2}{2\sigma_1^2}}\cdot\frac{1}{\sqrt{2\pi}\sigma_2}\mathrm{e}^{-\frac{(y-\mu_2)^2}{2\sigma_2^2}}=f_X(x)f_Y(y),$$

故 X 与 Y 相互独立.

必要性 若 X 与 Y 相互独立，则对任意的实数 x,y，有

$$f(x,y)=f_X(x)f_Y(y).$$

特别地，令 $x=\mu_1,y=\mu_2$，则有 $f(\mu_1,\mu_2)=f_X(\mu_1)f_Y(\mu_2)$，即

$$\frac{1}{2\pi\sigma_1\sigma_2\sqrt{1-\rho^2}}=\frac{1}{\sqrt{2\pi}\sigma_1}\cdot\frac{1}{\sqrt{2\pi}\sigma_2},$$

从而 $\sqrt{1-\rho^2}=1$，因此 $\rho=0$.

二维随机变量的独立性可以推广到 n 维随机变量的情形. 若对于任意的实数 $x_1,x_2,\cdots,x_n$，n 维随机变量 $(X_1,X_2,\cdots,X_n)$ 的联合分布函数

$$F(x_1,x_2,\cdots,x_n)=F_{X_1}(x_1)F_{X_2}(x_2)\cdots F_{X_n}(x_n),$$

其中 $F_{X_1}(x_1),F_{X_2}(x_2),\cdots,F_{X_n}(x_n)$ 分别为关于 $X_1,X_2,\cdots,X_n$ 的边缘分布函数，则称随机变量 $X_1,X_2,\cdots,X_n$ 是相互独立.

若对于任意的实数 $x_1,x_2,\cdots,x_m$ 和 $y_1,y_2,\cdots,y_n$，$m+n$ 维随机变量 $(X_1,X_2,\cdots,X_m,Y_1,Y_2,\cdots Y_n)$ 的联合分布函数

$$F(x_1,x_2,\cdots,x_m,y_1,y_2,\cdots,y_n)=F_1(x_1,x_2,\cdots,x_m)F_2(y_1,y_2,\cdots,y_n),$$

其中 F_1,F_2 分别为随机变量 $(X_1,X_2,\cdots,X_m)$，$(Y_1,Y_2,\cdots,Y_n)$ 的分布函数，则称 m 维随机变量 $(X_1,X_2,\cdots,X_m)$ 与 n 维随机变量 $(Y_1,Y_2,\cdots,Y_n)$ 相互独立.

可以证明：若 $(X_1,X_2,\cdots,X_m)$ 与 $(Y_1,Y_2,\cdots,Y_n)$ 相互独立，则 $X_i(i=1,2,\cdots,m)$ 与 $Y_j(j=1,2,\cdots,n)$ 相互独立；又若 h,g 是连续函数，则 $h(X_1,X_2,\cdots,X_m)$ 和 $g(Y_1,Y_2,\cdots,Y_n)$ 也相互独立.

习 题 2.5

1. 设二维随机变量 (X,Y) 的联合分布律如下：

$X \backslash Y$	1	2	3
1	0.1	0.3	0.2
2	0.2	0.05	0.15

求：(1) 在 $X=1$ 条件下 Y 条件分布律；(2) 在 $Y=2$ 条件下 X 的条件分布律.

2. 设二维连续型随机变量 (X,Y) 的联合概率密度为

$$f(x,y)=\begin{cases}e^{-y}, & 0<x<y,\\ 0, & \text{其他},\end{cases}$$

求：(1) $f_{X|Y}(x|y),f_{Y|X}(y|x)$；(2) $f_{X|Y}(x|1),f_{Y|X}(y|1)$；(3) $P\{X>2|Y<4\}$.

3. 设二维连续型随机变量 (X,Y) 的联合概率密度为

$$f(x,y)=\begin{cases}\dfrac{21}{4}x^2y, & x^2\leqslant y\leqslant 1,\\ 0, & \text{其他},\end{cases}$$

求：(1) $P\{X\geqslant 0|Y<0.25\}$；(2) $P\{Y\geqslant 0.75|X=0.5\}$.

4. 设随机变量 X 服从 $(0,1)$ 上的均匀分布；当 $X=x(0<x<1)$ 时，随机变量 Y 服从 $(x,1)$ 上的均匀分布. 求 (X,Y) 的联合概率密度和关于 Y 的边缘概率密度.

5. 设二维随机变量 (X,Y) 的联合分布律如下：

$X \backslash Y$	0	1	2
1	1/6	1/9	1/18
2	1/3	a	b

问：a,b 取何值时，X 与 Y 相互独立？

6. 甲、乙两人对同一目标独立地各进行两次射击，以 X 和 Y 分别表示甲、乙命中的次数. 设两人的命中率分别为 0.2 和 0.5，求 (X,Y) 的联合分布律.

7. 设袋中有 6 个白球，5 个黑球. 在袋中取两次球，每次任取一个，以 X 表示第一次取到的白球数，Y 表示第二次取到的白球数. 在不放回抽取和有放回抽取两种方式下，分别讨论 X 与 Y 是否相互独立.

8. 设袋中有 5 个球，分别标号为号码 1,2,3,4,5. 从中任取 3 个球，记这 3 个球号码中最小的号码为 X，最大的号码为 Y.

(1) 求 X 与 Y 的联合分布律；　(2) X 与 Y 是否相互独立？

9. 已知下列二维随机变量 (X,Y) 的联合概率密度，试讨论 X 与 Y 是否相互独立：

(1) $f(x,y)=\begin{cases}4xy, & 0<x<1,0<y<1,\\ 0, & \text{其他};\end{cases}$　(2) $f(x,y)=\begin{cases}8xy, & 0<x<y,0<y<1,\\ 0, & \text{其他}.\end{cases}$

10. 设二维随机变量 (X,Y) 的联合概率密度是

$$f(x,y)=\begin{cases}1, & 0<x<1,|y|\leqslant x,\\ 0, & \text{其他}.\end{cases}$$

(1) 求边缘概率密度 $f_X(x)$ 与 $f_Y(y)$；　(2) 问：X 与 Y 是否相互独立？

11. 设某仪器由两个电子部件构成，以 X 和 Y 分别表示两部件的寿命(单位：千小时). 已知 (X,Y) 的联合分布函数为

$$F(x,y)=\begin{cases}1-\mathrm{e}^{-0.5x}-\mathrm{e}^{-0.5y}+\mathrm{e}^{-0.5(x+y)}, & x\geqslant 0,y\geqslant 0,\\ 0, & \text{其他}.\end{cases}$$

(1) 问：X 与 Y 是否相互独立？　(2) 求两个电子部件的寿命都超过 100 h 的概率.

12. 设随机变量 X 与 Y 相互独立，且 $X\sim E(\lambda)(\lambda>0)$，$Y\sim E(\mu)(\mu>0)$. 令 $Z=\begin{cases}1, & X\leqslant Y,\\ 0, & X>Y.\end{cases}$ 求 Z 的分布律.

13. 在区间 $[0,1]$ 中随机地取两个数 X 和 Y，求事件“两个数之和小于 6/5”的概率.

§2.6　随机变量函数的概率分布

在前面几节，我们介绍了随机变量的概念以及一些常见的随机变量. 但是在实际问题中，许多随机变量的形式是相当复杂的. 本节研究如何通过一些简单的随机变量的分布去刻画比较复杂的随机变量. 下面分几种情形进行讨论.

一、一维随机变量函数的分布

设 X 是一个随机变量，$g(x)$ 是定义在 X 的一切可能值集合上的函数. 如果当 X 取值 x

时，另一个随机变量 Y 取值 $g(x)$，则称 Y 是**随机变量 X 的函数**，记为 $Y=g(X)$. 为讨论问题方便起见，常假设 $g(x)$ 是连续函数或分段连续函数. 我们的问题是：当 $g(x)$ 已知时，如何由随机变量 X 的概率分布确定随机变量 $Y=g(X)$ 的概率分布？

1. 一维离散型随机变量函数的分布

当 X 为离散型随机变量时，$Y=g(X)$ 也是离散型随机变量. 设离散型随机变量 X 的分布律为

$$p_k = P\{X = x_k\} \quad (k = 1,2,\cdots).$$

若 $g(x_i)(i=1,2,\cdots)$ 互不相等，则随机变量 $Y=g(X)$ 的分布律为

$$p_j = P\{Y = y_j\} \quad (y_j = g(x_j),j = 1,2,\cdots);$$

如果 $g(x_i)(i=1,2,\cdots)$ 中有相等的项，应把那些相等的项对应的概率值加起来，从而得到 $Y=g(X)$ 的分布律：

$$p_j = P\{Y = y_j\} = \sum_{g(x_i)=y_j} p_i \quad (j = 1,2,\cdots).$$

例 1 设随机变量 X 的分布律如下：

X	-1	0	2	4	5
P	0.1	0.3	0.2	0.3	0.1

求：(1) $Y_1=2X+1$ 的分布律； (2) $Y_2=(X-2)^2$ 的分布律.

解 (1) 当 X 分别取 $-1,0,2,4,5$ 时，Y_1 的值分别为 $-1,1,5,9,11$，所以 $Y_1=2X+1$ 的分布律为

Y_1	-1	1	5	9	11
P	0.1	0.3	0.2	0.3	0.1

(2) Y_2 的所有可能取值为 $0,4,9$. 设 $g(x)=(x-2)^2$，因为 $g(-1)=g(5)=9,g(0)=g(4)=4$，故 Y_2 的分布律为

Y_2	0	4	9
P	0.2	0.6	0.2

例 2 设随机变量 X 的分布律为

$$P\{X = k\} = \frac{1}{2^{k+1}} \quad (k = 0,1,2,\cdots),$$

又设随机变量 $Y=\sin\frac{\pi X}{2}$，试求 Y 的分布律.

解 由于随机变量 X 的取值为 $0,1,2,\cdots$，可知随机变量 $Y=\sin\frac{\pi X}{2}$ 的取值为 $-1,0,1$，

并且

$$P\{Y=0\}=P\left\{\sin\frac{\pi X}{2}=0\right\}=\sum_{k=0}^{\infty}P\{X=2k\}=\sum_{k=0}^{\infty}\frac{1}{2^{2k+1}}=\frac{1/2}{1-1/4}=\frac{2}{3},$$

$$P\{Y=1\}=P\left\{\sin\frac{\pi X}{2}=1\right\}=\sum_{k=0}^{\infty}P\{X=4k+1\}=\sum_{k=0}^{\infty}\frac{1}{2^{4k+2}}=\frac{1/4}{1-1/16}=\frac{4}{15},$$

$$P\{Y=-1\}=P\left\{\sin\frac{\pi X}{2}=-1\right\}=\sum_{k=0}^{\infty}P\{X=4k+3\}=\sum_{k=0}^{\infty}\frac{1}{2^{4k+4}}=\frac{1/16}{1-1/16}=\frac{1}{15},$$

所以随机变量 Y 的分布律为

Y	-1	0	1
P	$1/15$	$2/3$	$4/15$

2. 一维连续型随机变量函数的分布

对于连续型随机变量 X 的函数 $g(X)$ 的概率分布,我们只讨论一些特殊的情形. 先介绍一个便于应用的定理.

定理 1 设连续型随机变量 X 的概率密度为 $f_X(x)$,又函数 $y=g(x)$ 严格单调,其反函数 $x=h(y)$ 具有连续导数,则 $Y=g(X)$ 也是一个连续型随机变量,其概率密度为

$$f_Y(y)=\begin{cases}f_X(h(y))\,|h'(y)|, & \alpha<y<\beta,\\ 0, & \text{其他},\end{cases} \qquad ①$$

其中 $\alpha=\min\{g(-\infty),g(+\infty)\}$, $\beta=\max\{g(-\infty),g(+\infty)\}$.

证 不妨设 $g(x)$ 是严格单调增加的函数,这时它的反函数 $h(y)$ 也是严格单调增加的函数,且 $\alpha=g(-\infty)$,$\beta=g(+\infty)$,则 $Y=g(X)$ 仅在 (α,β) 上取值,于是当 $y\leqslant\alpha$ 时,$F_Y(y)=0$;当 $y\geqslant\beta$ 时,$F_Y(y)=1$;当 $\alpha<y<\beta$ 时,

$$\begin{aligned}F_Y(y)&=P\{Y\leqslant y\}=P\{g(X)\leqslant y\}=P\{X\leqslant h(y)\}\\&=\int_{-\infty}^{h(y)}f_X(x)\,\mathrm{d}x\\&=\int_{-\infty}^{y}f_X(h(y))h'(y)\,\mathrm{d}y.\end{aligned}$$

所以 $Y=g(x)$ 是连续型随机变量,且其概率密度为

$$f_Y(y)=\begin{cases}f_X(h(y))h'(y), & \alpha<y<\beta,\\ 0, & \text{其他}.\end{cases}$$

当 $g(x)$ 严格单调减少时,注意到 $\alpha=g(+\infty)$,$\beta=g(-\infty)$,同理可得 $Y=g(x)$ 是连续型随机变量,且其概率密度为

$$f_Y(y)=\begin{cases}-f_X(h(y))h'(y), & \alpha<y<\beta,\\ 0, & \text{其他}.\end{cases}$$

所以 $Y=g(x)$ 是连续型随机变量，且其概率密度为

$$f_Y(y)=\begin{cases} f_X(h(y))\,|h'(y)|, & \alpha<y<\beta, \\ 0, & \text{其他}. \end{cases}$$

例 3 设连续型随机变量 X 具有概率密度 $f_X(x)$，求随机变量 $Y=aX+b$（其中 a,b 为常数，且 $a\neq 0$）的概率密度 $f_Y(y)$.

解 令 $g(x)=ax+b$，则其反函数为 $x=h(y)=\dfrac{y-b}{a}$. 由式①得到 Y 的概率密度为

$$f_Y(y)=\frac{1}{|a|}f_X\left(\frac{y-b}{a}\right).$$

设随机变量 $X\sim N(\mu,\sigma^2)$，利用例 3 的结果，$Y=aX+b\,(a\neq 0)$ 的概率密度为

$$f_Y(y)=\frac{1}{\sqrt{2\pi}\sigma|a|}\exp\left\{-\frac{\left(\frac{y-b}{a}-\mu\right)^2}{2\sigma^2}\right\}=\frac{1}{\sqrt{2\pi}\sigma|a|}\exp\left\{-\frac{[y-(a\mu+b)]^2}{2(\sigma a)^2}\right\},$$

所以 $Y=aX+b\sim N(a\mu+b,(a\sigma)^2)$，即一维正态分布随机变量的线性函数仍服从一维正态分布.

例 4 设随机变量 $X\sim U(1,2)$，求 $Y=e^{2X}$ 的概率密度.

解 X 的概率密度为

$$f_X(x)=\begin{cases} 1, & 1<x<2, \\ 0, & \text{其他}. \end{cases}$$

因为 $y=g(x)=e^{2x}\,(1<x<2)$ 是严格单调增加函数，其反函数为

$$x=h(y)=\frac{1}{2}\ln y\ (y\in(e^2,e^4)),\quad \text{且}\quad x'=h'(y)=\frac{1}{2y},$$

所以 Y 的概率密度为

$$f_Y(y)=\begin{cases} 1/(2y), & y\in(e^2,e^4), \\ 0, & \text{其他}. \end{cases}$$

由上述两例可以看出，定理 1 使用时的确很方便，但它要求“函数 $g(x)$ 严格单调且反函数具连续导数”的条件很强，在许多情况不能满足. 事实上，这个条件可以适当减弱，下面以 $Y=X^2$ 为例说明这种情况.

例 5 设随机变量 X 的概率密度是 $f_X(x)$，求随机变量 $Y=X^2$ 的概率密度.

解 注意到 $Y=X^2$ 总是取非负值，因此，当 $y<0$ 时，$F_Y(y)=P\{Y\leqslant y\}=0$；当 $y\geqslant 0$ 时，

$$\begin{aligned} F_Y(y)&=P\{Y\leqslant y\}=P\{X^2\leqslant y\}=P\{-\sqrt{y}\leqslant X\leqslant\sqrt{y}\} \\ &=F_X(\sqrt{y})-F_X(-\sqrt{y}). \end{aligned}$$

所以 Y 的概率密度为

$$f_Y(y)=F_Y'(y)=\begin{cases} \dfrac{1}{2\sqrt{y}}[f_X(\sqrt{y})+f_X(-\sqrt{y})], & y\geqslant 0, \\ 0, & y<0. \end{cases}$$

特别地，如果 $X\sim N(0,1)$，则 $Y=X^2$ 的概率密度为

$$f_Y(y)=\begin{cases}\dfrac{1}{\sqrt{2\pi}}y^{-\frac{1}{2}}e^{-\frac{y}{2}}, & y>0,\\ 0, & y\leqslant 0.\end{cases}$$

这时称 Y 服从自由度为 1 的 χ^2 **分布**，它在数理统计中有重要的地位.

一般地，我们有下面的结论(证明略).

定理 2 设 X 是连续型随机变量，其概率密度为 $f_X(x)$，$y=g(x)$ 在不相重叠的区间 I_1，I_2，…，I_n 上逐段严格单调，其反函数 $h_1(y)$，$h_2(y)$，…，$h_n(y)$ 具有连续导数，则 $Y=g(X)$ 是连续型随机变量，且其概率密度为

$$f_Y(y)=\sum_{i=1}^{n}f_X[h_i(y)]\,|h_i'(y)|. \qquad ②$$

例 6 设随机变量 X 在 $(0,2\pi)$ 内服从均匀分布，求 $Y=\cos X$ 的概率密度.

解 由题设知 X 的概率密度为

$$f_X(x)=\begin{cases}1/(2\pi), & 0<x<2\pi,\\ 0, & \text{其他}.\end{cases}$$

函数 $y=g(x)=\cos x$ 在 $(0,2\pi)$ 内不是单调函数，但在 $(0,\pi)$ 与 $(\pi,2\pi)$ 内严格单调，其反函数分别为

$$x_1=\arccos y\ (x_1\in(0,\pi)),\quad x_2=2\pi-\arccos y\ (x_2\in(\pi,2\pi)),$$

且
$$x_1'=-\frac{1}{\sqrt{1-y^2}}\ (y\in(-1,1)),\quad x_2'=\frac{1}{\sqrt{1-y^2}}\ (y\in(-1,1)),$$

故由式②得 $Y=\cos X$ 的概率密度为

$$\begin{aligned}f_Y(y)&=f_X(\arccos y)\,|x_1'|+f_X(2\pi-\arccos y)\,|x_2'|\\&=\begin{cases}\dfrac{1}{\pi\sqrt{1-y^2}}, & -1<y<1,\\ 0, & \text{其他}.\end{cases}\end{aligned}$$

二、二维随机变量函数的分布

设 (X,Y) 是二维随机变量，$g(x,y)$ 是定义域包含 (X,Y) 可能取值范围的实值函数，$Z=g(X,Y)$ 是一维随机变量. 下面讨论如何由 (X,Y) 的概率分布求出 Z 的概率分布.

1. 二维离散型随机变量函数的分布

设 (X,Y) 是二维离散型随机变量，则 $Z=g(X,Y)$ 是一维离散型随机变量. 如果二维离散型随机变量 (X,Y) 的联合分布律为

$$p_{ij}=P\{X=x_i,Y=y_j\}\quad(i,j=1,2,\cdots),$$

那么 $Z=g(X,Y)$ 的分布律为

$$P\{Z=z_k\}=\sum_{g(x_i,y_j)=z_k} p_{ij} \quad (k=1,2,\cdots).$$

例 7 设二维离散型随机变量 (X,Y) 的联合分布律为

Y \ X	-1	1	2
-1	1/4	1/6	1/8
0	1/4	1/8	1/12

求：(1) $X+Y$； (2) XY； (3) Y/X 的分布律.

解 根据 (X,Y) 的联合分布律可得下表：

P	1/4	1/4	1/6	1/8	1/8	1/12
(X,Y)	$(-1,-1)$	$(-1,0)$	$(1,-1)$	$(1,0)$	$(2,-1)$	$(2,0)$
$X+Y$	-2	-1	0	1	1	2
XY	1	0	-1	0	-2	0
Y/X	1	0	-1	0	$-1/2$	0

故得到：

(1) $X+Y$ 的分布律为

$X+Y$	-2	-1	0	1	2
P	1/4	1/4	1/6	1/4	1/12

这里 $P\{X+Y=1\}=P\{X=1,Y=0\}+P\{X=2,Y=-1\}=1/8+1/8=1/4$.

(2) XY 的分布律为

XY	-2	-1	0	1
P	1/8	1/6	11/24	1/4

这里 $$P\{XY=0\}=P\{X=-1,Y=0\}+P\{X=1,Y=0\}+P\{X=2,Y=0\}$$
$$=\frac{1}{4}+\frac{1}{8}+\frac{1}{12}=\frac{11}{24}.$$

(3) Y/X 的分布律为

Y/X	-1	$-1/2$	0	1
P	1/6	1/8	11/24	1/4

这里 $$P\{Y/X=0\}=P\{X=-1,Y=0\}+P\{X=1,Y=0\}+P\{X=2,Y=0\}$$
$$=\frac{1}{4}+\frac{1}{8}+\frac{1}{12}=\frac{11}{24}.$$

2. 二维连续型随机变量函数的分布

2.1 $Z=X+Y$ 的分布

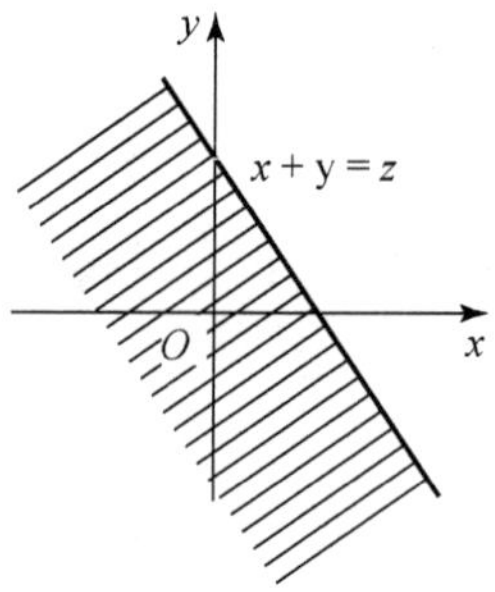

图 1

设二维连续型随机变量(X,Y)的联合概率密度为 $f(x,y)$，随机变量 $Z=X+Y$ 的分布函数为 $F_Z(z)$，则对任意的实数 z，有

$$F_Z(z)=P\{Z\leqslant z\}=P\{X+Y\leqslant z\}$$
$$=\iint\limits_{x+y\leqslant z}f(x,y)\mathrm{d}x\mathrm{d}y=\iint\limits_{D}f(x,y)\mathrm{d}x\mathrm{d}y,$$

这里的积分区域 D 是直线 $x+y=z$ 及其左下方构成的区域(如图 1 所示).将上述积分化为累次积分

$$F_Z(z)=\int_{-\infty}^{+\infty}\mathrm{d}y\int_{-\infty}^{z-y}f(x,y)\mathrm{d}x\xlongequal{\text{令}t=y+x}\int_{-\infty}^{+\infty}\left[\int_{-\infty}^{z}f(t-y,y)\mathrm{d}t\right]\mathrm{d}y$$
$$=\int_{-\infty}^{z}\left[\int_{-\infty}^{+\infty}f(t-y,y)\mathrm{d}y\right]\mathrm{d}t.$$

由上式可看出 $Z=X+Y$ 是连续型随机变量，它的概率密度为

$$f_Z(z)=\int_{-\infty}^{+\infty}f(z-y,y)\mathrm{d}y. \qquad ③$$

交换累次积分的积分次序，同理可得 $Z=X+Y$ 的概率密度为

$$f_Z(z)=\int_{-\infty}^{+\infty}f(x,z-x)\mathrm{d}x. \qquad ④$$

③,④两式为 $Z=X+Y$ 的概率密度的一般公式.

特别地，当 X,Y 相互独立时，由于对几乎所有的 x,y，都有 $f(x,y)=f_X(x)f_Y(y)$，此时 $Z=X+Y$ 的概率密度的公式为

$$f_Z(z)=\int_{-\infty}^{+\infty}f_X(z-y)f_Y(y)\mathrm{d}y \qquad ⑤$$

或

$$f_Z(z)=\int_{-\infty}^{+\infty}f_X(x)f_Y(z-x)\mathrm{d}x. \qquad ⑥$$

式⑤和式⑥称为**卷积公式**，记为 $f_X * f_Y$，即

$$f_X(z)*f_Y(z)=\int_{-\infty}^{+\infty}f_X(x)f_Y(z-x)\mathrm{d}x=\int_{-\infty}^{+\infty}f_X(z-y)f_Y(y)\mathrm{d}y.$$

例 8 设随机变量 X 与 Y 相互独立，且都服从标准正态分布，求 $Z=X+Y$ 的概率密度.

解 由题设知 X 和 Y 的概率密度分别为

$$f_X(x)=\frac{1}{\sqrt{2\pi}}\mathrm{e}^{-\frac{x^2}{2}}(-\infty<x<+\infty),\quad f_Y(y)=\frac{1}{\sqrt{2\pi}}\mathrm{e}^{-\frac{y^2}{2}}(-\infty<y<+\infty).$$

根据卷积公式⑥得 $Z=X+Y$ 的概率密度为

$$f_Z(z)=\int_{-\infty}^{+\infty}f_X(x)f_Y(z-x)\mathrm{d}x=\int_{-\infty}^{+\infty}\frac{1}{2\pi}\mathrm{e}^{-\frac{x^2}{2}}\mathrm{e}^{-\frac{(z-x)^2}{2}}\mathrm{d}x=\frac{1}{2\pi}\mathrm{e}^{-\frac{z^2}{4}}\int_{-\infty}^{+\infty}\mathrm{e}^{-\left(x-\frac{z}{2}\right)^2}\mathrm{d}x$$

$$\xlongequal{\text{令 } t=x-z/2} \frac{1}{2\pi}\mathrm{e}^{-\frac{z^2}{4}}\int_{-\infty}^{+\infty}\mathrm{e}^{-t^2}\,\mathrm{d}t=\frac{1}{2\sqrt{\pi}}\mathrm{e}^{-\frac{z^2}{4}},$$

所以 $Z=X+Y\sim N(0,2)$.

本例表明,两个相互独立的标准正态分布随机变量的和仍服从正态分布.这个结论具有一般性,即:如果随机变量 $X_i(i=1,2,\cdots,n)$ 相互独立,且 $X_i\sim N(\mu_i,\sigma_i^2)(i=1,2,\cdots,n)$,则 $\sum\limits_{i=1}^{n}a_iX_i\sim N\left(\sum\limits_{i=1}^{n}a_i\mu_i,\sum\limits_{i=1}^{n}a_i^2\sigma_i^2\right)$.也就是说,有限个相互独立的正态随机变量的线性组合仍然服从正态分布.

例 9 设随机变量 X 与 Y 相互独立,都服从[0,1]上的均匀分布,求 $Z=X+Y$ 的概率密度.

解 设 $f_X(x),f_Y(y),f_Z(z)$ 分别为 X,Y,Z 的概率密度.为利用卷积公式⑥,首先求得

$$f_X(x)=\begin{cases}1, & 0\leqslant x\leqslant 1,\\ 0, & \text{其他},\end{cases}\qquad f_Y(z-x)=\begin{cases}1, & 0\leqslant z-x\leqslant 1,\\ 0, & \text{其他}.\end{cases}$$

由于只有当

$$\begin{cases}0\leqslant x\leqslant 1,\\ 0\leqslant z-x\leqslant 1,\end{cases}\quad \text{即}\quad \begin{cases}0\leqslant x\leqslant 1,\\ x\leqslant z\leqslant x+1\end{cases}$$

时,$f_X(x)f_Y(z-x)\neq 0$,而满足上述不等式组的点 (x,z) 组成的区域如图 2 所示,因此

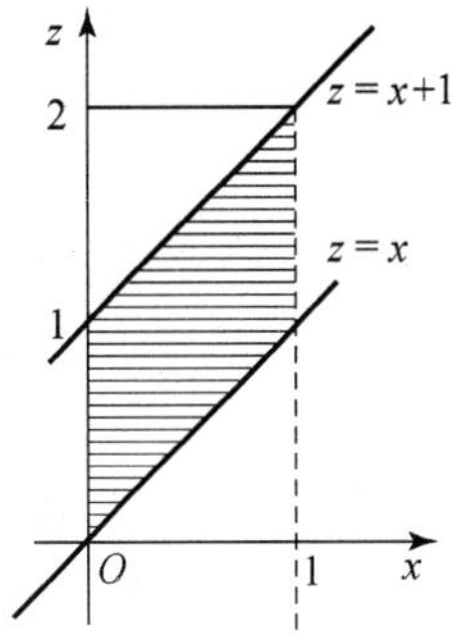

图 2

$$f_Z(z)=\int_{-\infty}^{+\infty}f_X(x)f_Y(z-x)\,\mathrm{d}x=\int_0^1 f_Y(z-x)\,\mathrm{d}x$$

$$=\begin{cases}\int_0^z\mathrm{d}x, & 0\leqslant z<1,\\ \int_{z-1}^1\mathrm{d}x, & 1\leqslant z<2,\\ 0, & \text{其他}\end{cases}=\begin{cases}z, & 0\leqslant z<1,\\ 2-z, & 1\leqslant z<2,\\ 0, & \text{其他}.\end{cases}$$

2.2 最值的分布

设随机变量 X 与 Y 相互独立,它们的分布函数分别为 $F_X(x)$ 和 $F_Y(y)$.现在来求随机变量 $M=\max\{X,Y\}$ 及 $N=\min\{X,Y\}$ 的分布函数.设它们的分布函数分别为 $F_{\max}(z)$ 和 $F_{\min}(z)$,由分布函数的定义及 X 与 Y 的独立性有

$$F_{\max}(z)=P\{M\leqslant z\}=P\{X\leqslant z,Y\leqslant z\}=P\{X\leqslant z\}P\{Y\leqslant z\}$$
$$=F_X(z)F_Y(z),$$

$$F_{\min}(z)=P\{N\leqslant z\}=1-P\{N>z\}=1-P\{X>z,Y>z\}$$
$$=1-P\{X>z\}P\{Y>z\}=1-(1-P\{X\leqslant z\})(1-P\{Y\leqslant z\})$$

$$= 1-[1-F_X(z)][1-F_Y(z)].$$

上面的结论可推广至 n 个相互独立的随机变量的情形. 设 $X_1, X_2, \cdots, X_n$ 相互独立，其分布函数分别是 $F_i(x_i)(i=1,2,\cdots,n)$，则 $\max\{X_1, X_2, \cdots, X_n\}$ 及 $\min\{X_1, X_2, \cdots, X_n\}$ 的分布函数分别为

$$F_{\max}(z)= F_{X_1}(z)F_{X_2}(z)\cdots F_{X_n}(z),$$

$$F_{\min}(z)= 1-[1-F_{X_1}(z)][1-F_{X_2}(z)]\cdots[1-F_{X_n}(z)].$$

特别地，当 $X_1, X_2, \cdots, X_n$ 相互独立且具有相同的分布函数 $F(x)$ 时，有

$$F_{\max}(z) = [F(z)]^n, \quad F_{\min}(z) = 1-[1-F(z)]^n.$$

例 10 设某系统由相互独立的 n 个元件组成，连接方式为：(1) 串联；(2) 并联；(3) 冷储备(起初由一个元件工作，其他 $n-1$ 个元件作冷储备，当工作元件失效时，储备的元件逐个地自动替换). 如果 n 个元件的寿命分别为 $X_1, X_2, \cdots, X_n$，且 $X_i \sim E(\lambda)(i=1,2,\cdots,n)$，求在以上三种组成方式下，系统寿命 X 的概率密度.

解 由题意得 $X_i(i=1,2,\cdots,n)$ 的概率密度与分布函数分别是

$$f_{X_i}(x) = \begin{cases} \lambda e^{-\lambda x}, & x>0, \\ 0, & x \leqslant 0, \end{cases} \quad F_{X_i}(x) = \begin{cases} 1-e^{-\lambda x}, & x>0, \\ 0, & x \leqslant 0. \end{cases}$$

(1) 当元件串联时，系统的寿命 $X=\min\{X_1, X_2, \cdots, X_n\}$，所以 X 的分布函数为

$$F_X(x) = 1-\prod_{i=1}^{n}[1-F_{X_i}(x)] = \begin{cases} 1-e^{-n\lambda x}, & x>0, \\ 0, & x \leqslant 0, \end{cases}$$

从而 X 的概率密度为

$$f_X(x) = \begin{cases} n\lambda e^{-n\lambda x}, & x>0, \\ 0, & x \leqslant 0. \end{cases}$$

(2) 当元件并联时，系统的寿命 $X=\max\{X_1, X_2, \cdots, X_n\}$，所以 X 的分布函数和概率密度分别为

$$F_X(x)= \prod_{i=1}^{n} F_{X_i}(x) = \begin{cases} (1-e^{-\lambda x})^n, & x>0, \\ 0, & x \leqslant 0, \end{cases}$$

$$f_X(x)= \begin{cases} n\lambda e^{-\lambda x}(1-e^{-\lambda x})^{n-1}, & x>0, \\ 0, & x \leqslant 0. \end{cases}$$

(3) 当元件冷储备时，系统的寿命 $X=X_1+X_2+\cdots+X_n$. 首先 X_1+X_2 的概率密度为

$$f_{X_1+X_2}(x)= \int_{-\infty}^{+\infty} f_{X_1}(t)f_{X_2}(x-t)\mathrm{d}t = \begin{cases} \int_0^x \lambda^2 e^{-\lambda t} e^{-\lambda(x-t)}\mathrm{d}t, & x>0, \\ 0, & x \leqslant 0 \end{cases}$$

$$= \begin{cases} \lambda^2 x e^{-\lambda x}, & x>0, \\ 0, & x \leqslant 0. \end{cases}$$

可以证明，X_1+X_2 与 X_3 也相互独立，故 $X_1+X_2+X_3$ 的概率密度为

$$f_{X_1+X_2+X_3}(x)=\int_{-\infty}^{+\infty}f_{X_1+X_2}(t)f_{X_3}(x-t)\mathrm{d}t=\begin{cases}\int_0^x\lambda^3 t\mathrm{e}^{-\lambda t}\mathrm{e}^{-\lambda(x-t)}\mathrm{d}t, & x>0,\\ 0, & x\leqslant 0\end{cases}$$

$$=\begin{cases}\dfrac{\lambda^3x^2}{2!}\mathrm{e}^{-\lambda x}, & x>0,\\ 0, & x\leqslant 0.\end{cases}$$

归纳地，可以证明 $X=X_1+X_2+\cdots+X_n$ 的概率密度为

$$f_X(x)=\begin{cases}\dfrac{\lambda^n x^{n-1}}{(n-1)!}\mathrm{e}^{-\lambda x}, & x>0,\\ 0, & x\leqslant 0\end{cases}\quad(n\geqslant 2).$$

习　题　2.6

1. 已知离散型随机变量 X 的分布律为

X	-1	0	1	2
P	1/8	1/8	1/4	1/2

求随机变量 $Y_1=2X-1$ 与 $Y_2=X^2$ 的分布律.

2. 设随机变量 $X\sim P(\lambda)$，试求随机变量 $Y=2X+1$ 的分布律.

3. 设随机变量 X 的概率密度为 $f(x)=\begin{cases}2x, & 0<x<1,\\ 0, & \text{其他},\end{cases}$ 求随机变量 $Y=3X+1$ 的概率密度.

4. 设随机变量 $X\sim U(-\pi/2,\pi/2)$，$Y=\tan x$，试求 Y 的概率密度.

5. 设随机变量 $X\sim N(\mu,\sigma^2)$，$Y=\mathrm{e}^X$，试求 Y 的概率密度.

6. 设随机变量 $X\sim U(0,\pi)$，$Y=\sin X$，试求 Y 的概率密度.

7. 设二维离散型随机变量(X,Y)的联合分布律为

Y \ X	-1	1	2
-1	5/20	2/20	6/20
2	3/20	1/20	3/20

试求下列随机变量的分布律：

(1) $Z_1=X+Y$； (2) $Z_2=XY$； (3) $Z_3=\max\{X,Y\}$.

8. 设随机变量 X 与 Y 相互独立，且分别服从分布 $P(\lambda_1)$ 与 $P(\lambda_2)$. 若随机变量 $Z=X+Y$，试求 Z 的分布律.

9. 设 X 与 Y 是两个相互独立的随机变量，其概率密度分别为

$$f_X(x)=\begin{cases}1, & 0\leqslant x\leqslant 1,\\ 0, & \text{其他},\end{cases}\qquad f_Y(y)=\begin{cases}e^{-y}, & y>0,\\ 0, & y\leqslant 0,\end{cases}$$

求随机变量 $Z=X+Y$ 的概率密度.

10. 设 X 与 Y 是两个相互独立的随机变量，且 X 服从 $(0,1)$ 上的均匀分布，Y 的概率密度为

$$f_Y(y)=\begin{cases}y, & 0\leqslant y\leqslant 1,\\ 2-y, & 1<y\leqslant 2,\\ 0, & \text{其他}.\end{cases}$$

求随机变量 $Z=X+Y$ 的概率密度.

11. 设二维连续型随机变量 (X,Y) 的联合概率密度为

$$f(x,y)=\begin{cases}\dfrac{1}{2}(x+y)e^{-(x+y)}, & x\geqslant 0,y\geqslant 0,\\ 0, & \text{其他},\end{cases}$$

求随机变量 $Z=X+Y$ 的概率密度.

12. 设随机变量 X 与 Y 相互独立且同分布，其概率密度为

$$f(x)=\begin{cases}\dfrac{x}{4}e^{-x^2/8}, & x\geqslant 0,\\ 0, & x<0.\end{cases}$$

记 $Z_1=\max\{X,Y\}$，$Z_2=\min\{X,Y\}$，求 Z_1 和 Z_2 的概率密度.

13. 设某种型号电子管的寿命（单位：h）近似地服从正态分布 $N(160,20^2)$. 随机地选取 4 根，求其中没有一根寿命小于 180 h 的概率.

总练习题二

1. 设随机变量 X 的绝对值不大于 1，$P\{X=-1\}=1/8$，$P\{X=1\}=1/4$；在随机事件 $\{-1<X<1\}$ 发生的条件下，X 在 $[-1,1]$ 内任一子区间上取值的条件概率与该子区间长度成正比. 试求 X 的分布函数 $F(x)$.

2. 设随机变量 X 的概率密度为

$$f(x)=\begin{cases}1/3, & 0\leqslant x\leqslant 1,\\ 2/9, & 3\leqslant x\leqslant 6,\\ 0, & \text{其他}.\end{cases}$$

若 k 使得 $P\{X\geqslant k\}=2/3$，求 k 的取值范围.

3. 设随机变量 $X\sim N(\mu_1,\sigma_1^2)$，$Y\sim N(\mu_2,\sigma_2^2)$，且 $P\{|X-\mu_1|<1\}>P\{|Y-\mu_2|<1\}$，试

比较 σ_1 与 σ_2 的大小.

4. 某种电子元件在使用了 t 小时后，在以后的 Δt 小时内损坏的概率等于 $\lambda\Delta t+o(\Delta t)$，其中 $\lambda>0$ 是常数，$o(\Delta t)$ 表示当 $\Delta t\to 0$ 时较 Δt 高阶的无穷小量. 求该电子元件寿命 T 的分布函数.

5. 在电源电压不超过 200 V，200～240 V 和超过 240 V 三种情形下，某种电子元件损坏的概率分别为 0.1，0.001 和 0.2. 假设电源电压 X(单位：V)服从正态分布 $N(220,25^2)$，求：

(1) 该种电子元件损坏的概率 α；

(2) 该种电子元件损坏时，电源电压在 200～240 V 的概率 β.

6. 设二维随机变量(X,Y)的联合概率密度为

$$f(x,y)=\begin{cases}\dfrac{1}{2}\sin(x+y), & 0\leqslant x\leqslant\dfrac{\pi}{2},0\leqslant y\leqslant\dfrac{\pi}{2},\\ 0, & \text{其他},\end{cases}$$

求(X,Y)的联合分布函数.

7. 设随机变量 Y 服从参数为 $\lambda=1$ 的指数分布，随机变量 $X_k=\begin{cases}0, & Y\leqslant k,\\ 1, & Y>k\end{cases}$ $(k=1,2)$，求(X_1,X_2)的联合分布律.

8. 设某班车在起点站上车的乘客人数 X 服从参数为 $\lambda(\lambda>0)$ 的泊松分布，每位乘客在中途下车的概率为 $p(0<p<1)$，且中途下车与否相互独立，以 Y 表示在中途下车的人数. 求：

(1) 在发车时有 n 位乘客的条件下，中途有 m 位乘客下车的概率；

(2) 二维随机变量(X,Y)的联合分布律.

9. 为了解决工程中的问题，重复进行有关试验. 若各次试验是独立的，每次试验成功的概率为 $p(0<p<1)$，计划到试验成功 2 次为止，试求首次成功所进行的试验次数 X 与试验总次数 Y 的联合分布律与条件分布律.

10. 设随机变量 X 和 Y 的分布律分别如下：

X	-1	0	1
P	$1/4$	$1/2$	$1/4$

Y	0	1
P	$1/2$	$1/2$

已知 $P\{XY=0\}=1$.

(1) 求(X,Y)的联合分布律；　　(2) X 和 Y 是否相互独立？为什么？

11. 设二维随机变量(X,Y)的联合概率密度为

$$f(x,y)=\begin{cases}\dfrac{1+xy}{4}, & |x|<1,|y|<1,\\ 0, & \text{其他},\end{cases}$$

证明：X 与 Y 不相互独立，但 X^2 和 Y^2 相互独立.

12. 证明：若随机变量 X 只取一个值 a，则 X 与任意的随机变量 Y 相互独立.

13. 证明：若随机变量 X 与自身相互独立，则必有常数 c，使 $P\{X=c\}=1$.

14. 设 X 和 Y 是两个相互独立的随机变量，X 服从区间$[0,1]$上的均匀分布，Y 的概率密度为

$$f_Y(y)=\begin{cases}\dfrac{1}{2}e^{-y/2}, & y>0,\\ 0, & y\leqslant 0.\end{cases}$$

(1) 求 X 和 Y 的联合概率密度；

(2) 设关于 a 的二次方程为 $a^2+2Xa+Y=0$，试求此方程有实根的概率.

15. 已知 X 的分布律为 $P\{X=k\pi/2\}=pq^k(k=0,1,2,\cdots)$，其中 $p+q=1,0<p<1$，求 $Y=\sin X$ 的分布律.

16. 设随机变量 X 的概率密度为 $f_X(x)=\dfrac{1}{\pi(1+x^2)}$，求 $Y=1-\sqrt[3]{x}$的概率密度 $f_Y(y)$.

17. 设随机变量 X 服从参数为 2 的指数分布，证明：$Y=1-e^{-2X}$ 服从区间$(0,1)$上的均匀分布.

18. 设 X 与 Y 是两个相互独立的随机变量，其概率密度分别为

$$f_X(x)=\begin{cases}1, & 0\leqslant x\leqslant 1,\\ 0, & \text{其他},\end{cases}\qquad f_Y(y)=\begin{cases}e^{-y}, & y>0,\\ 0, & y\leqslant 0,\end{cases}$$

求随机变量 $Z=2X+Y$ 的概率密度.

19. 已知随机变量 X 与 Y 互相独立，且 $X\sim N(0,\sigma^2)$，$Y\sim N(0,\sigma^2)$，求 $Z=\sqrt{X^2+Y^2}$的概率密度.

20. 设随机变量 X 与 Y 相互独立，其中 X 的分布律为

X	1	2
P	0.3	0.7

而 Y 的概率密度为 $f_Y(y)$，求随机变量 $Z=X+Y$ 的概率分布.

第三章 随机变量的数字特征

虽然随机变量的分布函数或分布律、概率密度，能全面地反映出随机变量的特征，但在某些实际问题中有时并不需要了解随机变量的全面情况，只需要知道它的某些特征. 例如，在检查一批棉花的质量时，只需要考虑纤维的平均长度以及纤维长度与平均长度的偏离度，平均长度长，且偏离度小，质量就高. 再如，两个射手进行射击比赛，平均环数相同时，偏离度小，发挥就稳定，水平就高. 因此人们往往比较关心随机变量的平均值以及关于平均值的偏离情况，而与它们相关的就是本章将系统介绍的随机变量的数学期望、方差、协方差、相关系数、矩和协方差矩阵等数字特征.

§3.1 数学期望

例 1 某车间生产某种零件，检验员每天随机地抽取 n 个零件来检验，查出的废品件数 X 是一个随机变量. 若检查了 N 天，出现废品数为 $0,1,\cdots,n$ 的天数分别为 $\mu_0,\mu_1,\cdots,\mu_n$（显然 $\mu_0+\mu_1+\cdots+\mu_n=N$），则 N 天出现废品的总数为 $\sum_{k=0}^{n}k\mu_k$，出现废品的算术平均值为 $\frac{1}{N}\sum_{k=0}^{n}k\mu_k=\sum_{k=0}^{n}k\frac{\mu_k}{N}$，其中 $\frac{\mu_k}{N}$ 为出现 k 个废品的频率.

例 2 甲、乙两人进行打靶，所得分数分别为 X_1,X_2，它们的分布律分别是

X_1	0	1	2
P	0	0.2	0.8

X_2	0	1	2
P	0.1	0.8	0.1

我们可以如下评定他们成绩的好坏：

甲的平均分：$0\times0+1\times0.2+2\times0.8=1.8$；

乙的平均分：$0\times0.1+1\times0.8+2\times0.1=1.0$.

所以认为乙的成绩远不如甲的成绩.

根据上面两个例子中平均值的概念，我们给出如下数学期望的定义：

定义 1 设离散型随机变量 X 的分布律为

$$P\{X=x_k\}=p_k \quad (k=1,2,\cdots,n),$$

则称和式 $\sum_{k=1}^{n} x_k p_k$ 的值为 X 的**数学期望**(简称**期望**)，记为 $\mathrm{E}(X)$，即

$$\mathrm{E}(X)=\sum_{k=1}^{n} x_k p_k.$$

定义 2 设离散型随机变量 X 的分布律为

$$P\{X=x_k\}=p_k \quad (k=1,2,\cdots).$$

如果级数 $\sum_{k=1}^{\infty} x_k p_k$ 绝对收敛，则称此收敛级数的和为 X 的**数学期望**，记为

$$\mathrm{E}(X)=\sum_{k=1}^{\infty} x_k p_k.$$

定义 3 设连续型随机变量的概率密度为 $f(x)$，若广义积分 $\int_{-\infty}^{+\infty} x f(x)\mathrm{d}x$ 绝对收敛，则称此积分的值为 X 的**数学期望**，记为

$$\mathrm{E}(X)=\int_{-\infty}^{+\infty} x f(x)\mathrm{d}x.$$

随机变量的数学期望的本质就是加权平均. 所以数学期望又称为**均值**. 它是一个数，不再是随机变量.

例 3 为了在一个人数很多的团体中普查某种疾病，要抽验 N 个人的血. 可以用两种方案：方案 1，将每个人的血都分别去验，这就要验 N 次. 方案 2，按 k 个人一组进行分组，把 k 个人抽来的血混合在一起进行化验，若这混合血液呈阴性，就说明 k 个人的血都呈阴性，这样 k 个人就只需化验一次；若呈阳性，则再对这 k 个人的血液分别进行化验，这样 k 个人总共需要化验 $k+1$ 次. 假定对所有人来说试验呈阳性的概率为 p，且这些人的试验反应是相互独立的. 试说明按方案 2 可以减少化验次数，并说明 k 取什么值时最适当.

解 每个人呈阴性的概率为 $q=1-p$，因而 k 个人混在一起呈阴性的概率为 q^k，呈阳性概率为 $1-q^k$.

设以 k 个人为一组时，组内每人化验的次数为 X，则 X 的分布律为

X	$\frac{1}{k}$	$\frac{k+1}{k}$
P	q^k	$1-q^k$

于是

$$\mathrm{E}(X)=\frac{1}{k}q^k+\left(1+\frac{1}{k}\right)(1-q^k)=1-q^k+\frac{1}{k}.$$

因此 N 个人平均需化验的次数为 $N\mathrm{E}(X)=N\left(1-q^k+\frac{1}{k}\right)$. 因为 q 相对于 p 来说较大，所以可选择 k 使得 $q^k-\frac{1}{k}>0$，从而 $N\mathrm{E}(X)<N$.

当 p 固定时，选取 k 使得 $L=1-q^k+\frac{1}{k}$ 最小时即为最好的分组方式. 如对于 $N=1000$，$p=0.1, q=1-0.1=0.9$，可求出当 $k=4$ 时，$L=1-0.9^k+\frac{1}{k}$ 最小，即按每 4 个人一组分组为宜. 这时方案 2 的最小化验次数为 $1000\left(1-0.9^4+\frac{1}{4}\right)=594$.

例 4 已知随机变量 X 服从几何分布，其分布律为

$$P\{X=k\}=pq^{k-1} \quad (k=1,2,\cdots),$$

其中 $0<p<1, q=1-p$，求 $\mathrm{E}(X)$.

解 $\mathrm{E}(X)=\sum_{k=1}^{\infty}kP\{X=k\}=\sum_{k=1}^{\infty}kpq^{k-1}=p\sum_{k=1}^{\infty}kq^{k-1}$.

令 $s(q)=\sum_{k=1}^{\infty}kq^{k-1}$，因为

$$\int_0^q s(t)\,\mathrm{d}t=\sum_{k=1}^{\infty}q^k=\frac{q}{1-q},$$

所以 $s(q)=\left(\frac{q}{1-q}\right)'=\frac{1}{(1-q)^2}=\frac{1}{p^2}$，从而

$$\mathrm{E}(X)=p\cdot\frac{1}{p^2}=\frac{1}{p}.$$

注 在伯努利试验中，若事件 A 发生的概率为 p，以 X 表示事件 A 首次发生的试验次数，则

$$P(X=k)=p(1-p)^{k-1} \quad (k=1,2,\cdots).$$

假设 $p=0.2$ 为每次试验事件 A 发生的概率，$\mathrm{E}(X)=\frac{1}{0.2}=5$ 说明，平均来说，事件 A 首次发生出现在第 5 次.

例 5 设随机变量 $X\sim N(\mu,\sigma^2)$，求 $\mathrm{E}(X)$.

解 由题设知 X 的概率密度为

$$f(x)=\frac{1}{\sqrt{2\pi}\sigma}\mathrm{e}^{-\frac{(x-\mu)^2}{2\sigma^2}} \quad (-\infty<x<+\infty),$$

所以

$$\mathrm{E}(X)=\int_{-\infty}^{+\infty}x\frac{1}{\sqrt{2\pi}\sigma}\mathrm{e}^{-\frac{(x-\mu)^2}{2\sigma^2}}\mathrm{d}x \xlongequal{\text{令}\frac{x-\mu}{\sigma}=t} \int_{-\infty}^{+\infty}\frac{\sigma t+\mu}{\sqrt{2\pi}}\mathrm{e}^{-\frac{t^2}{2}}\mathrm{d}t$$

$$=\int_{-\infty}^{+\infty}\frac{\sigma t}{\sqrt{2\pi}}e^{-\frac{t^2}{2}}dt+\int_{-\infty}^{+\infty}\frac{\mu}{\sqrt{2\pi}}e^{-\frac{t^2}{2}}dt=0+\mu\cdot 1=\mu.$$

注意,并不是所有分布的数学期望都存在.

例 6 设随机变量 X 的概率密度为 $f(x)=\dfrac{1}{\pi(1+x^2)}$,求 $E(X)$.

解 因为广义积分 $\int_{-\infty}^{+\infty}x\dfrac{1}{\pi(1+x^2)}dx$ 发散,故 $E(X)$ 不存在,即 X 无数学期望.

若已知随机变量 X 的分布,而 Y 是 X 的函数,如何求函数 Y 的分布呢?对此我们有下面的定理.

定理 设 Y 是随机变量 X 的函数:$Y=g(X)$(g 是连续函数).

(1) 若 X 是离散型随机变量,它的分布律为 $P\{X=x_k\}=p_k(k=1,2,\cdots)$,且级数 $\sum_{k=1}^{\infty}g(x_k)p_k$ 绝对收敛,则有 $E(Y)=E[g(X)]=\sum_{k=1}^{\infty}g(x_k)p_k$;

(2) 若 X 是连续型随机变量,它的概率密度为 $f(x)$,且广义积分 $\int_{-\infty}^{+\infty}g(x)f(x)dx$ 绝对收敛,则有 $E(Y)=E[g(X)]=\int_{-\infty}^{+\infty}g(x)f(x)dx$.

证 现只对 X 是连续型且满足 §2.6 定理 1 中的特殊情况加以证明.

若 $y=g(x)$ 满足单调连续可导,其反函数为 $x=h(y)$,则 $Y=g(X)$ 的概率密度为

$$\psi(y)=\begin{cases}f[h(y)]\cdot|h'(y)|, & \alpha<y<\beta,\\ 0, & \text{其他}.\end{cases}$$

所以
$$E(Y)=\int_{-\infty}^{+\infty}y\psi(y)dy=\int_{\alpha}^{\beta}yf(h(y))|h'(y)|dy.$$

当 $h'(y)>0$ 时,

$$E(Y)=\int_{\alpha}^{\beta}yf(h(y))h'(y)dy=\int_{-\infty}^{+\infty}g(x)f(x)dx;$$

当 $h'(y)<0$ 时,

$$\begin{aligned}E(Y)&=-\int_{\alpha}^{\beta}yf(h(y))h'(y)dy=-\int_{+\infty}^{-\infty}g(x)f(x)dx\\&=\int_{-\infty}^{+\infty}g(x)f(x)dx.\end{aligned}$$

综合上两式即得定理结论.

例 7 设随机变量 $X\sim P(\lambda)$,$Y=X^2-X$,求 $E(Y)$.

解 由题意知 X 的分布律为

$$P\{X=k\}=\frac{\lambda^k e^{-\lambda}}{k!}\quad(\lambda>0;k=0,1,2,\cdots),$$

于是

$$E(Y)=E(X^2-X)=E[X(X-1)]=\sum_{k=0}^{\infty}k(k-1)\frac{\lambda^k e^{-\lambda}}{k!}$$

$$=\lambda^2 e^{-\lambda}\sum_{k=2}^{\infty}\frac{\lambda^{k-2}}{(k-2)!}=\lambda^2 e^{-\lambda}e^{\lambda}=\lambda^2.$$

例 8 设随机变量 $X\sim N(\mu,\sigma^2)$，$Y=X^2$，求 $E(Y)$.

解 由题设知 X 的概率密度为

$$f(x)=\frac{1}{\sqrt{2\pi}\sigma}e^{-\frac{(x-\mu)^2}{2\sigma^2}}\quad(-\infty<x<+\infty),$$

所以

$$E(Y)=E(X^2)=\int_{-\infty}^{+\infty}x^2\frac{1}{\sqrt{2\pi}\sigma}e^{-\frac{(x-\mu)^2}{2\sigma^2}}dx$$

$$\overset{令\frac{x-\mu}{\sigma}=t}{=\!=\!=}\int_{-\infty}^{+\infty}\frac{1}{\sqrt{2\pi}}(\sigma^2t^2+2\sigma\mu t+\mu^2)e^{-\frac{t^2}{2}}dt$$

$$=\int_{-\infty}^{+\infty}\frac{1}{\sqrt{2\pi}}\sigma^2t^2e^{-\frac{t^2}{2}}dt+\int_{-\infty}^{+\infty}\frac{1}{\sqrt{2\pi}}2\sigma\mu t e^{-\frac{t^2}{2}}dt+\int_{-\infty}^{+\infty}\frac{1}{\sqrt{2\pi}}\mu^2e^{-\frac{t^2}{2}}dt,$$

而

$$\int_{-\infty}^{+\infty}\frac{1}{\sqrt{2\pi}}t^2e^{-\frac{t^2}{2}}dt=-\int_{-\infty}^{+\infty}\frac{1}{\sqrt{2\pi}}te^{-\frac{t^2}{2}}d\left(-\frac{t^2}{2}\right)=-\int_{-\infty}^{+\infty}\frac{1}{\sqrt{2\pi}}t\,de^{-\frac{t^2}{2}}$$

$$=\frac{1}{\sqrt{2\pi}}t\cdot e^{-\frac{t^2}{2}}\Bigg|_{-\infty}^{+\infty}+\int_{-\infty}^{+\infty}\frac{1}{\sqrt{2\pi}}e^{-\frac{t^2}{2}}dt=0+1=1,$$

$$\int_{-\infty}^{+\infty}\frac{1}{\sqrt{2\pi}}2\sigma\mu t e^{-\frac{t^2}{2}}dt=0,\quad\int_{-\infty}^{+\infty}\frac{1}{\sqrt{2\pi}}\mu^2e^{-\frac{t^2}{2}}dt=\mu^2,$$

故

$$E(Y)=\sigma^2\cdot1+0+\mu^2\cdot1=\sigma^2+\mu^2.$$

由数学期望的定义，容易得到下列数学期望的性质(假定出现的数学期望存在)：

性质 1 $E(c)=c$ (c 为常数).

性质 2 $E(cX)=cE(X)$ (c 为常数).

性质 3 $E(aX+b)=aE(X)+b$ (a,b 为常数).

性质 4 $E\left(\sum_{i=1}^{n}X_i\right)=\sum_{i=1}^{n}E(X_i)$.

例 9 设随机变量 $X\sim B(n,p)$，求 $E(X)$.

解 *方法 1* 用定义直接求. 因为 X 的分布律为

$$P\{X=k\}=C_n^kp^k(1-p)^{n-k}\quad(k=0,1,2,\cdots,n),$$

所以

$$\begin{aligned}
\mathrm{E}(X) &= \sum_{k=0}^{n} k\mathrm{C}_n^k p^k(1-p)^{n-k} \\
&= \sum_{k=0}^{n} k\frac{n(n-1)(n-2)\cdots[n-(k-1)]}{k!}p^k(1-p)^{n-k} \\
&= np\sum_{k=1}^{n}\frac{(n-1)(n-2)\cdots[(n-1)-(k-2)]}{(k-1)!}p^{k-1}(1-p)^{(n-1)-(k-1)} \\
&= np[p+(1-p)]^{n-1} = np.
\end{aligned}$$

方法 2 用性质 4 求.由二项分布的背景知 $X=\sum_{i=1}^{n}X_i$，其中 $X_i\sim$0-1 分布：

$$P\{X_i=1\}=p,\quad P\{X_i=0\}=1-p\quad (i=1,2,\cdots,n).$$

由于对一切 i，有 $\mathrm{E}(X_i)=p$，所以

$$\mathrm{E}(X)=\sum_{i-1}^{n}\mathrm{E}(X_i)=\sum_{i=1}^{n}p=np.$$

例 10 设某台机器上有三个部件，在某一时刻三个部件需要调整的概率分别为 0.1，0.2，0.3，且相互独立.任一部件需要调整，即为机器需要调整.

(1) 求机器需要调整的概率； (2) 若记 X 为需要调整的部件数，求 $\mathrm{E}(X)$.

解 记事件 A 为机器需要调整，$A_i(i=1,2,3)$ 为第 i 个部件需要调整，则 $A=A_1\cup A_2\cup A_3$，且 A_1,A_2,A_3 相互独立，$P(A_1)=0.1$，$P(A_2)=0.2$，$P(A_3)=0.3$.

(1) 由 A_1,A_2,A_3 相互独立知 $\overline{A}_1,\overline{A}_2,\overline{A}_3$ 也相互独立，所以有

$$\begin{aligned}
P(A)&=1-P(\overline{A})=1-P(\overline{A_1\cup A_2\cup A_3})=1-P(\overline{A_1}\,\overline{A_2}\,\overline{A_3}) \\
&=1-P(\overline{A}_1)P(\overline{A}_2)P(\overline{A}_3)=1-0.9\times0.8\times0.7=0.496.
\end{aligned}$$

(2) 设

$$X_i=\begin{cases}1, & \text{第 } i \text{ 个部件需要调整,即事件 } A_i \text{ 发生},\\ 0, & \text{第 } i \text{ 个部件不需要调整,即事件 } A_i \text{ 不发生}\end{cases}\quad (i=1,2,3),$$

则 $X=\sum_{i=1}^{3}X_i$. 由性质 4 得

$$\begin{aligned}
\mathrm{E}(X)&=\sum_{i=1}^{3}\mathrm{E}(X_i)=\sum_{i=1}^{3}P(A_i)=P(A_1)+P(A_2)+P(A_3) \\
&=0.1+0.2+0.3=0.6.
\end{aligned}$$

例 11 某保险公司规定：如果在一年内顾客的投保事件 A 发生，该公司就赔偿顾客 a(单位：元).设一年内事件 A 发生的概率为 p，为使公司收益的期望值等于 a 的 10%，该公司应该要求顾客交多少保险费?

解 设顾客交保险费 x 时公司收益为 Y，则有

$$Y=\begin{cases}x, & \text{事件 } A \text{ 不发生},\\ x-a, & \text{事件 } A \text{ 发生}.\end{cases}$$

因为 $P\{Y=x-a\}=P(A)=p, P\{Y=x\}=P(\bar{A})=1-p$，所以

$$E(Y)=xP\{Y=x\}+(x-a)P\{Y=x-a\}=x(1-p)+(x-a)p.$$

公司收益的期望值等于 a 的 10%，即 $E(Y)=a\times 10\%$，于是有

$$x(1-p)+(x-a)p=a/10,$$

解得 $x=a(p+1/10)$.

例 12 黑龙江省出口大豆，假设国外对大豆的年需求量是随机变量 X（单位：吨），且 $X\sim U[2000,4000]$. 若售出 1 吨则得外汇 3 万元；若不售出，则 1 吨花保存费 1 万元. 问：每年应准备多少大豆，才能使收益的期望值最大？最大期望值是多少？

解 设每年准备大豆 s 吨，则 $2000\leqslant s\leqslant 4000$. 在理想状态下，认定实际需求等于售出，则收益 Y 为需求 X 的函数：

$$Y=g(X)=\begin{cases}3s, & X\geqslant s,\\ 3X-(s-X), & X<s\end{cases}=\begin{cases}3s, & X\geqslant s,\\ 4X-s, & X<s.\end{cases}$$

由题意知 X 的概率密度为

$$f(x)=\begin{cases}\dfrac{1}{2000}, & 2000\leqslant x\leqslant 4000.\\ 0, & \text{其他},\end{cases}$$

于是

$$E(Y)=E[g(X)]=\int_{-\infty}^{+\infty}g(x)f(x)\mathrm{d}x=\int_{2000}^{s}(4x-s)\frac{1}{2000}\mathrm{d}x+\int_{s}^{4000}3s\frac{1}{2000}\mathrm{d}x$$
$$=-\frac{1}{1000}(s^2-7000s+4\times 10^6).$$

令 $\dfrac{\mathrm{d}E(Y)}{\mathrm{d}s}=-\dfrac{1}{1000}(2s-7000)=0$，求得唯一解 $s=3500$.

因为 $E(Y)$ 的最大值存在，所以当 $s=3500$ 吨时收益的期望值最大，为

$$E_{\max}(Y)=-\frac{1}{1000}(3500^2-7000\times 3500+4\times 10^6)\text{万元}=8250\text{ 万元}.$$

习 题 3.1

1. 设某产品的次品率为 0.1. 检验员每天检验 4 次，每次抽取 10 个产品进行检验，如发现次品多于 1 个就要调整设备. 以 X 表示一天中需要调整设备的次数，求 $E(X)$.

2. 设随机变量 X 的分布律为

X	-2	0	2
P	0.4	0.3	0.3

求 $E(3X^2+5)$.

3. 设随机点落在中心在原点，半径为 R 的圆周上，并且对弧长是均匀分布的，求落点横坐标 X 的数学期望.

4. 设随机变量 X 的分布律为 $P\{X=k\}=\dfrac{\alpha^k}{(1+\alpha)^{k+1}}(\alpha>0;k=0,1,\cdots)$，求 $\mathrm{E}(X)$，$\mathrm{E}(X^2)$.

5. 设连续型随机变量 X 的分布函数为

$$F(X)=\begin{cases}0, & x<-1,\\ a+b\arcsin x, & -1\leqslant x<1,\\ 1, & x\geqslant 1,\end{cases}$$

试确定常数 a,b，并求 $\mathrm{E}(X)$.

6. 在数字 $0,1,\cdots,n$ 中任取两个不同的数字，求这两个数字之差的绝对值的数学期望.

7. 设随机变量 $X\sim N(0,\sigma^2)$，求 $\mathrm{E}(X^n)$.

8. 设随机变量 X 的概率密度为 $f(x)=\begin{cases}\mathrm{e}^{-x}, & x>0\\ 0, & x\leqslant 0\end{cases}$，求 $\mathrm{E}(Y)$，其中

(1) $Y=2X$；　　(2) $Y=\mathrm{e}^{-2X}$.

§3.2　方　　差

为了刻画随机变量取值的稳定性，即随机变量取值与平均值的偏离度，我们引入方差的概念.

定义　对于随机变量 X，若数学期望 $\mathrm{E}\{[X-\mathrm{E}(X)]^2\}$ 存在，则称此期望值为 X 的**方差**，记为 $\mathrm{D}(X)$，即 $\mathrm{D}(X)=\mathrm{E}\{[X-\mathrm{E}(X)]^2\}$.

由定义，当 X 是所有可能取值为 $x_1,x_2,\cdots$ 的离散型随机变量时，有

$$\mathrm{D}(X)=\sum_k[x_k-\mathrm{E}(X)]^2P\{X=x_k\};$$

当 X 是以 $f(x)$ 为概率密度的连续型随机变量时，有

$$\mathrm{D}(X)=\int_{-\infty}^{+\infty}[x-\mathrm{E}(X)]^2f(x)\mathrm{d}x.$$

下面给出一个实用的计算公式：

$$\begin{aligned}\mathrm{D}(X)&=\mathrm{E}\{[X-\mathrm{E}(X)]^2\}=\mathrm{E}[X^2-2X\mathrm{E}(X)+\mathrm{E}^2(X)]\\&=\mathrm{E}(X^2)-2\mathrm{E}(X)\mathrm{E}(X)+\mathrm{E}^2(X)=\mathrm{E}(X^2)-\mathrm{E}^2(X).\end{aligned}$$

通常称 $\sqrt{\mathrm{D}(X)}$ 为随机变量 X 的**均方差**或**标准差**，记做 $\sigma(X)$.

方差有如下性质(假定出现的方差存在)：

性质 1　$\mathrm{D}(c)=0$ (c 为常数).

性质 2　$\mathrm{D}(cX)=c^2\mathrm{D}(X)$ (c 为常数).

性质 3 $D(aX+b)=a^2D(X)$ (a,b 为常数).

性质 4 设随机变量 X 的数学期望 $E(X)$和方差 $D(X)$($D(X)>0$)均存在,记 $X^*=\dfrac{X-E(X)}{\sqrt{D(X)}}$(通常称 X^* 为**标准化随机变量**),则有

$$E(X^*)=0,\quad D(X^*)=1.$$

证 这里仅对性质 4 加以证明,其他性质的证明留作练习.

因为 $E(X)$与 $D(X)$为常数,所以 $E[E(X)]=E(X)$,$D[E(X)]=0$.故

$$E(X^*)=E\left[\frac{X-E(X)}{\sqrt{D(X)}}\right]=\frac{1}{\sqrt{D(X)}}[E(X)-E(X)]=0,$$

$$D(X^*)=D\left[\frac{X-E(X)}{\sqrt{D(X)}}\right]=\frac{D[X-E(X)]}{D(X)}=\frac{1}{D(X)}\cdot D(X)=1.$$

例 1 设随机变量 $X\sim$0-1 分布,$P\{X=1\}=p$,$P\{X=0\}=1-p$,求 $D(X)$.

解 因为 $X\sim$0-1 分布,所以 $X^2\sim$0-1 分布,从而

$$E(X^2)=P\{X^2=1\}=P\{X=1\}=p.$$

又因 $E(X)=p$,故

$$D(X)=E(X^2)-E^2(X)=p-p^2=p(1-p).$$

例 2 设随机变量 X 服从几何分布,求 $D(X)$.

解 由题设知 X 的分布律为

$$P\{X=k\}=pq^{k-1}\quad(q=1-p;k=1,2,\cdots).$$

在§3.1 例 4 中已求出 $E(X)=\dfrac{1}{p}$,又

$$\begin{aligned}E(X^2)&=\sum_{k=1}^{\infty}k^2P\{X=k\}=\sum_{k=1}^{\infty}k^2pq^{k-1}=p\sum_{k=1}^{\infty}[k(k+1)-k]q^{k-1}\\&=p\sum_{k=1}^{\infty}k(k+1)q^{k-1}-p\sum_{k=1}^{\infty}kq^{k-1}=p\frac{2}{(1-q)^3}-\frac{1}{p}=\frac{2}{p^2}-\frac{1}{p}.\end{aligned}$$

所以

$$D(X)=E(X^2)-E^2(X)=\frac{2}{p^2}-\frac{1}{p}-\left(\frac{1}{p}\right)^2=\frac{1}{p^2}-\frac{1}{p}=\frac{1-p}{p^2}=\frac{q}{p^2}.$$

例 3 设随机变量 $X\sim N(\mu,\sigma^2)$,求 $D(X)$.

解 在§3.1 例 5 和例 8 中已求得 $E(X)=\mu$,$E(X^2)=\mu^2+\sigma^2$,所以

$$D(X)=E(X^2)-E^2(X)=\mu^2+\sigma^2-\mu^2=\sigma^2.$$

特别地,若 $X\sim N(0,1)$,则 $E(X)=0$,$D(X)=1$.

例 4 若随机变量 $X\sim B(n,p)$,求 $D(X)$.

解 由题意知 X 的分布律为

$$P\{X=k\}=C_n^kp^k(1-p)^{n-k}\quad(k=0,1,2,\cdots,n).$$

在§3.1例9中已求出$\mathrm{E}(X)=np$，而

$$\begin{aligned}\mathrm{E}(X^2)&=\mathrm{E}[X(X-1)+X]=\mathrm{E}[X(X-1)]+\mathrm{E}(X)\\&=\sum_{k=0}^{n}k(k-1)\mathrm{C}_n^k p^k(1-p)^{n-k}+np\\&=n(n-1)p^2\sum_{k=2}^{n}\frac{(n-2)(n-3)\cdots[(n-2)-(k-3)]}{(k-2)!}p^{k-2}(1-p)^{(n-2)-(k-2)}+np\\&=n(n-1)p^2\sum_{k=2}^{n}\mathrm{C}_{n-2}^{k-2}p^{k-2}(1-p)^{(n-2)-(k-2)}+np\\&=n(n-1)p^2[p+(1-p)]^{n-2}+np=n(n-1)p^2+np\\&=np(1-p)+n^2p^2,\end{aligned}$$

所以

$$\mathrm{D}(X)=\mathrm{E}(X^2)-\mathrm{E}^2(X)=np(1-p).$$

例5 设随机变量$X\sim P(\lambda)$，求$\mathrm{D}(X)$.

解 由题设知X的分布律为

$$P\{X=k\}=\frac{\lambda^k\mathrm{e}^{-\lambda}}{k!}\quad(\lambda>0;k=0,1,2,\cdots),$$

于是

$$\mathrm{E}(X)=\sum_{k=0}^{\infty}k\frac{\lambda^k\mathrm{e}^{-\lambda}}{k!}=\lambda,$$

$$\begin{aligned}\mathrm{E}(X^2)&=\sum_{k=0}^{\infty}k^2\frac{\lambda^k\mathrm{e}^{-\lambda}}{k!}=\sum_{k=1}^{\infty}k\frac{\lambda^k\mathrm{e}^{-\lambda}}{(k-1)!}=\sum_{k=0}^{\infty}(k+1)\frac{\lambda^{k+1}\mathrm{e}^{-\lambda}}{k!}\\&=\lambda\left(\sum_{k=0}^{\infty}k\frac{\lambda^k\mathrm{e}^{-\lambda}}{k!}+\sum_{k=0}^{\infty}\frac{\lambda^k\mathrm{e}^{-\lambda}}{k!}\right)=\lambda(\lambda+1)=\lambda^2+\lambda.\end{aligned}$$

所以
$$\mathrm{D}(X)=\mathrm{E}(X^2)-\mathrm{E}^2(X)=\lambda.$$

例6 设随机变量$X\sim U(a,b)$，求$\mathrm{D}(X)$.

解 由题设知X的概率密度为

$$f(x)=\begin{cases}\dfrac{1}{b-a}, & a<x<b,\\ 0, & \text{其他},\end{cases}$$

所以

$$\mathrm{E}(X)=\int_a^b x\frac{1}{b-a}\mathrm{d}x=\frac{1}{2}(a+b),$$

$$\mathrm{E}(X^2)=\int_a^b x^2\frac{1}{b-a}\mathrm{d}x=\frac{1}{3}(a^2+ab+b^2),$$

从而

$$D(X)=E(X^2)-E^2(X)=\frac{1}{3}(a^2+ab+b^2)-\frac{1}{4}(a+b)^2=\frac{1}{12}(b-a)^2.$$

例 7 设随机变量 $X\sim E(\lambda)$,求 $D(X)$.

解 由题设知 X 的概率密度为

$$f(x)=\begin{cases}\lambda e^{-\lambda x}, & x>0,\\ 0, & x\leqslant 0\end{cases}\quad(\lambda>0),$$

所以

$$E(X)=\int_0^{+\infty}x\lambda e^{-\lambda x}\,dx=\frac{1}{\lambda},\qquad E(X^2)=\int_0^{+\infty}x^2\lambda e^{-\lambda x}\,dx=\frac{2}{\lambda^2},$$

从而

$$D(X)=E(X^2)-E^2(X)=\frac{1}{\lambda^2}.$$

综合以上各例题的结果,我们可以得出常用分布的数学期望与方差,如表 1 所示.

表 1

名称与记号	分布律或概率密度	数学期望	方差
两点分布 0-1 分布	$P\{X=k\}=p^k(1-p)^{1-k}$ $(0<p<1;k=0,1)$	p	$p(1-p)$
二项分布 $B(n,p)$	$P\{X=k\}=C_n^k p^k(1-p)^{n-k}$ $(0<p<1;k=0,1,2,\cdots,n)$	np	$np(1-p)$
泊松分布 $P(\lambda)$	$P\{X=k\}=\frac{\lambda^k e^{-\lambda}}{k!}$ $(\lambda>0;k=0,1,2,\cdots)$	λ	λ
几何分布	$P\{X=k\}=p(1-p)^{k-1}$ $(0<p<1;k=1,2,\cdots)$	$\frac{1}{p}$	$\frac{1-p}{p^2}$
均匀分布 $U(a,b)$	$f(x)=\begin{cases}\frac{1}{b-a}, & a\leqslant x\leqslant b,\\ 0, & \text{其他}\end{cases}$	$\frac{1}{2}(a+b)$	$\frac{1}{12}(b-a)^2$
指数分布 $E(\lambda)$	$f(x)=\begin{cases}\lambda e^{-\lambda x}, & x\geqslant 0,\\ 0, & x<0\end{cases}\ (\lambda>0)$	$\frac{1}{\lambda}$	$\frac{1}{\lambda^2}$
正态分布 $N(\mu,\sigma^2)$	$f(x)=\frac{1}{\sqrt{2\pi}\sigma}e^{-\frac{(x-\mu)^2}{2\sigma^2}}$ $(\sigma>0;-\infty<x<+\infty)$	μ	σ^2

习 题 3.2

1. 设随机变量 X 的分布律为

X	-2	0	2
P	0.4	0.3	0.3

求 $D(X)$,$D(\sqrt{10}X-5)$.

2. 已知随机变量 X 的分布函数为

$$F(x)=\begin{cases}0, & x\leqslant 0,\\ x/4, & 0<x\leqslant 4,\\ 1, & x>4,\end{cases}$$

求 $E(X)$,$D(X)$.

3. 设随机变量 X 的概率密度为 $f(x)=\frac{1}{2}e^{-|x|}\ (-\infty<x<+\infty)$,求 $D(X)$.

4. 设随机变量 X 的概率密度为

$$f(x)=\begin{cases}\dfrac{1}{\pi\sqrt{1-x^2}}, & |x|<1,\\ 0, & |x|\geqslant 1,\end{cases}$$

求 $E(X)$,$D(X)$ 及 $P\{|X-E(X)|<\sqrt{D(X)}\}$.

5. 设随机变量 X 的概率密度为 $f(x)=\begin{cases}ax^2+bx+c, & 0<x<1,\\ 0, & 其他,\end{cases}$ 且已知 $E(X)=0.5$,$D(X)=0.15$,求 a,b,c.

6. 设随机变量 X 服从 $\left(-\frac{1}{2},\frac{1}{2}\right)$ 上的均匀分布,求 $Y=\sin\pi X$ 的方差.

§3.3 二维随机变量的期望与方差

本节我们讨论如何从二维随机变量的概率分布求相关的随机变量的数学期望与方差.

因为二维随机变量(X,Y)的概率分布可确定 X 和 Y 的概率分布,所以从(X,Y)的联合分布可求出 X 和 Y 的数学期望 $E(X)$和 $E(Y)$.

事实上,若二维离散型随机变量(X,Y)的联合分布律为 $P\{X=x_i,Y=y_j\}=p_{ij}\ (i,j=1,2,\cdots)$,则

$$E(X)=\sum_i x_i P\{X=x_i\}=\sum_i\sum_j x_i p_{ij}=\sum_i x_i p_{i\cdot},$$

$$E(Y)=\sum_j y_j P\{Y=y_j\}=\sum_j\sum_i y_j p_{ij}=\sum_j y_j p_{\cdot j}.$$

若二维连续型随机变量(X,Y)的联合概率密度为$f(x,y)$，则

$$E(X)=\int_{-\infty}^{+\infty} x f_X(x)\mathrm{d}x=\int_{-\infty}^{+\infty}\int_{-\infty}^{+\infty} x f(x,y)\mathrm{d}y\mathrm{d}x,$$

$$E(Y)=\int_{-\infty}^{+\infty} y f_Y(y)\mathrm{d}y=\int_{-\infty}^{+\infty}\int_{-\infty}^{+\infty} y f(x,y)\mathrm{d}x\mathrm{d}y.$$

随机变量函数的期望也有如下推广：

设二维离散型随机变量(X,Y)的联合分布律为$P\{X=x_i,Y=y_j\}=p_{ij}\ (i,j=1,2,\cdots)$，$g(x,y)$是连续函数，则$Z=g(X,Y)$是一维离散型随机变量，且有

$$E(Z)=E[g(X,Y)]=\sum_i\sum_j g(x_i,y_j)p_{ij}.$$

设二维连续型随机变量(X,Y)的联合概率密度为$f(x,y)$，$g(x,y)$是连续函数，则$Z=g(X,Y)$也是一维连续型随机变量，且有

$$E(Z)=E[g(X,Y)]=\int_{-\infty}^{+\infty}\int_{-\infty}^{+\infty} g(x,y)f(x,y)\mathrm{d}x\mathrm{d}y.$$

性质 1 设(X,Y)是二维随机变量，且X与Y相互独立．若$E(X)$，$E(Y)$存在，则

$$E(XY)=E(X)E(Y).$$

性质1可推广到有限个随机变量的情形，即对于n个相互独立的随机变量$X_i\ (i=1,2,\cdots,n)$，若$E(X_i)\ (i=1,2,\cdots,n)$存在，则

$$E\left(\prod_{i=1}^{n} X_i\right)=\prod_{i=1}^{n} E(X_i).$$

性质 2 设(X,Y)是二维随机变量，X,Y相互独立．若$g(X,Y)=\varphi(X)h(Y)$，$E[\varphi(X)]$，$E[h(Y)]$存在，则

$$E[g(X,Y)]=E[\varphi(X)]E[h(Y)].$$

我们只对性质1中的连续型情形作说明，离散型情形及性质2请读者自证．事实上，设$f(x,y)$，$f_X(x)$，$f_Y(y)$分别是(X,Y)，X和Y的概率密度，因为X与Y相互独立，所以对$f(x,y)$连续的点(x,y)，有

$$f(x,y)=f_X(x)f_Y(y),$$

从而

$$\begin{aligned}E(XY)&=\int_{-\infty}^{+\infty}\int_{-\infty}^{+\infty} xy f_X(x)f_Y(y)\mathrm{d}x\mathrm{d}y\\&=\left[\int_{-\infty}^{+\infty} x f_X(x)\mathrm{d}x\right]\left[\int_{-\infty}^{+\infty} y f_Y(y)\mathrm{d}y\right]\\&=E(X)E(Y).\end{aligned}$$

同样由二维随机变量(X,Y)的概率分布可求得X和Y的方差．

设二维离散型随机变量(X,Y)的联合分布律为$P\{X=x_i,Y=y_j\}=p_{ij}\ (i,j=1,2,\cdots)$，则由随机变量方差的定义，$X$与$Y$的方差分别为

$$D(X)=\sum_i[x_i-E(X)]^2p_{i\cdot}=\sum_i\sum_j[x_i-E(X)]^2p_{ij},$$
$$D(Y)=\sum_j[y_j-E(Y)]^2p_{\cdot j}=\sum_j\sum_i[y_j-E(Y)]^2p_{ij}.$$

若二维连续型随机变量(X,Y)的联合概率密度为$f(x,y)$，则X与Y的方差分别为

$$D(X)=\int_{-\infty}^{+\infty}[x-E(X)]^2f_X(x)\mathrm{d}x=\int_{-\infty}^{+\infty}\int_{-\infty}^{+\infty}[x-E(X)]^2f(x,y)\mathrm{d}x\mathrm{d}y,$$
$$D(Y)=y=\int_{-\infty}^{+\infty}\int_{-\infty}^{+\infty}[y-E(Y)]^2f(x,y)\mathrm{d}x\mathrm{d}y.$$

当然，有时用$D(X)=E(X^2)-E^2(X)$，$D(Y)=E(Y^2)-E^2(Y)$来计算会来得更简便些.

例 1 已知二维离散随机变量(X,Y)的联合分布律为

X \ Y	−1	1	2
−1	5/20	2/20	6/20
2	3/20	3/20	1/20

求：(1) $E(X)$，$D(X)$，$E(Y)$，$D(Y)$；

(2) $E(X-Y)$，$D(X-Y)$；

(3) $E(XY)$，$D(XY)$；

(4) $E(\max\{X,Y\})$，$D(\max\{X,Y\})$，$E(\min\{X,Y\})$，$D(\min\{X,Y\})$.

解 由(X,Y)的联合分布律可得表1：

表 1

P	5/20	2/20	6/20	3/20	3/20	1/20
(X,Y)	(−1,−1)	(−1,1)	(−1,2)	(2,−1)	(2,1)	(2,2)
$X-Y$	0	−2	−3	3	1	0
XY	1	−1	−2	−2	2	4
$\max\{X,Y\}$	−1	1	2	2	2	2
$\min\{X,Y\}$	−1	−1	−1	−1	1	2

(1) 先求出关于X和关于Y的边缘分布律：

X	−1	2
P	13/20	7/20

Y	−1	1	2
P	8/20	5/20	7/20

所以

$$E(X)=(-1)\times\frac{13}{20}+2\times\frac{7}{20}=\frac{1}{20},\quad E(X^2)=(-1)^2\times\frac{13}{20}+2^2\times\frac{7}{20}=\frac{41}{20},$$

$$D(X)=E(X^2)-E^2(X)=\frac{819}{400}.$$

同理可得

$$E(Y)=\frac{11}{20},\quad E(Y^2)=\frac{41}{20},\quad D(Y)=\frac{699}{400}.$$

(2) 由表 1 可得 $X-Y$ 的分布律为

$X-Y$	-3	-2	0	1	3
P	6/20	2/20	6/20	3/20	3/20

所以

$$E(X-Y)=(-3)\times\frac{6}{20}+(-2)\times\frac{2}{20}+0\times\frac{6}{20}+1\times\frac{3}{20}+3\times\frac{3}{20}=-\frac{1}{2},$$

$$E[(X-Y)^2]=(-3)^2\times\frac{6}{20}+(-2)^2\times\frac{2}{20}+0^2\times\frac{6}{20}+1^2\times\frac{3}{20}+3^2\times\frac{3}{20}=\frac{23}{5},$$

$$D(X-Y)=E[(X-Y)^2]-E^2(X-Y)=\frac{87}{20}$$

(3) 由表 1 得 XY 的分布律为

XY	-1	-2	1	2	4
P	2/20	9/20	5/20	3/20	1/20

所以

$$E(XY)=(-1)\times\frac{2}{20}+(-2)\times\frac{9}{20}+1\times\frac{5}{20}+2\times\frac{3}{20}+4\times\frac{1}{20}=-\frac{1}{4},$$

$$E[(XY)^2]=(-1)^2\times\frac{2}{20}+(-2)^2\times\frac{9}{20}+1^2\times\frac{5}{20}+2^2\times\frac{3}{20}+4^2\times\frac{1}{20}=\frac{71}{20},$$

$$D(XY)=E[(XY)^2]-E^2(XY)=\frac{279}{80}.$$

注意：不能用 $E(XY)=E(X)E(Y)$，因为 X,Y 不相互独立.

(4) 由表 1 可得 $\max\{X,Y\}$ 和 $\min\{X,Y\}$ 的分布律分别为

$\max\{X,Y\}$	-1	1	2
P	5/20	2/20	13/20

$\min\{X,Y\}$	-1	1	2
P	16/20	3/20	1/20

所以

$$E(\max\{X,Y\}) = (-1)\times\frac{5}{20}+\frac{2}{20}+2\times\frac{13}{20}=\frac{23}{20},$$

$$E[(\max\{X,Y\})^2] = (-1)^2\times\frac{5}{20}+\frac{2}{20}+2^2\times\frac{13}{20}=\frac{59}{20},$$

$$D(\max\{X,Y\}) = E[(\max\{X,Y\})^2]-E^2(\max\{X,Y\})=\frac{59}{20}-\left(\frac{23}{20}\right)^2=\frac{651}{400}.$$

同理可得

$$E(\min\{X,Y\})=-\frac{11}{20},\quad E[(\min\{X,Y\})^2]=\frac{23}{20},\quad D(\min\{X,Y\})=\frac{339}{400}.$$

例 2　设二维随机变量(X,Y)的联合概率密度为

$$f(x,y)=\begin{cases}\frac{1}{2}\sin(x+y), & (x,y)\in D,\\ 0, & \text{其他},\end{cases}$$

其中$D=\{(x,y):0\leqslant x\leqslant\pi/2,0\leqslant y\leqslant\pi/2\}$，试求：

(1) $E(X),D(X),E(Y),D(Y)$；　　(2) $E(XY)$.

解　(1) $E(X)=\int_{-\infty}^{+\infty}\int_{-\infty}^{+\infty}xf(x,y)\mathrm{d}y\mathrm{d}x=\iint\limits_D x\cdot\frac{1}{2}\sin(x+y)\mathrm{d}x\mathrm{d}y$

$$=\frac{1}{2}\int_0^{\pi/2}(-x\cos(x+y)\Big|_0^{\pi/2}\mathrm{d}x=\frac{1}{2}\int_0^{\pi/2}x(\sin x+\cos x)\mathrm{d}x$$

$$=\frac{1}{2}[x(\sin x-\cos x)+\sin x+\cos x]\Big|_0^{\pi/2}=\frac{\pi}{4},$$

$$E(X^2)=\iint\limits_D x^2\cdot\frac{1}{2}\sin(x+y)\mathrm{d}x\mathrm{d}y$$

$$=\frac{1}{2}\iint\limits_D x^2[\sin x\cos y+\cos x\sin y]\mathrm{d}x\mathrm{d}y$$

$$=\frac{1}{2}\left(\int_0^{\frac{\pi}{2}}x^2\sin x\mathrm{d}x\right)\left(\int_0^{\frac{\pi}{2}}\cos y\mathrm{d}y\right)+\frac{1}{2}\left(\int_0^{\frac{\pi}{2}}x^2\cos x\mathrm{d}x\right)\left(\int_0^{\frac{\pi}{2}}\sin y\mathrm{d}y\right)$$

$$=-\frac{1}{2}\left(\int_0^{\frac{\pi}{2}}x^2\mathrm{d}\cos x\right)\cdot\sin y\Big|_0^{\frac{\pi}{2}}+\frac{1}{2}\left(\int_0^{\frac{\pi}{2}}x^2\mathrm{d}\sin x\right)\cdot(-\cos y)\Big|_0^{\frac{\pi}{2}}$$

$$=-\frac{1}{2}\left(x^2\cos x\Big|_0^{\frac{\pi}{2}}-\int_0^{\frac{\pi}{2}}2x\cos x\mathrm{d}x\right)+\frac{1}{2}\left(x^2\sin x\Big|_0^{\frac{\pi}{2}}-\int_0^{\frac{\pi}{2}}2x\sin x\mathrm{d}x\right)$$

$$=-\frac{1}{2}\left(0-2\int_0^{\frac{\pi}{2}}x\mathrm{d}\sin x\right)+\frac{1}{2}\left(\frac{\pi^2}{4}+2\int_0^{\frac{\pi}{2}}x\mathrm{d}\cos x\right)$$

$$=x\sin x\Big|_0^{\frac{\pi}{2}}-\int_0^{\frac{\pi}{2}}\sin x\mathrm{d}x+\frac{\pi^2}{8}+\left(x\cos x\Big|_0^{\frac{\pi}{2}}-\int_0^{\frac{\pi}{2}}\cos x\mathrm{d}x\right)$$

$$=\frac{\pi}{2}-1+\frac{\pi^2}{8}+(0-1)=\frac{\pi^2}{8}+\frac{\pi}{2}-2,$$

$$D(X)=E(X^2)-E^2(X)=\frac{\pi^2}{16}+\frac{\pi}{2}-2.$$

由对称性知 $$E(Y)=\frac{\pi}{4},\quad D(Y)=\frac{\pi^2}{16}+\frac{\pi}{2}-2.$$

(2) $$E(XY)=\int_{-\infty}^{+\infty}\int_{-\infty}^{+\infty}xyf(x,y)\mathrm{d}y\mathrm{d}x=\frac{1}{2}\iint_D xy\sin(x+y)\mathrm{d}x\mathrm{d}y=\frac{\pi}{2}-1.$$

习 题 3.3

1. 设二维随机变量(X,Y)的联合分布律为

Y \ X	1	2	3
−1	0.2	0.1	0
0	0.1	0	0.3
1	0.1	0.1	0.1

求$E(X),E(Y),E(Y/X),E[(X-Y)^2]$.

2. 设二维随机变量(X,Y)的联合概率密度为 $f(x,y)=\begin{cases}12y^2, & 0\leqslant y\leqslant x\leqslant 1,\\ 0, & 其他,\end{cases}$ 求 $E(X),E(Y),E(XY),E(X^2+Y^2)$.

3. 在长为a的线段上任取两点,求两点之间距离的数学期望与方差.

4. 设随机变量X与Y相互独立,都服从$(0,1)$上的均匀分布,求$E(\max\{X,Y\})$,$D(\max\{X,Y\})$.

5. 设二维随机变量(X,Y)的联合概率密度为

$$f(x,y)=\begin{cases}\cos x\cos y, & 0\leqslant x\leqslant \pi/2,0\leqslant y\leqslant \pi/2,\\ 0, & 其他,\end{cases}$$

求$E(X),D(X),E(Y),D(Y)$.

§3.4 协方差与相关系数

协方差是描述二维随机变量(X,Y)中随机变量X和Y之间相互关系的一个数字特征.

定义1 设(X,Y)是二维随机变量,且数学期望$E(X),E(Y)$存在.如果数学期望$E\{[X-E(X)][Y-E(Y)]\}$存在,称此期望值为X,Y的**协方差**,记为$\mathrm{cov}(X,Y)$,即

$$\mathrm{cov}(X,Y)=E\{[X-E(X)][Y-E(Y)]\}.$$

由定义 1 可得如下计算协方差的常用公式：

$$\begin{aligned}\mathrm{cov}(X,Y)&=\mathrm{E}[XY-Y\mathrm{E}(X)-X\mathrm{E}(Y)+\mathrm{E}(X)\mathrm{E}(Y)]\\&=\mathrm{E}(XY)-\mathrm{E}(Y)\mathrm{E}(X)-\mathrm{E}(X)\mathrm{E}(Y)+\mathrm{E}(X)\mathrm{E}(Y)\\&=\mathrm{E}(XY)-\mathrm{E}(X)\mathrm{E}(Y).\end{aligned}$$

根据协方差的定义，容易推出它具有以下性质(假设出现的协方差存在)：

性质 1 $\mathrm{cov}(X,Y)=\mathrm{cov}(Y,X)$.

性质 2 若 a,b 为常数，则 $\mathrm{cov}(aX,bY)=ab\,\mathrm{cov}(X,Y)$.

性质 3 $\mathrm{cov}(X_1+X_2,Y)=\mathrm{cov}(X_1,Y)+\mathrm{cov}(X_2,Y)$.

定理 1 设(X,Y)是二维随机变量，若 X 与 Y 相互独立，则 $\mathrm{cov}(X,Y)=0$.

证 因 X 与 Y 相互独立，所以有 $\mathrm{E}(XY)=\mathrm{E}(X)\mathrm{E}(Y)$，故 $\mathrm{cov}(X,Y)=0$.

定理 2 若随机变量 X,Y 的方差 $\mathrm{D}(X)$，$\mathrm{D}(Y)$存在，则

$$\mathrm{D}(X\pm Y)=\mathrm{D}(X)+\mathrm{D}(Y)\pm 2\mathrm{cov}(X,Y).$$

证
$$\begin{aligned}\mathrm{D}(X\pm Y)&=\mathrm{E}\{[(X\pm Y)-\mathrm{E}(X\pm Y)]^2\}\\&=\mathrm{E}\{\{[X-\mathrm{E}(X)]\pm[Y-\mathrm{E}(Y)]\}^2\}\\&=\mathrm{E}[X-\mathrm{E}(X)]^2+\mathrm{E}[Y-\mathrm{E}(Y)]^2\pm 2\mathrm{E}\{[X-\mathrm{E}(X)][Y-\mathrm{E}(Y)]\}\\&=\mathrm{D}(X)+\mathrm{D}(Y)\pm 2\mathrm{cov}(X,Y).\end{aligned}$$

定义 2 对于二维随机变量(X,Y)，若方差 $\mathrm{D}(X)>0$，$\mathrm{D}(Y)>0$，则称

$$\frac{\mathrm{cov}(X,Y)}{\sqrt{\mathrm{D}(X)}\sqrt{\mathrm{D}(Y)}}$$

为 X 与 Y 的**相关系数**，记为 ρ_{XY}.

可以证明$|\rho_{XY}|\leqslant 1$，此处从略.

当 $\rho_{XY}=0$ 时，我们称 X 与 Y **不相关**；而当$|\rho_{XY}|=1$ 时，称 X 与 Y **完全线性相关**.

注 1 X 与 Y 不相关时，它们不一定相互独立；反之，若 X 与 Y 相互独立，则一定不相关. 而当(X,Y)服从二维正态分布时，X 与 Y 不相关与独立是等价的.

注 2 当 X 与 Y 不相关时，则有

$$\mathrm{E}(XY)=\mathrm{E}(X)\mathrm{E}(Y) \quad 及 \quad \mathrm{D}(X+Y)=\mathrm{D}(X)+\mathrm{D}(Y).$$

注 3 当二维随机变量$(X,Y)\sim N(\mu_1,\mu_2,\sigma_1^2,\sigma_2^2,\rho)$时，我们可以求得 X 与 Y 的相关系数 $\rho_{XY}=\rho$，再结合第二章 §2.5 例 6 知，此时 X 与 Y 不相关和相互独立是等价的.

对随机变量 X,Y 进行标准化得 $X^*=\dfrac{X-\mathrm{E}(X)}{\sqrt{\mathrm{D}(X)}}$，$Y^*=\dfrac{X-\mathrm{E}(Y)}{\sqrt{\mathrm{D}(Y)}}$，则

$$\begin{aligned}\mathrm{cov}(X^*,\,Y^*)&=\mathrm{E}(X^*Y^*)-\mathrm{E}(X^*)\mathrm{E}(Y^*)=\mathrm{E}\left[\frac{X-\mathrm{E}(X)}{\sqrt{\mathrm{D}(X)}}\cdot\frac{Y-\mathrm{E}(Y)}{\sqrt{\mathrm{D}(Y)}}\right]-0\cdot 0\\&=\frac{\mathrm{E}\{[X-\mathrm{E}(X)][Y-\mathrm{E}(Y)]\}}{\sqrt{\mathrm{D}(X)}\sqrt{\mathrm{D}(Y)}}=\frac{\mathrm{cov}(X,Y)}{\sqrt{\mathrm{D}(X)}\sqrt{\mathrm{D}(Y)}}=\rho_{XY}.\end{aligned}$$

通常称 $\mathrm{cov}(X^*,\,Y^*)$为 X 与 Y 的**标准协方差**，它即 X 与 Y 的相关系数.

例 1 设二维随机变量(X,Y)的联合分布律为

$Y \backslash X$	-1	1
1	1/4	0
2	1/2	1/4

求 $\mathrm{cov}(X,Y)$和 ρ_{XY}.

解 求出关于 X 和关于 Y 的边缘分布律以及 XY 的分布律分别为

X	-1	1
P	$\frac{3}{4}$	$\frac{1}{4}$

Y	1	2
P	$\frac{1}{4}$	$\frac{3}{4}$

XY	-2	-1	1	2
P	$\frac{1}{2}$	$\frac{1}{4}$	0	$\frac{1}{4}$

所以

$$\mathrm{E}(X)=(-1)\times\frac{3}{4}+\frac{1}{4}=-\frac{1}{2},\quad \mathrm{E}(Y)=1\times\frac{1}{4}+2\times\frac{3}{4}=\frac{7}{4},$$

$$\mathrm{E}(X^2)=(-1)^2\times\frac{3}{4}+\frac{1}{4}=1,\quad \mathrm{E}(Y^2)=1^2\times\frac{1}{4}+2^2\times\frac{3}{4}=\frac{13}{4},$$

$$\mathrm{D}(X)=\mathrm{E}(X^2)-\mathrm{E}^2(X)=\frac{3}{4},\quad \mathrm{D}(Y)=\mathrm{E}(Y^2)-\mathrm{E}^2(Y)=\frac{3}{16},$$

$$\mathrm{E}(XY)=(-2)\times\frac{1}{2}+(-1)\times\frac{1}{4}+1\times 0+2\times\frac{1}{4}=-\frac{3}{4}.$$

于是

$$\mathrm{cov}(X,Y)=\mathrm{E}(XY)-\mathrm{E}(X)\mathrm{E}(Y)=-\frac{3}{4}-\left(-\frac{1}{2}\right)\times\frac{7}{4}=\frac{1}{8}$$

$$\rho_{XY}=\frac{\mathrm{cov}(X,Y)}{\sqrt{\mathrm{D}(X)}\sqrt{\mathrm{D}(Y)}}=\frac{1/8}{\sqrt{3/4}\sqrt{3/16}}=\frac{1}{3}.$$

例 2 设二维随机变量(X,Y)的联合概率密度为

$$f(x,y)=\begin{cases}8xy, & 0\leqslant y\leqslant x, 0\leqslant x\leqslant 1,\\ 0, & \text{其他},\end{cases}$$

试求 $\mathrm{E}(X)$,$\mathrm{D}(X)$,$\mathrm{E}(Y)$,$\mathrm{D}(Y)$,$\mathrm{cov}(X,Y)$,ρ_{XY},$\mathrm{D}(5X-3Y)$.

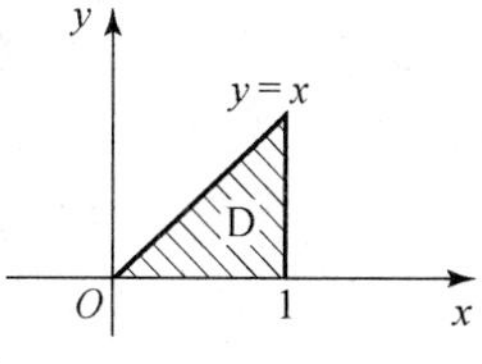

图 1

解 记 $D=\{(x,y): 0\leqslant x\leqslant 1, 0\leqslant y\leqslant x\}$(图 1),显然 $f(x,y)$只在 D 内取得非零值. 于是

$$\mathrm{E}(X)=\iint\limits_D x8xy\,\mathrm{d}x\mathrm{d}y=\int_0^1 8x^2\,\mathrm{d}x\int_0^x y\,\mathrm{d}y=\int_0^1 8x^2\cdot\frac{1}{2}x^2\,\mathrm{d}x=\frac{4}{5},$$

$$\mathrm{E}(Y)=\iint\limits_D y8xy\,\mathrm{d}x\mathrm{d}y=\int_0^1 8x\mathrm{d}x\int_0^x y^2\,\mathrm{d}y=\int_0^1 8x\cdot\frac{1}{3}x^3\,\mathrm{d}x=\frac{8}{15},$$

$$\mathrm{E}(X^2)=\iint\limits_D x^2 8xy\,\mathrm{d}x\mathrm{d}y=\int_0^1 8x^3\,\mathrm{d}x\int_0^x y\mathrm{d}y=\int_0^1 8x^3\cdot\frac{1}{2}x^2\,\mathrm{d}x=\frac{2}{3},$$

$$\mathrm{E}(Y^2)=\iint\limits_D y^2 8xy\,\mathrm{d}x\mathrm{d}y=\int_0^1 8x\mathrm{d}x\int_0^x y^3\,\mathrm{d}y=\int_0^1 8x\cdot\frac{1}{4}x^4\,\mathrm{d}x=\frac{1}{3},$$

$$\mathrm{D}(X)=\mathrm{E}(X^2)-\mathrm{E}^2(X)==\frac{2}{75},\quad \mathrm{D}(Y)=\mathrm{E}(Y^2)-\mathrm{E}^2(Y)=\frac{11}{225},$$

$$\mathrm{E}(XY)=\iint\limits_D xy8xy\,\mathrm{d}x\mathrm{d}y=\int_0^1 8x^2\,\mathrm{d}x\int_0^x y^2\,\mathrm{d}y=\int_0^1 8x^2\cdot\frac{1}{3}x^3\,\mathrm{d}x=\frac{4}{9}.$$

$$\mathrm{cov}(X,Y)=\mathrm{E}(XY)-\mathrm{E}(X)\mathrm{E}(Y)=\frac{4}{225},$$

$$\rho_{XY}=\frac{\mathrm{cov}(X,Y)}{\sqrt{\mathrm{D}(X)}\sqrt{\mathrm{D}(Y)}}=\frac{\dfrac{4}{225}}{\sqrt{\dfrac{2}{75}}\sqrt{\dfrac{11}{225}}}=\frac{2\sqrt{66}}{33}\approx 0.492,$$

$$\begin{aligned}\mathrm{D}(5X-3Y)&=\mathrm{D}(5X)+\mathrm{D}(3Y)-2\mathrm{cov}(5X,3Y)\\&=25\mathrm{D}(X)+9\mathrm{D}(Y)-30\mathrm{cov}(X,Y)=43/75.\end{aligned}$$

例 3 设随机变量 X 与 Y 相互独立,且都服从正态分布 $N(0,\sigma^2)$. 记 $\xi=aX+bY$, $\eta=aX-bY$,求 $\rho_{\xi\eta}$.

解 因为 $X\sim N(0,\sigma^2)$, $Y\sim N(0,\sigma^2)$,所以

$$\mathrm{E}(X)=\mathrm{E}(Y)=0,\quad \mathrm{D}(X)=\mathrm{D}(Y)=\sigma^2,$$

$$\mathrm{E}(\xi)=\mathrm{E}(aX+bY)=a\mathrm{E}(X)+b\mathrm{E}(Y)=0,\quad \mathrm{E}(\eta)=0.$$

由于 X 与 Y 相互独立,故 aX 和 bY 也相互独立,且 $\mathrm{cov}(X,Y)=0$. 于是

$$\begin{aligned}\mathrm{D}(\xi)&=\mathrm{D}(aX+bY)=a^2\mathrm{D}(X)+b^2\mathrm{D}(Y)+2ab\,\mathrm{cov}(X,Y)\\&=(a^2+b^2)\sigma^2,\\ \mathrm{D}(\eta)&=\mathrm{D}(aX-bY)=a^2\mathrm{D}(X)+b^2\mathrm{D}(Y)-2ab\,\mathrm{cov}(X,Y)\\&=(a^2+b^2)\sigma^2,\\ \mathrm{E}(\xi\eta)&=\mathrm{E}(a^2X^2-b^2Y^2)=a^2\mathrm{E}(X^2)-b^2\mathrm{E}(Y^2)\\&=a^2[\mathrm{E}(X^2)-\mathrm{E}^2(X)]-b^2[\mathrm{E}(Y^2)-\mathrm{E}^2(Y)]\\&=a^2\mathrm{D}(X)-b^2\mathrm{D}(Y)=(a^2-b^2)\sigma^2,\\ \rho_{\xi\eta}&=\frac{\mathrm{cov}(\xi,\eta)}{\sqrt{\mathrm{D}(\xi)}\sqrt{\mathrm{D}(\eta)}}=\frac{\mathrm{E}(\xi\eta)-\mathrm{E}(\xi)\mathrm{E}(\eta)}{\sqrt{\mathrm{D}(\xi)}\sqrt{\mathrm{D}(\eta)}}\\&=\frac{(a^2-b^2)\sigma^2}{(a^2+b^2)\sigma^2}=\frac{(a^2-b^2)}{(a^2+b^2)}.\end{aligned}$$

例 4 设随机变量 $X\sim N(0,1)$，并令 $Y=X^n(n\in\mathbf{N})$. 问：X 与 Y 是否相关？

解 因为 $X\sim N(0,1)$，所以 $\mathrm{E}(X)=0,\mathrm{D}(X)=1$. 又

$$\mathrm{E}(Y)=\mathrm{E}(X^n)=\int_{-\infty}^{+\infty}x^n\frac{1}{\sqrt{2\pi}}\mathrm{e}^{-\frac{x^2}{2}}\mathrm{d}x.$$

令 $I_n=\int_{-\infty}^{+\infty}x^n\mathrm{e}^{-\frac{x^2}{2}}\mathrm{d}x$，则

$$\begin{aligned}I_n&=\int_{-\infty}^{+\infty}x^n\mathrm{e}^{-\frac{x^2}{2}}\mathrm{d}x=\int_{-\infty}^{+\infty}x^{n-1}\mathrm{d}\mathrm{e}^{-\frac{x^2}{2}}\\&=-x^{n-1}\mathrm{e}^{-\frac{x^2}{2}}\Big|_{-\infty}^{+\infty}+(n-1)\int_{-\infty}^{+\infty}x^{n-2}\mathrm{e}^{-\frac{x^2}{2}}\mathrm{d}x\\&=(n-1)I_{n-2}.\end{aligned}$$

于是

$$\text{当 } n \text{ 为奇数时},I_n=(n-1)!!\int_{-\infty}^{+\infty}x\mathrm{e}^{-\frac{x^2}{2}}=0;$$

$$\text{当 } n \text{ 为偶数时},I_n=(n-1)!!\int_{-\infty}^{+\infty}\mathrm{e}^{-\frac{x^2}{2}}=\sqrt{2\pi}.$$

所以

$$E(Y)=\begin{cases}(n-1)!!, & n\text{ 为偶数},\\0, & n\text{ 为奇数}.\end{cases}$$

故

$$\begin{aligned}\mathrm{cov}(X,Y)&=\mathrm{E}(XY)-\mathrm{E}(X)\mathrm{E}(Y)=\mathrm{E}(X^{n+1})-0\\&=\int_{-\infty}^{+\infty}x^{n+1}\frac{1}{\sqrt{2\pi}}\mathrm{e}^{-\frac{x^2}{2}}\mathrm{d}x=\begin{cases}0, & n\text{ 为偶数},\\n!!, & n\text{ 为奇数}.\end{cases}\end{aligned}$$

可见当 n 为奇数时，$\rho_{XY}\neq 0$，即 X 与 Y 相关；当 n 为偶数时，$\rho_{XY}=0$，即 X 与 Y 不相关.

习 题 3.4

1. 设二维随机变量 (X,Y) 的联合分布律为

X \ Y	-1	0	1
-1	1/8	1/8	1/8
0	1/8	0	1/8
1	1/8	1/8	1/8

(1) 求 $\mathrm{cov}(X,Y)$ 和 ρ_{XY}；　　(2) X 和 Y 是否相关？是否独立？

2. 设随机变量 X 的分布律为

X	-2	-1	1	2
P	$1/4$	$1/4$	$1/4$	$1/4$

试证 X 与 X^2 不相关，而 X 与 X^3 相关.

3. 设 X 的概率密度为 $f(x)=\frac{1}{2}e^{-|x|}\ (-\infty<x<+\infty)$，求 X 与 $|X|$ 的协方差与相关系数，并问：X 与 $|X|$ 是否相关？

4. 设二维随机变量 (X,Y) 具有联合概率密度 $f(x,y)=\begin{cases}1, & |y|<x,0<x<1,\\ 0, & 其他,\end{cases}$ 求 $\mathrm{cov}(X,Y)$.

5. 设二维随机变量 (X,Y) 的联合概率密度为

$$f(x,y)=\begin{cases}(x+y)/8, & 0\leqslant x\leqslant 2,0\leqslant y\leqslant 2,\\ 0, & 其他,\end{cases}$$

求 $E(X),E(Y),\mathrm{cov}(X,Y),\rho_{XY},D(X+Y)$.

6. 设随机变量 $X\sim B(100,0.6)$，$Y=2X+3$，求 $\mathrm{cov}(X,Y)$ 和 ρ_{XY}.

7. 设 (X,Y) 是二维随机变量且 X 与 Y 相互独立，都服从参数为 λ 的泊松分布，$U=2X+Y$，$V=2X-Y$，求 ρ_{UV}.

§3.5 矩与协方差矩阵

矩的概念是从力学上引进的，是随机变量的各种数字特征的一种抽象. 若有了矩的概念，数学期望、方差、协方差，则可以统一归结为矩. 矩实际上就是随机变量及其各种函数的期望值.

定义 设 X 和 Y 是随机变量.

若 $E(X^k)(k=1,2,\cdots)$ 存在，称 $E(X^k)$ 为 X 的 k 阶**原点矩**（简称**矩**）；

若 $E\{[X-E(X)]^k\}(k=1,2,\cdots)$ 存在，称 $E\{[X-E(X)]^k\}$ 为 X 的 k **阶中心距**.

若 $E(X^kY^l)(k,l=1,2,\cdots)$ 存在，称 $E(X^kY^l)$ 为 X 和 Y 的 $k+l$ 阶**混合原点矩**（简称**混合矩**）.

若 $E\{[X-E(X)]^k[Y-E(Y)]^l\}(k,l=1,2,\cdots)$ 存在，称 $E\{[X-E(X)]^k[Y-E(Y)]^l\}$ 为 X 和 Y 的 $k+l$ **阶混合中心矩**.

由此可以看出，X 的数学期望 $E(X)$ 是 X 的一阶原点矩，X 的方差 $D(X)$ 是 X 的二阶中心矩，X 与 Y 的协方差 $\mathrm{cov}(X,Y)$ 是 X 和 Y 的二阶混合中心矩.

若二维随机变量 (X,Y) 的四个二阶中心矩都存在，记为

$$C_{11}=E\{[X-E(X)]^2\},\quad C_{12}=E\{[X-E(X)][Y-E(Y)]\},$$
$$C_{21}=E\{[Y-E(Y)][X-E(X)]\},\quad C_{22}=E\{[Y-E(Y)]^2\},$$

则称矩阵

$$\begin{bmatrix} C_{11} & C_{12} \\ C_{21} & C_{22} \end{bmatrix}$$

为二维随机变量(X,Y)的**协方差矩阵**.

习　题　3.5

1. 试按二维随机变量的协方差矩阵的思想，写出 n 维随机变量$(X_1,X_2,\cdots,X_n)$的协方差矩阵.

2. 若二维随机变量$(X,Y)\sim N(\mu_1,\mu_2,\sigma_1^2,\sigma_2^2,\rho)$，试求$(X,Y)$的协方差矩阵.

总练习题三

1. 设某人用 n 把钥匙去开门，其中只有一把能打开. 现在按下列两种方式任取一把试开，求打开门所需开门次数 X 的数学期望与方差.

(1) 打不开的钥匙不放回；　(2) 打不开的钥匙仍放回.

2. 设随机变量 X 的概率密度为 $f(x)=\begin{cases}\cos x, & 0\leqslant x\leqslant \pi/2,\\ 0, & \text{其他},\end{cases}$ 求 $Y=X^2$ 的方差 $\mathrm{D}(Y)$.

3. 设随机变量 X 的概率密度为 $f(x)=\dfrac{1}{\pi(1+x^2)}(-\infty<x<\infty)$，求 $\mathrm{E}(\min\{|X|,1\})$.

4. 设二维随机变量(X,Y)的联合概率密度为

$$f(x,y)=\begin{cases}2-x-y, & 0\leqslant x\leqslant 1,\quad 0\leqslant y\leqslant 1,\\ 0, & \text{其他}.\end{cases}$$

(1) 判别 X,Y 是否相互独立，是否相关；　(2) 求 $\mathrm{E}(XY),\mathrm{D}(X+Y)$.

5. 设两个随机变量 X,Y 相互独立，且都服从均值为 0，方差为 0.5 的正态分布，求$\mathrm{D}(|X-Y|)$.

6. 设 A,B 为两个随机事件，$P(A)>0,P(B)>0$. 现定义随机变量 X,Y 如下：

$$X=\begin{cases}1, & \text{若 } A \text{ 发生},\\ 0, & \text{若 } A \text{ 不发生},\end{cases}\qquad Y=\begin{cases}1, & \text{若 } B \text{ 发生},\\ 0, & \text{若 } B \text{ 不发生}.\end{cases}$$

试证明：若 $\rho_{XY}=0$，则 X,Y 必定相互独立.

7. 已知三个随机变量 X,Y,Z 满足：$\mathrm{E}(X)=\mathrm{E}(Y)=1,\mathrm{E}(Z)=-1,\mathrm{D}(X)=\mathrm{D}(Y)=\mathrm{D}(Z)=1,\rho_{XY}=0,\rho_{XZ}=\dfrac{1}{2},\rho_{YZ}=-\dfrac{1}{2}$. 求 $\mathrm{E}(X+Y+Z),\mathrm{D}(X+Y+Z)$.

8. 已知某自动机出次品的概率为 2%. 若一旦出现次品马上进行校正，求两次校正之间生产正品的平均数.

第四章 大数定律与中心极限定理

第一章从实证角度论述了频率的稳定性是构成概率公理化定义的客观基础，本章的大数定律则给出了频率稳定性的数学证明，从理论上肯定了用算术平均值代替均值，以频率代替概率的合理性，从而完善了概率论的理论体系. 中心极限定理则指明，在相当一般的条件下，当独立随机变量的个数增加时，它们的和的分布趋于正态分布. 这一事实不仅说明了正态分布的广泛性与重要性，而且也为一般随机变量和的分布的近似计算提供了理论支持. 同时，中心极限定理也是后面数理统计部分的重要理论基础之一.

§4.1 依概率收敛

对任意的一个试验序列，记 n 为试验次数，n_A 为事件 A 发生的次数，则对任意给定的小正数 ε，任意给定的数 $p\in[0,1]$，无论 n 多大，均不能断言

$$\left|\frac{n_A}{n}-p\right|<\varepsilon. \tag{①}$$

比如，抛掷 n 次骰子全部出现 1 点的概率为 $\left(\frac{1}{6}\right)^n$，但其频率却完全有可能为 1 或 0. 这样就无法直接借用高等数学中极限的思想给出频率稳定性的定义. 但正如问题所述，既然可能性无法排除，就只能从可能性出现的大小角度着手来解决问题，从而有如下式子

$$P\left\{\left|\frac{n_A}{n}-p\right|<\varepsilon\right\}>1-\tilde{\varepsilon}, \tag{②}$$

其中 ε 是任意给定的一个小正数，$\tilde{\varepsilon}$ 则是另外给定的一个小正数. 上式表明，可借用概率来估计事件 A 的频率与其概率 p(频率的稳定值)的靠近程度. 这样虽然对给定的小数 ε，式①不恒成立，但却能保证式②成立. 式②是借助于概率给出的，对之一般化即有如下定义：

定义 设 $X_1,X_2,\cdots,X_n,\cdots$ 是一个随机变量序列，a 是一个常数. 若对任意的 $\varepsilon>0$，有

$$\lim_{n\to\infty}P\{|X_n-a|<\varepsilon\}=1, \quad ③$$

则称**序列** $X_1,X_2,\cdots,X_n,\cdots$ **依概率收敛于** a，记为

$$X_n \xrightarrow{P} a.$$

性质 设 $X_n \xrightarrow{P} a, Y_n \xrightarrow{P} b$，函数 $g(x,y)$ 在 (a,b) 处连续，则

$$g(X_n,Y_n) \xrightarrow{P} g(a,b).$$

证明略.

§4.2 大数定律

在随机变量 X 的数字特征中，数学期望 μ 与方差 σ^2 是两个非常重要的指标，分别表示了 X 的平均值与分散程度. 它们的重要性还表现在即使 X 的分布未知，通过其数学期望与方差依然可对 X 做出某种估计，从而为数理统计打下理论基础.

定理 1 设随机变量 X 的数学期望 $\mathrm{E}(X)=\mu$，方差 $\mathrm{D}(X)=\sigma^2$，则对任意 $\varepsilon>0$，有

$$P\{|X-\mu|\geqslant\varepsilon\}\leqslant\frac{\sigma^2}{\varepsilon^2}. \quad ①$$

式①称为**契比雪夫**(Chebyshev)**不等式**，我们只对连续型随机变量的情况加以证明.

证 设 X 的概率密度为 $f(x)$，则有

$$\begin{aligned}P\{|X-\mu|\geqslant\varepsilon\}&=\int_{|x-\mu|\geqslant\varepsilon}f(x)\mathrm{d}x\leqslant\int_{|x-\mu|\geqslant\varepsilon}\frac{|x-\mu|^2}{\varepsilon^2}f(x)\mathrm{d}x\\&=\frac{1}{\varepsilon^2}\int_{|x-\mu|\geqslant\varepsilon}(x-\mu)^2f(x)\mathrm{d}x\\&\leqslant\frac{1}{\varepsilon^2}\int_{-\infty}^{+\infty}(x-\mu)^2f(x)\mathrm{d}x=\frac{\sigma^2}{\varepsilon^2}.\end{aligned}$$

契比雪夫不等式的另一种等价形式为

$$P\{|X-\mu|<\varepsilon\}\geqslant1-\frac{\sigma^2}{\varepsilon^2}. \quad ②$$

用契比雪夫不等式可做一些粗略估计，比如取 $\varepsilon=k\sigma(k=1,2,\cdots)$，则有

$$P\{|X-E(x)|\geqslant k\sigma\}\leqslant\frac{1}{k^2}.$$

需要指出的是，契比雪夫不等式的结果是比较粗糙的，在实践中①式的不等号是远远不等($\ll$)的关系，即有

$$P\{|X-\mathrm{E}(X)|\geqslant\varepsilon\}\ll\frac{\sigma^2}{\varepsilon^2}.$$

例 1 已知正常男性成人血液中，每毫升白细胞数平均是 7300，标准差是 700. 利用契比

雪夫不等式估计每毫升男性成人血液中含白细胞数在5200～9400之间的概率.

解 记 X 为每毫升血液中白细胞数目，则由题设有

$$E(X)=7300,\quad D(X)=700^2.$$

按契比雪夫不等式得

$$P\{5200<X<9400\}=P\{|X-7300|<2100\}\geqslant 1-\frac{700^2}{2100^2}=\frac{8}{9}.$$

定理 2(契比雪夫大数定律) 设随机变量 $X_1,X_2,\cdots,X_n,\cdots$ 相互独立，数学期望和方差都存在，即有 $E(X_i)=\mu_i,D(X_i)=\sigma_i^2(i=1,2,\cdots)$. 如果存在常数 $c>0$，使得 $\sigma_i^2\leqslant c(i=1,2,\cdots)$，则对任意 $\varepsilon>0$，有

$$\lim_{n\to\infty}P\left\{\left|\frac{1}{n}\sum_{k=1}^{n}X_k-\frac{1}{n}\sum_{k=1}^{n}E(X_k)\right|<\varepsilon\right\}=1. \tag{③}$$

证 记 $\overline{X}_n=\frac{1}{n}\sum_{k=1}^{n}X_k,\bar{\mu}_n=\frac{1}{n}\sum_{k=1}^{n}E(X_k)=\frac{1}{n}\sum_{k=1}^{n}u_k$，则

$$D(\overline{X}_n)=\frac{1}{n^2}\sum_{k=1}^{n}D(X_k)\leqslant\frac{1}{n^2}\cdot nc=\frac{c}{n}.$$

由契比雪夫不等式，对任意的 $\varepsilon>0$，有

$$P\{|\overline{X}_n-\bar{\mu}_n|\geqslant\varepsilon\}\leqslant\frac{D(\overline{X}_n)}{\varepsilon^2}\leqslant\frac{c}{n\varepsilon^2},$$

故有 $$\lim_{n\to\infty}P\left\{\left|\frac{1}{n}\sum_{k=1}^{n}X_k-\frac{1}{n}\sum_{k=1}^{n}E(X_k)\right|<\varepsilon\right\}=1-\lim_{n\to\infty}P\{|\overline{X}_n-\bar{\mu}_n|\geqslant\varepsilon\}=1.$$

契比雪夫大数定律的一个特殊情形如下所述，它描述了随机变量算术平均值的稳定性.

定理 3 设随机变量 $X_1,X_2,\cdots,X_n,\cdots$ 相互独立，具有相同的数学期望与方差：$E(X_i)=\mu,D(X_i)=\sigma^2(i=1,2,\cdots)$. 作前 n 个随机变量的算术平均 $\overline{X}_n=\frac{1}{n}\sum_{k=1}^{n}X_k$，则对于任意 $\varepsilon>0$，有

$$\lim_{n\to\infty}P\{|\overline{X}_n-\mu|<\varepsilon\}=\lim_{n\to\infty}P\left\{\left|\frac{1}{n}\sum_{k=1}^{n}X_k-\mu\right|<\varepsilon\right\}=1. \tag{④}$$

定理3表明，在具有相同期望与方差的条件下，当 n 很大时，随机变量 $X_1,X_2,\cdots,X_n$ 的算术平均值接近于它们共同的数学期望 μ. 这种接近是概率意义下的接近，用依概率收敛的概念可将定理3叙述如下：

定理 3′ 设随机变量 $X_1,X_2,\cdots,X_n,\cdots$ 相互独立，具有相同的数学期望与方差：$E(X_i)=\mu,D(X_i)=\sigma^2(i=1,2,\cdots)$，则序列 $\left\{\overline{X}_n=\frac{1}{n}\sum_{k=1}^{n}X_k\right\}$ 依概率收敛于 μ，即 $\overline{X}_n\xrightarrow{P}\mu$.

定理 4(伯努利大数定律) 设 n_A 是 n 次独立重复试验中事件 A 发生的次数，p 是事件 A 在每次试验中发生的概率，则对任意 $\varepsilon>0$，有

$$\lim_{n\to\infty}P\left\{\left|\frac{n_A}{n}-p\right|<\varepsilon\right\}=1, \qquad ⑤$$

或
$$\lim_{n\to\infty}P\left\{\left|\frac{n_A}{n}-p\right|\geqslant\varepsilon\right\}=0. \qquad ⑥$$

证 由于 $n_A\sim B(n,p)$，且

$$n_A=X_1+X_2+\cdots+X_n,$$

这里 $X_1,X_2,\cdots,X_n$ 相互独立，都服从参数为 p 的 0-1 分布，因而

$$\mathrm{E}(X_i)=p,\quad \mathrm{D}(X_i)=p(1-p)\quad (i=1,2,\cdots,n).$$

由契比雪夫大数定律得

$$\lim_{n\to\infty}P\left\{\left|\frac{X_1+X_2+\cdots+X_n}{n}-p\right|<\varepsilon\right\}=1,$$

即
$$\lim_{n\to\infty}P\left\{\left|\frac{n_A}{n}-p\right|<\varepsilon\right\}=1.$$

伯努利大数定律表明，事件发生的频率依概率收敛于事件的概率.该定理以严格的数学形式论证了频率的稳定性：随着 n 的增大，事件发生的频率与其概率有较大偏差的可能性变小，当 n 很大时，出现频率"稳定"在其概率附近的现象，且这种现象出现的概率接近 1.因此，在实际应用中，当试验次数很大时，便可以用事件发生的频率来近似表示事件的概率.

定理 5(辛钦(Khinchine)大数定律) 设随机变量 $X_1,X_2,\cdots,X_n,\cdots$ 相互独立，服从同一分布，且数学期望存在：$\mathrm{E}(X_k)=\mu(k=1,2,\cdots)$，则对于任意 $\varepsilon>0$，有

$$\lim_{n\to\infty}P\left\{\left|\frac{1}{n}\sum_{k=1}^{n}X_k-\mu\right|<\varepsilon\right\}=1. \qquad ⑦$$

证明略.

习 题 4.2

1. 设随机变量 X 的分布律为

X	1	2	3
P	0.3	0.5	0.2

试用契比雪夫不等式估计概率 $P\{|X-\mathrm{E}(X)|\geqslant 1\}$，并计算该式的真实概率值.

2. 若随机变量 X 服从 $(-1,b)$ 上的均匀分布，且由契比雪夫不等式得 $P\{|X-1|<\varepsilon\}\geqslant 2/3$，试确定 b 与 ε 的值.

3. 设在每次试验中，事件 A 发生的概率均为 3/4，试用契比雪夫不等式估计：需要进行多少次独立重复试验，才能使事件 A 发生的频率在 0.74～0.76 之间的概率至少为 0.90？

4. 证明**马尔可夫**(Markov)**大数定律**：如果随机变量序列 $X_1,X_2,\cdots,X_n,\cdots$ 满足

$$\lim_{n\to\infty}\frac{1}{n^2}\mathrm{D}\Big(\sum_{k=1}^{n}X_k\Big)=0,$$

则对于任意 $\varepsilon>0$，有

$$\lim_{n\to\infty}P\left\{\left|\frac{1}{n}\sum_{k=1}^{n}X_k-\frac{1}{n}\sum_{k=1}^{n}\mathrm{E}(X_k)\right|<\varepsilon\right\}=1.$$

§4.3 中心极限定理

人们在客观实际中观察到的很多随机变量，多数是由大量相互独立的随机因素共同作用形成的，且其中单个因素在总的影响中所起的作用都是微小的. 本节的中心极限定理指明，这类由众多随机因素（变量）共同作用（和）所成的随机变量的分布在相当一般的条件下趋于正态分布. 这不仅说明了正态分布广泛存在的原因，同时亦为这类随机变量概率的近似计算提供了理论依据.

定理 1（独立同分布中心极限定理） 设随机变量 $X_1,X_2,\cdots,X_n,\cdots$ 相互独立，服从同一分布，且具有数学期望与方差：$\mathrm{E}(X_i)=\mu,\mathrm{D}(X_i)=\sigma^2>0(i=1,2,\cdots)$，则前 n 个随机变量之和 $\sum\limits_{i=1}^{n}X_i$ 的标准化变量

$$Y_n=\frac{\sum\limits_{i=1}^{n}X_i-\mathrm{E}\Big(\sum\limits_{i=1}^{n}X_i\Big)}{\sqrt{\mathrm{D}\Big(\sum\limits_{i=1}^{n}X_i\Big)}}=\frac{\sum\limits_{i=1}^{n}X_i-n\mu}{\sqrt{n}\sigma}$$

的分布函数 $F_n(x)$ 对于任意 x 满足

$$\lim_{n\to\infty}F_n(x)=\lim_{n\to\infty}P\left\{\frac{\sum\limits_{i=1}^{n}X_i-n\mu}{\sqrt{n}\sigma}\leqslant x\right\}=\int_{-\infty}^{x}\frac{1}{\sqrt{2\pi}}\mathrm{e}^{-\frac{t^2}{2}}\mathrm{d}t=\Phi(x).$$

定理 1 表明：均值为 μ，方差为 $\sigma^2>0$ 的独立同分布随机变量 $X_1,X_2,\cdots,X_n,\cdots$ 前 n 项之和 $\sum\limits_{k=1}^{n}X_k$ 的标准化变量，当 n 充分大时，近似服从标准正态分布，即

$$\frac{\sum\limits_{i=1}^{n}X_i-n\mu}{\sqrt{n}\sigma}\overset{\text{近似}}{\sim}N(0,1)\quad(n\text{ 充分大}).\qquad ①$$

上式表明，虽然在一般情况下，很难求出 n 个随机变量之和的分布函数，但当 n 充分大时，可以通过标准正态分布函数给出其近似的分布.

式①还可等价表示成如下的形式：

(1) $\frac{1}{n}\sum_{k=1}^{n}X_k \overset{\text{近似}}{\sim} N\left(\mu,\frac{\sigma^2}{n}\right)$；　　(2) $\sum_{k=1}^{n}X_k \overset{\text{近似}}{\sim} N(n\mu,n\sigma^2)$.

定理 2(棣莫弗-拉普拉斯(De Moivre-Laplace)中心极限定理)　设随机变量 $\eta_n(n=1,2,\cdots)$服从参数为 $n,p(0<p<1)$的二项分布,则对于任意 x,有

$$\lim_{n\to\infty}P\left\{\frac{\eta_n-np}{\sqrt{np(1-p)}}\leqslant x\right\}=\int_{-\infty}^{x}\frac{1}{\sqrt{2\pi}}\mathrm{e}^{-\frac{t^2}{2}}\mathrm{d}t=\Phi(x).$$

定理 3 表明了正态分布是二项分布的极限分布,即当 n 充分大时,可用正态分布来近似计算二项分布的概率.

定理 3(李雅普诺夫(Lyapunov)中心极限定理)　设随机变量 $X_1,X_2,\cdots,X_n,\cdots$相互独立,分别具有数学期望与方差：$\mathrm{E}(X_k)=\mu_k,\mathrm{D}(X_k)=\sigma_k^2>0(k=1,2,\cdots)$,并记 $B_n^2=\sum_{k=1}^{n}\sigma_k^2$. 若存在正数 δ,使得当 $n\to\infty$ 时,$\frac{1}{B_n^{2+\delta}}\sum_{k=1}^{n}\mathrm{E}(|X_k-\mu_k|^{2+\delta})\to 0$,则前 n 个随机变量之和 $\sum_{i=1}^{n}X_i$ 的标准化变量

$$Z_n=\frac{\sum_{k=1}^{n}X_k-\mathrm{E}\left(\sum_{k=1}^{n}X_k\right)}{\sqrt{\mathrm{D}\left(\sum_{k=1}^{n}X_k\right)}}=\frac{\sum_{k=1}^{n}X_k-\sum_{k=1}^{n}\mu_k}{B_n}$$

的分布函数 $F_n(x)$对于任意 x 满足

$$\lim_{n\to\infty}F_n(x)=\lim_{n\to\infty}P\left\{\frac{\sum_{k=1}^{n}X_k-\sum_{k=1}^{n}\mu_k}{B_n}\leqslant x\right\}=\int_{-\infty}^{x}\frac{1}{\sqrt{2\pi}}\mathrm{e}^{-\frac{t^2}{2}}\mathrm{d}t=\Phi(x).$$

定理 3 表明,在一定条件下,当 n 很大时,无论各个随机变量 $X_1,X_2,\cdots,X_n,\cdots$ 服从什么样的分布,它们的和 $\sum_{k=1}^{n}X_k$ 都近似地服从正态分布.

例 1　已知某厂生产的产品平均寿命为 2000 h,标准差为 250 h. 进行技术改造后,平均寿命提高到 2250 h,标准差不变. 为了确认这一成果,检验的方法是：任意选取若干件产品进行测试,若产品平均寿命超过 2200 h,就确认技术改造成功. 要使检验通过的概率为 0.997,至少应检验多少件产品?

解　设应检验 n 件产品. 以 X_i 记第 i 件产品的使用寿命,则 n 件产品的平均寿命为 $\overline{X}=\frac{1}{n}\sum_{i=1}^{n}X_i$,且 $\mathrm{E}(X_i)=2250,\mathrm{D}(X_i)=\sigma^2=250^2(i=1,2,\cdots,n)$. 根据独立同分布中心极限定理有

$$P\left\{\frac{1}{n}\sum_{i=1}^{n}X_i>2200\right\}=P\left\{\frac{\sum_{i=1}^{n}X_i-n\mathrm{E}(X_i)}{\sqrt{n}\sigma}>\frac{2200n-n\mathrm{E}(X_i)}{\sqrt{n}\sigma}\right\}$$

$$=1-P\left\{\frac{\sum_{i=1}^{n}X_i-n\mathrm{E}(X_i)}{\sqrt{n}\sigma}\leqslant-\frac{\sqrt{n}}{5}\right\}\approx1-\Phi\left(-\frac{\sqrt{n}}{5}\right)=\Phi\left(\frac{\sqrt{n}}{5}\right)\geqslant0.997.$$

查标准正态分布表可得$\sqrt{n}/5\geqslant2.75$,从而 $n\geqslant189.0625$,所以取 $n=190$.

例 2 设某电站供应 10000 户用电,用电高峰时,每户用电的概率为 0.9.

(1) 计算同时用电户数在 9030 户以上的概率;

(2) 若每户用电 200 W,问:电站至少应具有多大发电量,才能以 0.95 的概率保证供电?

解 以 X 记用电高峰时同时用电的户数.

(1) 所求概率为 $P\{X>9030\}$. 因为 $X\sim B(10000,0.9)$,$\mathrm{E}(X)=9000$,$\mathrm{D}(X)=900$,所以

$$P\{X>9030\}=P\left\{\frac{X-9000}{30}\geqslant\frac{9030-9000}{30}\right\}$$
$$\approx1-\Phi(1)=1-0.8413=0.1587.$$

(2) 设电站至少具有 x W 发电量,才能以 0.95 的概率保证供电,则有

$$P\{200X\leqslant x\}=P\left\{X\leqslant\frac{x}{200}\right\}=P\left\{\frac{X-9000}{30}\leqslant\frac{x/200-9000}{30}\right\}$$
$$\approx\Phi\left(\frac{x-1800000}{6000}\right)\geqslant0.95.$$

查标准正态分布表得$\frac{x-1800000}{6000}\geqslant1.65$,解得 $x\geqslant1809900$.

习　题　4.3

1. 设随机变量 $X_1,X_2,\cdots,X_n$ 相互独立,且均服从区间$(-1,1)$上的均匀分布,试证当 n 充分大时,随机变量 $Z_n=\frac{1}{n}\sum_{i=1}^{n}X_i^2$ 近似服从正态分布,并指出其分布参数.

2. 设一加法器同时收到 20 个相互独立的噪声电压 $V_k(k=1,2,\cdots,20)$,这些噪声电压在$(0,10)$上服从均匀分布. 记 $V=\sum_{i=1}^{20}V_k$,求 $P\{V>105)$ 的近似值.

3. 已知某厂生产的产品次品率为 $p=0.1$. 为了确保销售,该厂向顾客承诺每盒中有 100 个以上正品的概率达到 95%. 问:该厂需要在一盒中装多少个产品?

4. 设某工厂有 100 台同类机器,各台机器发生故障的概率都是 0.2. 若各台机器工作是相互独立的,一台机器需要一人维修,为使机器发生故障时能及时维修的概率不低于 90%,问:至少应配备多少名维修工人?

总练习题四

1. 若随机变量 $X_1,X_2,\cdots,X_n,\cdots$ 相互独立，且服从同一分布，其数学期望 $\mathrm{E}(X_i)=\mu$ 与方差 $\mathrm{D}(X_i)=\sigma^2>0(i=1,2,\cdots)$ 都存在，证明 $\dfrac{X_1+X_2+\cdots+X_n}{X_1^2+X_2^2+\cdots+X_n^2}\xrightarrow{P}\dfrac{\mu}{\mu^2+\sigma^2}$.

2. 设 $X_1,X_2,\cdots,X_n$ 是相互独立且服从同一分布的随机变量，$\mathrm{E}(X_i)=\mu,\mathrm{D}(X_i)=8(i=1,2,\cdots,n)$，求 $\overline{X}=\dfrac{1}{n}\sum\limits_{i=1}^{n}X_i$ 所满足的契比雪夫不等式，并估计 $P\{|\overline{X}-\mu|<4\}\geqslant\alpha$ 中的 α.

3. 用契比雪夫不等式和中心极限定理分别估计：当抛掷一枚均匀硬币时，需抛掷多少次，才能使得出现正面的频率在 0.4～0.6 之间的概率不小于 90%？

4. 某保险公司多年的资料表明，在索赔客户中，被盗索赔占 20%. 以 X 表示在随机抽查 100 个索赔客户中因被盗而向保险公司索赔的客户数目，用中心极限定理求 $P\{14\leqslant X\leqslant 30\}$ 的近似值.

5. 若产品检查员每 10 s 检查一个产品，又已知每个产品需要复检的概率为 0.5，求在 8 h 内检查员检查的产品个数多于 1900 的概率.

6. 随机地选取两组学生，每组 80 人，分别在两个实验室里测量某种化合物的 pH 值. 各人测量的结果是随机变量，相互独立，且服从同一分布，其数学期望为 5，方差为 0.3. 以 $\overline{X},\overline{Y}$ 分别表示第一组和第二组所得结果的算术平均值，求：

(1) $P\{4.9<\overline{X}<5.1\}$；　　(2) $P\{-0.1<\overline{X}-\overline{Y}<0.1\}$.

7. 计算器在进行加法运算时，将每个加数舍入最靠近它的整数. 设所有误差相互独立且服从 $(-0.5,0.5)$ 上的均匀分布.

(1) 将 1500 个数相加，问：误差总和的绝对值超过 15 的概率是多少？

(2) 最多可有几个数相加，使得误差总和的绝对值小于 10 的概率不小于 0.90？

8. 设一保险公司针对某一阶层与年龄段的人士设立了如下保险品种：投保人在年初向保险公司交纳保费 120 元，若投保人在该年死亡，则其家属可领到 20000 元. 已知该类人士在一年中的死亡概率为 0.002. 若保险公司希望 99.99%可能性保证获利不少于 500000 元，问：公司至少要发展多少客户？

9. 对于一个学生而言，来参加家长会的家长人数是一个随机变量. 设每个学生无家长、有一名家长、有两名家长来参加会议的概率分别为 0.05，0.8，0.15. 若学校共有 400 名学生，各学生参加会议的家长数相互独立，且服从同一分布，试求：

(1) 参加会议的家长数 X 超过 450 的概率；

(2) 有一名家长来参加会议的学生数不多于 340 的概率.

第五章 数理统计的基本知识

数理统计主要研究统计推断问题,即在分布未知的情况下,如何根据试验或观察得到的数据,对所研究对象的性质、特点做出合理的估计与推断.

§5.1 数理统计的基本概念

一、总体与样本

当随机变量的分布未知或不完全知道时,人们只能对该随机变量进行大量重复独立的试验,分析得到的数据,进而对该随机变量的概率分布做出种种推理与判断.这里视所研究的随机变量为**总体**,为分析推理做试验取得数据即为**抽样**,试验的结果构成**样本**,而单个试验结果称为**个体**,试验的次数称为**样本容量**.

在实际应用中,总体与样本总是与数量指标相关联.比如研究灯泡的寿命,则所有灯泡的寿命值构成了总体,任何单个灯泡的寿命为个体,而为研究总体特征抽取的个体灯泡的寿命值构成了样本值,样本值的个数就是样本容量.

总体是一个随机变量,它不仅体现为数量指标,且取值有一定分布.一般地,记之为 X,称为总体 X 或随机变量 X.为了对总体 X 做出合理的估计和推断,需要从抽样中得到能代表总体的样本——简单随机样本.对总体 X,其简单随机样本可具体定义如下:

定义 1 设 X 是具有分布函数 F 的随机变量,若 $X_1,X_2,\cdots,X_n$ 是与 X 具有同一分布函数 F 且相互独立的随机变量,则称 $X_1,X_2,\cdots,X_n$ 为来自总体 X(或总体 F,或分布函数 F)的容量为 n 的**简单随机样本**(简称**样本**).样本的观察值 $x_1,x_2,\cdots,x_n$ 称为**样本值**.

获得简单随机样本的抽样方法称为**简单随机抽样**.

基于总体所包含个体的数量可将总体分成**有限总体**与**无限总体**.但在实际计算中当有限总体包含的个体的总数很大时,一般近似地将它看成是无限总体.

二、样本的分布函数

设总体 X 的分布函数为 $F(x)$，$X_1,X_2,\cdots,X_n$ 是来自 X 的样本，根据定义，可得$(X_1,X_2,\cdots,X_n)$的联合分布函数为

$$F^*(x_1,x_2,\cdots,x_n)=\prod_{i=1}^{n}F(x_i). \qquad ①$$

又若 X 具有概率密度 $f(x)$，则$(X_1,X_2,\cdots,X_n)$的联合概率密度为

$$f^*(x_1,x_2,\cdots,x_n)=\prod_{i=1}^{n}f(x_i). \qquad ②$$

例 1 设总体 X 服从两点分布 $B(1,p)$，其中 $0<p<1$，$X_1,X_2,\cdots,X_n$ 是来自总体 X 的样本，求$(X_1,X_2,\cdots,X_n)$的联合分布律.

解 总体 X 的分布律为

$$P\{X=i\}=p^i(1-p)^{1-i}\quad (i=0,1).$$

因为 $X_1,X_2,\cdots,X_n$ 相互独立，且与 X 有相同的分布，所以$(X_1,X_2,\cdots,X_n)$的联合分布律为

$$\begin{aligned}P\{X_1=x_1,X_2=x_2,\cdots,X_n=x_n\}&=P\{X_1=x_1\}P\{X_2=x_2\}\cdots P\{X_n=x_n\}\\&=p^{\sum\limits_{i=1}^{n}x_i}(1-p)^{n-\sum\limits_{i=1}^{n}x_i},\end{aligned}$$

其中 $x_1,x_2,\cdots,x_n$ 都在集合$\{0,1\}$中取值.

例 2 设总体 X 服从参数为 $\lambda(>0)$ 的指数分布，$X_1,X_2,\cdots,X_n$ 是来自总体 X 的样本，求$(X_1,X_2,\cdots,X_n)$的联合概率密度.

解 总体 X 的概率密度为

$$f(x)=\begin{cases}\lambda e^{-\lambda x}, & x>0,\\ 0, & \text{其他}.\end{cases}$$

因为 $X_1,X_2,\cdots,X_n$ 相互独立，且与 X 同分布，所以$(X_1,X_2,\cdots,X_n)$的联合概率密度为

$$f^*(x_1,x_2,\cdots x_n)=\prod_{i=1}^{n}f(x_i)=\begin{cases}\lambda^n e^{-\lambda\sum\limits_{i=1}^{n}x_i}, & x_i>0,\\ 0, & \text{其他}.\end{cases}$$

三、经验分布函数

总体 X 的分布函数一般不容易确定，但我们可以利用样本值来构造总体的经验分布函数，进而用它来近似地表示总体的分布函数。

设 $X_1,X_2,\cdots,X_n$ 是来自总体 X 的样本，用 $S(x)$ 表示 $X_1,X_2,\cdots,X_n$ 中不大于 x 的随机变量的个数. 定义**经验分布函数** $F_n(x)$ 为

$$F_n(x)=\frac{1}{n}S(x)\quad(-\infty<x<+\infty). \qquad ③$$

显然无论 X 的分布函数是否易求，其经验分布函数是容易确定的，且有结论：对于任一实数 x，当 $n\to\infty$ 时，$F_n(x)$ 以概率 1 一致收敛于总体的分布函数 $F(x)$，即

$$P\{\lim_{n\to\infty}\sup_{-\infty<x<+\infty}|F_n(x)-F(x)|=0\}=1. \tag{④}$$

上述结论是由格里汶科(Glivenko)在 1933 年证明的. 这个结论表明，对于任一实数 x，当 n 充分大时，经验分布函数的任一个观察值 $F_n(x)$ 与总体分布函数 $F(x)$ 有较大偏差的可能性极小，从而在实践上可当做 $F(x)$ 来使用.

例 3 设总体 X 具有一个样本值 1,2,2,4，则经验分布函数 $F_4(x)$ 的观察值为

$$F_4(x)=\begin{cases}0, & x<1,\\ 1/4, & 1\leqslant x<2,\\ 3/4, & 2\leqslant x<4,\\ 1, & x\geqslant 4.\end{cases}$$

四、统计量

如前所述，样本是进行统计推断的依据. 在前面的小节中给出了样本的分布函数与概率密度，并构造了关于总体的经验分布函数，但在实际使用时，很少直接使用它们. 这是因为：一是总体的分布并不是完全确知的，从而样本的分布函数与概率密度也不能精确给定，且其形式复杂，不易计算与方法典型化；二是对经验分布函数而言，虽然其可以用于概率的近似计算，但其无法为进一步或深层次的的理论推导提供支持. 因此在进行推断时，一般是针对问题本身构造关于样本的函数式，利用所构造的函数式对总体做进一步的推断.

定义 2 设 $X_1,X_2,\cdots,X_n$ 是来自总体 X 的样本，g 是 n 元连续函数. 若 $g(X_1,X_2,\cdots,X_n)$ 中不含任何未知参数，则称 $g(X_1,X_2,\cdots,X_n)$ 是一个**统计量**.

由于 $X_1,X_2,\cdots,X_n$ 都是随机变量，而 $g(x_1,x_2,\cdots,x_n)$ 是连续函数，从而统计量 $g(X_1,X_2,\cdots,X_n)$ 也是一个随机变量. 设 $x_1,x_2,\cdots,x_n$ 是相应于样本 $X_1,X_2,\cdots,X_n$ 的样本值，则称 $g(x_1,x_2,\cdots,x_n)$ 是统计变量 $g(X_1,X_2,\cdots,X_n)$ 的观察值.

例 4 设 X_1,X_2,X_3 是来自正态总体 $X\sim N(\mu,\sigma^2)$ 的样本，其中 μ 已知，σ^2 未知. 判断下列式子中哪些是统计量：

$$g_1(X_1,X_2,X_3)=X_1,\qquad g_2(X_1,X_2,X_3)=(X_1+X_2+X_3)/3,$$
$$g_3(X_1,X_2,X_3)=X_1+X_2-2\mu,\qquad g_4(X_1,X_2,X_3)=\max\{X_1,X_2,X_3\},$$
$$g_5(X_1,X_2,X_3)=\frac{1}{\sigma^2}(X_1^2+X_2^2+X_3^2).$$

解 显然除了 $g_5(X_1,X_2,X_3)$ 中含有未知参数 σ^2 外，其他都不含有未知参数，所以 $g_1(X_1,X_2,X_3)$，$g_2(X_1,X_2,X_3)$，$g_3(X_1,X_2,X_3)$ 和 $g_4(X_1,X_2,X_3)$ 是统计量，而 $g_5(X_1,X_2,X_3)$ 不是统计量.

下面给出几个常用统计量的定义. 设 $X_1,X_2,\cdots,X_n$ 是来自总体 X 的样本, $x_1,x_2,\cdots,x_n$ 是样本值,定义:

样本平均值

$$\overline{X}=\frac{1}{n}\sum_{i=1}^{n}X_i;$$

样本方差

$$S^2=\frac{1}{n-1}\sum_{i=1}^{n}(X_i-\overline{X})^2=\frac{1}{n-1}\left(\sum_{i=1}^{n}X_i^2-n\overline{X}^2\right);$$

样本标准差

$$S=\sqrt{S^2}=\sqrt{\frac{1}{n-1}\sum_{i=1}^{n}(X_i-\overline{X})^2};$$

样本 k 阶(原点)矩

$$A_k=\frac{1}{n}\sum_{i=1}^{n}X_i^k \quad (k=1,2,\cdots);$$

样本 k 阶中心矩

$$B_k=\frac{1}{n}\sum_{i=1}^{n}(X_i-\overline{X})^k \quad (k=1,2,\cdots).$$

它们的观察值分别为

$$\overline{x}=\frac{1}{n}\sum_{i=1}^{n}x_i;$$

$$s^2=\frac{1}{n-1}\sum_{i=1}^{n}(x_i-\overline{x})^2; \qquad s=\sqrt{\frac{1}{n-1}\sum_{i=1}^{n}(x_i-\overline{x})^2};$$

$$a_k=\frac{1}{n}\sum_{i=1}^{n}x_i^k\ (k=1,2,\cdots); \qquad b_k=\frac{1}{n}\sum_{i=1}^{n}(x_i-\overline{x})^k\ (k=1,2,\cdots).$$

这些观察值仍分别称为样本均值、样本方差、样本标准差、样本 k 阶(原点)矩与样本 k 阶中心矩.

性质 若总体 X 的 k 阶矩 $E(X^k)=\mu_k(k=1,2,\cdots)$ 存在,则当 $n\to\infty$ 时, $A_k\xrightarrow{P}\mu_k(k=1,2,\cdots)$.

证 因为 $X_1,X_2,\cdots,X_n$ 相互独立且与 X 同分布,所以 $X_1^k,X_2^k,\cdots,X_n^k$ 相互独立且与 X^k 同分布,故有

$$E(X_1^k)=E(X_2^k)=\cdots=E(X_n^k)=\mu_k.$$

由辛钦大数定律知

$$A_k=\frac{1}{n}\sum_{i=1}^{n}X_i^k\xrightarrow{P}\mu_k \quad (k=1,2,\cdots).$$

由上一章关于依概率收敛的随机变量序列的性质可知

$$g(A_1,A_2,\cdots,A_k)\xrightarrow{P}g(\mu_1,\mu_2,\cdots,\mu_k),$$

其中 g 为连续函数. 这个结论是下一章矩估计法的理论基础.

习 题 5.1

1. 设有 N 个产品,其中 M 个次品. 现在进行有放回抽样,且定义 X_i 如下:

$$X_i=\begin{cases}1, & \text{第 } i \text{ 次取得次品},\\ 0, & \text{第 } i \text{ 次取得正品}.\end{cases}$$

求 $(X_1,X_2,\cdots,X_n)$ 的联合分布律.

2. 设总体 $X\sim U(a,b)$, $X_1,X_2,\cdots,X_n$ 为来自总体 X 的样本,试写出 $(X_1,X_2,\cdots,X_n)$ 的联合概率密度.

3. 设总体 $X\sim N(12,2^2)$, $X_1,X_2,\cdots,X_5$ 为来自正态总体 X 的样本,试求:

(1) $P\{\max\{X_1,X_2,\cdots,X_5\}>15\}$; (2) $P\{\min\{X_1,X_2,\cdots,X_5\}>10\}$.

4. 随机地观察总体 X,得到 8 个数据:1,1,2,2,2,3,3,4. 求经验分布函数 $F_8(x)$ 的观察值.

§5.2 抽 样 分 布

统计量的分布称为**抽样分布**. 本节介绍实践上常见的与正态总体有关的几个统计量的分布.

一、χ^2 分布

定义 1 设 $X_1,X_2,\cdots,X_n$ 是来自总体 $X\sim N(0,1)$ 的样本,则称统计量

$$\chi^2=X_1^2+X_2^2+\cdots+X_n^2 \qquad ①$$

服从自由度为 n 的 **χ^2 分布**,记为 $\chi^2\sim\chi^2(n)$.

注意,这里及以下所说的自由度均指的是统计量中包含的独立随机变量的个数.

设随机变量 $\chi^2\sim\chi^2(n)$,可以证明 χ^2 的概率密度为

$$f(y)=\begin{cases}\dfrac{1}{2^{\frac{n}{2}}\Gamma\left(\dfrac{n}{2}\right)}y^{\frac{n}{2}-1}\mathrm{e}^{-\frac{y}{2}}, & y>0,\\ 0, & \text{其他}.\end{cases} \qquad ②$$

图 1 给出了不同自由度 n 的 χ^2 分布的概率密度曲线.

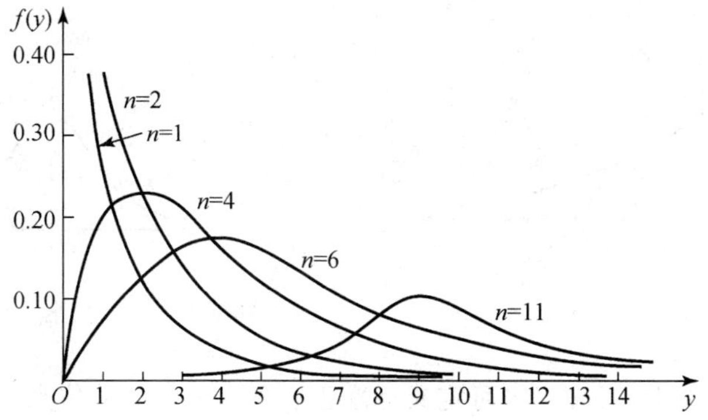

图 1

性质 1(可加性) 设随机变量 $\chi_1^2 \sim \chi^2(n_1)$,$\chi_2^2 \sim \chi^2(n_2)$,且 χ_1^2,χ_2^2 相互独立,则

$$\chi_1^2 + \chi_2^2 \sim \chi^2(n_1 + n_2). \qquad ③$$

性质 1 的证明从略. 此性质容易推广为如下形式: 若 $\chi_i^2 \sim \chi^2(n_i)$($i=1,2,\cdots,m$),且各 χ_i^2 相互独立,则

$$\sum_{i=1}^{m} \chi_i^2 \sim \chi^2(n_1 + n_2 + \cdots + n_m).$$

性质 2 设 $X_1, X_2, \cdots, X_n$ 为来自正态总体 $X \sim N(\mu, \sigma^2)$ 的样本,则

$$\frac{1}{\sigma^2}\sum_{i=1}^{n}(X_i - \mu)^2 \sim \chi^2(n). \qquad ④$$

证 因 $X_i \sim N(\mu, \sigma^2)$,从而 $\dfrac{X_i - \mu}{\sigma} \sim N(0,1)$,且各 $\dfrac{X_i - \mu}{\sigma}$ 相互独立,故有

$$\chi^2 = \sum_{i=1}^{n}\left(\frac{X_i - \mu}{\sigma}\right)^2 = \frac{1}{\sigma^2}\sum_{i=1}^{n}(X_i - \mu)^2 \sim \chi^2(n).$$

由 χ^2 分布的定义及数学期望和方差的性质容易得到如下性质:

性质 3 若随机变量 $\chi^2 \sim \chi^2(n)$,则

$$\mathrm{E}(\chi^2) = n, \quad \mathrm{D}(\chi^2) = 2n. \qquad ⑤$$

定义 2 设随机变量 $\chi^2 \sim \chi^2(n)$. 对于给定的正数 α($0<\alpha<1$),称满足条件

$$P\{\chi^2 > \chi_\alpha^2(n)\} = \int_{\chi_\alpha^2(n)}^{+\infty} f(y)\,\mathrm{d}y = \alpha \qquad ⑥$$

的点 $\chi_\alpha^2(n)$ 为分布 $\chi^2(n)$ 的**上 α 分位点**,其中 $f(y)$ 是 χ^2 的概率密度(图 2).

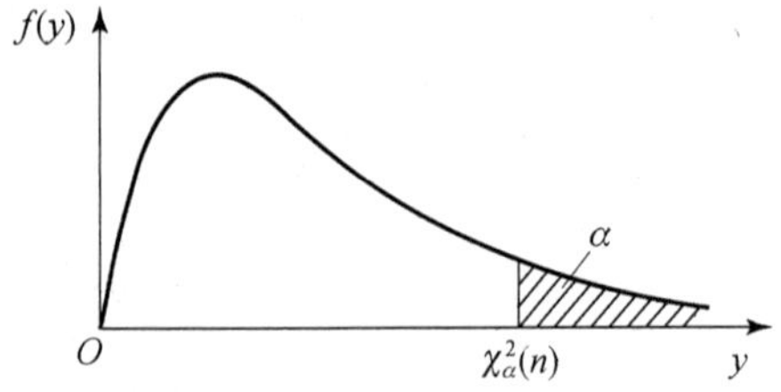

图 2

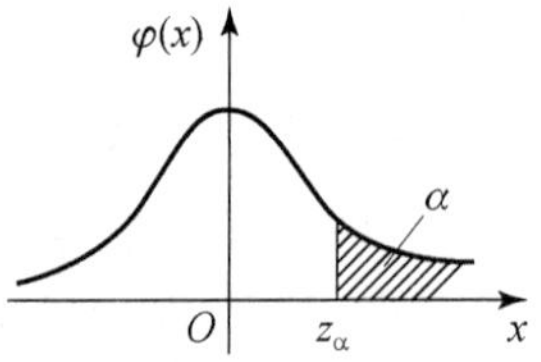

图 3

类似于 χ^2 分布的上 α 分位点,可定义标准正态分布的上 α 分位点 z_α(图 3)如下:

$$P\{Z > z_\alpha\} = \int_{z_\alpha}^{+\infty} \frac{1}{\sqrt{2\pi}} e^{-x^2/2} dx = \alpha, \quad \text{其中 } Z \sim N(0,1).$$

对常用的 α 与不同的 n,可查阅附表 χ^2 分布表(附表 4)确定分布 $\chi^2(n)$ 的上 α 分位点. 如当 $\alpha=0.05, n=10$ 时,$\chi^2_{0.05}(10)=18.307$. 注意该表只列出了 $n\leqslant 45$ 时的分位点. 费舍尔(R. A. Fisher)已证明结论:当 n 充分大时,有如下近似式:

$$\chi^2_\alpha(n) \approx \frac{1}{2}(z_\alpha + \sqrt{2n-1})^2, \tag{7}$$

其中 z_α 是标准正态分布的上 α 分位点. 因此在实践上,当 $n>45$ 时,可用上式来求得 $\chi^2(n)$ 分布上 α 分位点的近似值(标准正态分布的分位点可通过查标准正态分布表(附表 1)得到). 例如,在更详细的表上可查得 $\chi^2_{0.05}(50)=67.505$,而由⑦式则得

$$\chi^2_{0.05}(50) \approx \frac{1}{2}(1.645 + \sqrt{99})^2 = 67.221.$$

二、t 分布

定义 3 设随机变量 $X\sim N(0,1)$,$Y\sim\chi^2(n)$,且 X 与 Y 相互独立,则称随机变量

$$T = \frac{X}{\sqrt{Y/n}} \tag{8}$$

服从自由度为 n 的 **t 分布**,记为 $T\sim t(n)$.

t 分布又称为**学生氏分布**. 可以证明 $T\sim t(n)$ 的概率密度为

$$h(t) = \frac{\Gamma[(n+1)/2]}{\sqrt{\pi n}\,\Gamma(n/2)} \left(1 + \frac{t^2}{n}\right)^{-(n+1)/2} \quad (-\infty < t < +\infty). \tag{9}$$

$h(t)$ 的图像关于 $t=0$ 对称,且当 n 充分大时其图形类似于标准正态密度曲线(图 4). 事实上,利用 Γ 函数的性质上可得

$$\lim_{n\to\infty} h(t) = \frac{1}{\sqrt{2\pi}} e^{-t^2/2}, \tag{10}$$

故当 n 足够大时，分布 $t(n)$ 近似于标准正态分布 $N(0,1)$. 一般说来，当 $n>30$ 时，分布 $t(n)$ 与标准正态分布 $N(0,1)$ 就非常接近，但对于较小的 n，分布 $t(n)$ 与分布 $N(0,1)$ 相差较大.

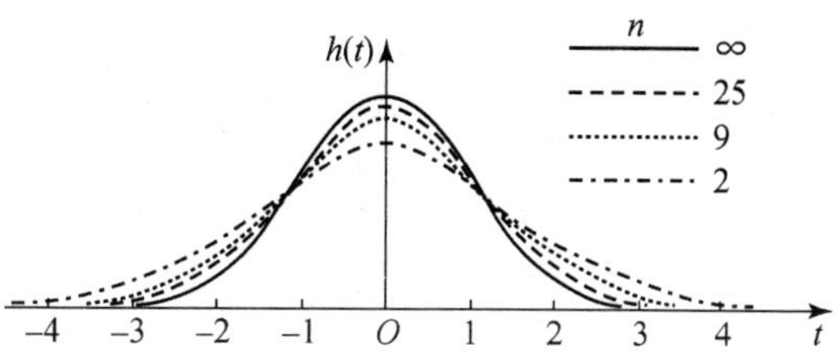

图 4

性质 4 设随机变量 $T\sim t(n)(n>2)$，则 $E(T)=0, D(T)=\dfrac{n}{n-2}$.（证明略）

性质 4 表明，在 t 分布的"尾部"比在标准正态分布的"尾部"有着更大的概率，即：若 T 服从 t 分布，则

$$P\{|T|\geqslant t_0\}\geqslant P\{|X|\geqslant t_0\},\quad 其中\quad X\sim N(0,1).$$

定义 4 设随机变量 $T\sim t(n)$. 对于给定的 $\alpha(0<\alpha<1)$，称满足条件

$$P\{T>t_\alpha(n)\}=\int_{t_\alpha(n)}^{+\infty}h(t)\mathrm{d}t=\alpha \tag{11}$$

的点 $t_\alpha(n)$ 为分布 $t(n)$ 的**上 α 分位点**，其中 $h(t)$ 为 T 的概率密度(图 5).

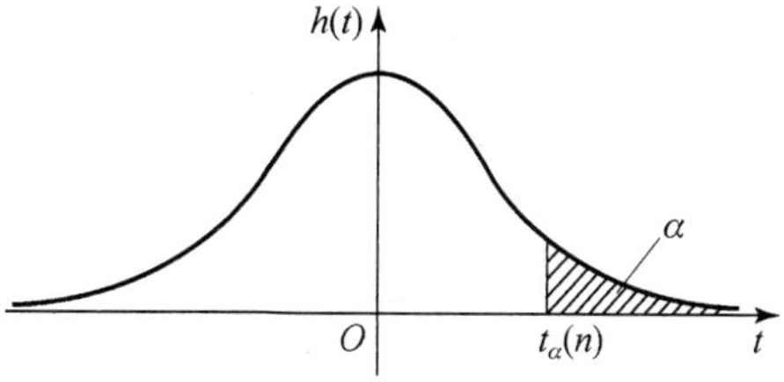

图 5

由 t 分布概率密度的对称性及上 α 分位点的定义知

$$t_{1-\alpha}(n)=-t_\alpha(n), \tag{12}$$

其中 $t_{1-\alpha}(n)$ 和 $t_\alpha(n)$ 分别是分布 $t(n)$ 的上 $1-\alpha$ 分位点和上 α 分位点.

$t_\alpha(n)$ 的值可由 t 分布表(附表 3)查得. 当 $n>45$ 时，可用标准正态分布的上 α 分位点近似 t 分布的上 α 分位点：

$$t_\alpha(n)\approx z_\alpha. \tag{13}$$

三、F 分布

定义 5 设随机变量 $U\sim\chi^2(n_1)$，$V\sim\chi^2(n_2)$，且 U,V 相互独立，则称随机变量

$$F=\frac{U/n_1}{V/n_2} \tag{14}$$

服从自由度为 (n_1,n_2) 的 F 分布，记为 $F\sim F(n_1,n_2)$.

可以求得 $F\sim F(n_1,n_2)$ 的概率密度为

$$\psi(y)=\begin{cases}\dfrac{\Gamma\left(\dfrac{n_1+n_2}{2}\right)\left(\dfrac{n_1}{n_2}\right)^{\frac{n_1}{2}}y^{\frac{n_1}{2}-1}}{\Gamma\left(\dfrac{n_1}{2}\right)\Gamma\left(\dfrac{n_2}{2}\right)\left(1+\dfrac{n_1}{n_2}y\right)^{\frac{n_1+n_2}{2}}}, & y>0,\\ 0, & \text{其他},\end{cases} \tag{15}$$

其图形如图 6 所示.

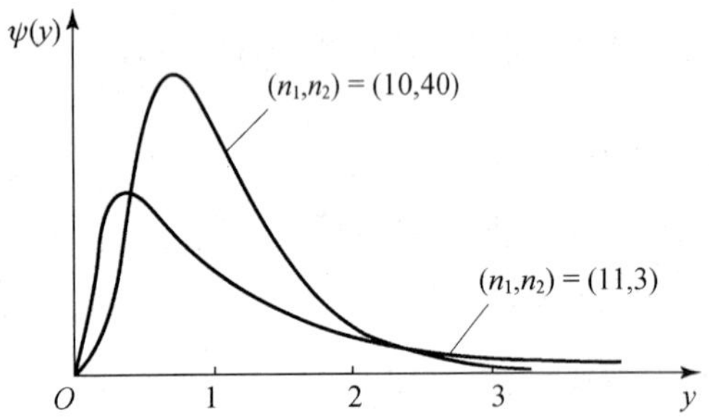

图 6

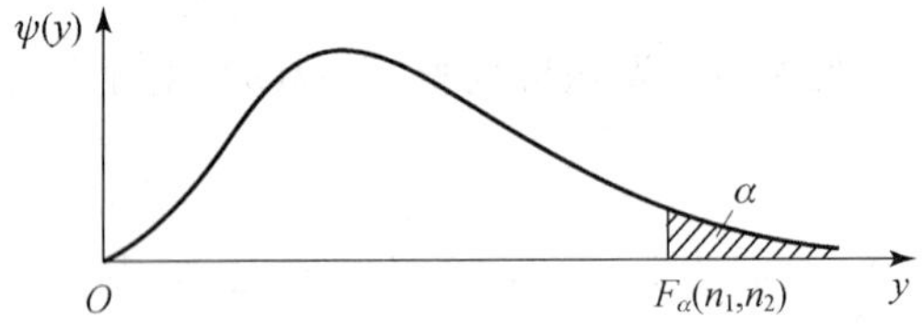

图 7

性质 5 若随机变量 $F\sim F(n_1,n_2)$,则$\dfrac{1}{F}\sim F(n_2,n_1)$. ⑯

定义 6 设随机变量 $F\sim F(n_1,n_2)$. 对于给定的 $\alpha(0<\alpha<1)$,称满足条件

$$P\{F>F_\alpha(n_1,n_2)\}=\int_{F_\alpha(n_1,n_2)}^{+\infty}\psi(y)\mathrm{d}y=\alpha \tag{17}$$

的点 $F_\alpha(n_1,n_2)$为分布 $F(n_1,n_2)$的**上 α 分位点**,其中 $\psi(y)$为 F 的概率密度(图 7).

对常用的 α,F 分布的上 α 分位点可查 F 分布表(附表 5)得到. 另外,F 分布的上 α 分位点有如下性质:

$$F_{1-\alpha}(n_1,n_2)=\frac{1}{F_\alpha(n_2,n_1)}. \tag{18}$$

习 题 5.2

1. 设 X_1,X_2,X_3,X_4 是来自总体 $X\sim N(0,4)$的样本,问: a,b 取何值时,随机变量 $Y=a(X_1-2X_2)^2+b(3X_3-4X_4)^2\sim\chi^2(n)$,并确定 n 的值.

2. 设总体 $X\sim N(0,3^2)$,$X_1,X_2,\cdots,X_{18}$是来自总体 X 的样本,证明: 统计量

$$T=\frac{X_1+X_2+\cdots+X_9}{\sqrt{X_{10}^2+X_{11}^2+\cdots+X_{18}^2}}$$

服从参数为 9 的 t 分布.

3. 已知随机变量 $X\sim t(n)$,证明: $X^2\sim F(1,n)$.

4. 假设随机变量 $X \sim F(n,n)(n \geqslant 1)$，证明：$P\{X \leqslant 1\} = P\{X \geqslant 1\} = 0.5$.

§5.3 χ^2 分布，t 分布与 F 分布之间的关系

无论总体 X 服从什么样的分布，关于统计量 $\overline{X}$ 均有如下性质：

性质 设总体 X 的均值为 μ，方差为 σ^2，$X_1, X_2, \cdots, X_n$ 是来自 X 的样本，$\overline{X}$ 为样本均值，则有

$$E(\overline{X}) = \mu, \quad D(\overline{X}) = \sigma^2/n. \qquad ①$$

该性质可利用均值与方差的定义直接证明.

以下结论则均假定总体 X 服从正态分布.

定理 1 设 $X_1, X_2, \cdots, X_n$ 是来自正态总体 $X \sim N(\mu, \sigma^2)$ 的样本，$\overline{X}$ 是样本均值，则有

$$\overline{X} \sim N(\mu, \sigma^2/n) \qquad ②$$

定理 2 设 $X_1, X_2, \cdots, X_n$ 是来自正态总体 $X \sim N(\mu, \sigma^2)$ 的样本，$\overline{X}, S^2$ 分别是样本均值和样本方差，则有

(1) $\dfrac{(n-1)S^2}{\sigma^2} \sim \chi^2(n-1)$; ③

(2) $\overline{X}$ 与 S^2 相互独立.

定理 1 和定理 2 的证明略.

定理 3 设 $X_1, X_2, \cdots, X_n$ 是来自总体 $X \sim N(\mu, \sigma^2)$ 的样本，$\overline{X}, S^2$ 分别是样本均值和样本方差，则有

$$\frac{\overline{X} - \mu}{S/\sqrt{n}} \sim t(n-1). \qquad ④$$

证 由定理 1 和定理 2 知

$$\frac{\overline{X} - \mu}{\sigma/\sqrt{n}} \sim N(0,1), \qquad \frac{(n-1)S^2}{\sigma^2} \sim \chi^2(n-1),$$

且两者相互独立. 由 t 分布的定义知

$$\frac{\overline{X} - \mu}{\sigma/\sqrt{n}} \Bigg/ \sqrt{\frac{(n-1)S^2}{\sigma^2(n-1)}} \sim t(n-1).$$

化简上式即得式④.

对于两个正态总体的样本均值和样本方差有以下定理：

定理 4 设 $X_1, X_2, \cdots, X_{n_1}$ 与 $Y_1, Y_2, \cdots, Y_{n_2}$ 分别是来自正态总体 $X \sim N(\mu_1, \sigma_1^2)$ 和 $Y \sim N(\mu_2, \sigma_2^2)$ 的样本，且这两个样本互相独立，$\overline{X} = \dfrac{1}{n_1}\sum\limits_{i=1}^{n_1} X_i$，$\overline{Y} = \dfrac{1}{n_2}\sum\limits_{i=1}^{n_2} Y_i$ 分别是这两个样本的

样本均值，$S_1^2=\frac{1}{n_1-1}\sum_{i=1}^{n_1}(X_i-\overline{X})^2$，$S_2^2=\frac{1}{n_2-1}\sum_{i=1}^{n_2}(Y_i-\overline{Y})^2$ 分别是这两个样本的样本方差，则有

(1) $\frac{S_1^2/S_2^2}{\sigma_1^2/\sigma_2^2}\sim F(n_1-1,n_2-1)$； ⑤

(2) 当 $\sigma_1^2=\sigma_2^2=\sigma^2$ 时，

$$\frac{(\overline{X}-\overline{Y})-(\mu_1-\mu_2)}{S_w\sqrt{\frac{1}{n_1}+\frac{1}{n_2}}}\sim t(n_1+n_2-2), \qquad ⑥$$

其中 $S_w^2=\frac{(n_1-1)S_1^2+(n_2-1)S_2^2}{n_1+n_2-2}$，$S_w=\sqrt{S_w^2}$.

证 (1) 由定理 2 知

$$\frac{(n_1-1)S_1^2}{\sigma_1^2}\sim\chi^2(n_1-1),\quad \frac{(n_2-1)S_2^2}{\sigma_2^2}\sim\chi^2(n_2-1),$$

又由假设知 S_1^2，S_2^2 相互独立，故根据 F 分布的定义有

$$\frac{(n_1-1)S_1^2}{(n_1-1)\sigma_1^2}\Big/\frac{(n_2-1)S_2^2}{(n_2-1)\sigma_2^2}\sim F(n_1-1,n_2-1).$$

化简上式即得式⑤.

(2) 易知 $\overline{X}-\overline{Y}\sim N\left(\mu_1-\mu_2,\frac{\sigma_1^2}{n_1}+\frac{\sigma_2^2}{n_2}\right)$，即有

$$U=\frac{(\overline{X}-\overline{Y})-(\mu_1-\mu_2)}{\sigma\sqrt{\frac{1}{n_1}+\frac{1}{n_2}}}\sim N(0,1).$$

又因

$$\frac{(n_1-1)S_1^2}{\sigma_1^2}\sim\chi^2(n_1-1),\quad \frac{(n_2-1)S_2^2}{\sigma_2^2}\sim\chi^2(n_2-1),$$

且它们相互独立，故由 χ^2 分布的可加性知

$$V=\frac{(n_1-1)S_1^2}{\sigma_1^2}+\frac{(n_2-1)S_2^2}{\sigma_2^2}\sim\chi^2(n_1+n_2-2).$$

显然 U，V 相互独立，从而按 t 分布的定义有

$$\frac{U}{\sqrt{\frac{V}{n_1+n_2-2}}}=\frac{(\overline{X}-\overline{Y})-(\mu_1-\mu_2)}{S_w\sqrt{\frac{1}{n_1}+\frac{1}{n_2}}}\sim t(n_1+n_2-2).$$

例 1 设 $\overline{X}_1$，$\overline{X}_2$ 分别是来自正态总体 $X\sim N(\mu,\sigma^2)$ 的容量为 n 的两个样本 X_{11}，X_{12}，…，X_{1n} 与 X_{21}，X_{22}，…，X_{2n} 的样本均值，试确定 n，使得这两个样本均值之差超过 σ 的概

率约为 0.01.

解 由于

$$\overline{X}_1 \sim N(\mu,\sigma^2/n), \quad \overline{X}_2 \sim N(\mu,\sigma^2/n),$$

且 $\overline{X}_1,\overline{X}_2$ 相互独立,因此有

$$\overline{X}_1-\overline{X}_2 \sim N(0,2\sigma^2/n), \quad \text{即} \quad \frac{\overline{X}_1-\overline{X}_2}{\sqrt{2/n}\,\sigma} \sim N(0,1).$$

所以

$$\begin{aligned} 0.01 &= P\{|\overline{X}_1-\overline{X}_2|>\sigma\} = P\left\{\left|\frac{\overline{X}_1-\overline{X}_2}{\sqrt{2/n}\sigma}\right|>\sqrt{\frac{n}{2}}\right\} \\ &= 1-P\left\{\left|\frac{\overline{X}_1-\overline{X}_2}{\sqrt{2/n}\sigma}\right|\leqslant\sqrt{\frac{n}{2}}\right\} = 1-\left[\Phi\left(\sqrt{\frac{n}{2}}\right)-\Phi\left(-\sqrt{\frac{n}{2}}\right)\right] \\ &= 2-2\Phi(\sqrt{n/2}), \end{aligned}$$

即 $\Phi(\sqrt{n/2})=0.995$. 查标准正态分布表得$\sqrt{n/2}\approx 2.58$,从而可得 $n=14$(n 应取为整数).

例 2 设总体 $X\sim N(\mu,4^2)$,$X_1,X_2,\cdots,X_{10}$是来自总体 X 的样本,S^2 为样本方差. 已知 $P\{S^2>\alpha\}=0.1$,求 α 的值.

解 因为 $n=10$,$n-1=9$,$\sigma^2=4^2$,从而$\dfrac{9S^2}{4^2}\sim\chi^2(9)$,又

$$P\{S^2>\alpha) = P\left\{\frac{9S^2}{4^2}>\frac{9\alpha}{4^2}\right\} = 0.1,$$

所以
$$\frac{9\alpha}{4^2} = \chi^2_{0.1}(9) = 14.684,$$

故
$$\alpha = 14.684\times\frac{16}{9}\approx 26.105.$$

习 题 5.3

1. 在总体 $X\sim N(52,6.3^2)$中随机抽取一个容量为 36 的样本,求样本平均值 $\overline{X}$ 落在 50.8～53.8 之间的概率.

2. 从总体 $X\sim N(75,100)$中抽取一个容量为 n 的样本,为使样本均值大于 74 的概率不小于 0.90,样本容量 n 至少应取多大?

3. 设 $X_1,X_2,\cdots,X_{10}$是来自正态总体 X 的样本,记

$$T = \frac{3(X_{10}-\overline{X})}{S\sqrt{10}} \quad \left(\text{其中 } \overline{X} = \frac{1}{9}\sum_{i=1}^{9}X_i,\ S^2 = \frac{1}{8}\sum_{i=1}^{9}(X_i-\overline{X})^2\right),$$

证明统计量 T 服从自由度为 8 的 t 分布.

4. 从总体 $X\sim N(\mu,\sigma^2)$中抽取一个容量为 16 的样本,记 S^2 为样本方差,这里 μ,σ^2 均未

知，求：$P\{S^2/\sigma^2\leqslant 2.041\}$与$D(S^2)$.

总练习题五

1. 设总体$X\sim N(12,2^2)$，$X_1,X_2,\cdots,X_5$为来自正态总体X的样本，试求：

(1) 样本均值与总体期望之差的绝对值大于1的概率；

(2) 若$P\{11<\overline{X}<13\}\geqslant 0.95$，则样本容量$n$至少应取多大？

2. 求总体$X\sim N(20,3)$的容量分别为10，15的两个独立样本均值差的绝对值大于0.3的概率.

3. 设$X_1,X_2,\cdots,X_n$是来自总体$X\sim N(\mu,\sigma^2)$的样本，S^2是样本方差，试确定n多大时，有$P\{S^2/\sigma^2\leqslant 1.5\}\geqslant 0.95$.

4. 设$X_1,X_2,\cdots,X_n$为来自总体$X\sim N(\mu,\sigma^2)$的样本，$\overline{X}$和S^2分别为样本均值和样本方差. 若新增加一个试验量$X_{n+1}\sim N(\mu,\sigma^2)$，$X_{n+1}$与$X_1,X_2,\cdots,X_n$也相互独立，求统计量

$$U=\frac{X_{n+1}-\overline{X}}{S}\sqrt{\frac{n}{n+1}}$$

的分布.

5. 若随机变量$X\sim t(10)$，且已知$P\{X^2<\lambda\}=0.05$，求λ的值.

6. 从总体$X\sim N(\mu,\sigma^2)$中抽取一个容量为16的样本. 在下列情形下分别求样本均值$\overline{X}$与μ之差的绝对值小于2的概率：

(1) 已知$\sigma^2=25$；　(2) σ^2未知，但知样本方差$s^2=20.8$.

7. 设$X_1,X_2,\cdots,X_{n_1}$是来自总体$X\sim N(\mu_1,\sigma^2)$的样本，$Y_1,Y_2,\cdots,Y_{n_2}$是来自总体$Y\sim N(\mu_2,\sigma^2)$的样本，两者相互独立，$\overline{X},\overline{Y}$分别是它们的样本均值，$S_1^2,S_2^2$分别是它们的样本方差，$c,d$是常数，证明：

$$T=\frac{c(\overline{X}-\mu_1)+d(\overline{Y}-\mu_2)}{S_w\sqrt{c^2/n_1+d^2/n_2}}\sim t(n_1+n_2-2),$$

其中$S_w^2=[(n_1-1)S_1^2+(n_2-1)S_2^2]/(n_1+n_2-2)$.

第六章 参数估计

统计推断的基本问题可分为两大类：一类是估计问题；另一类是假设检验问题. 估计问题指的是当总体 X 的分布函数形式已知，但它的一个或多个参数未知时，借助于总体 X 的一个样本对参数进行估计. 进行参数估计有两种思路：其一是用样本估计出总体参数的值，这称为**点估计**；其二则是借助样本确定一个数值区间，且要求该区间能以较大的概率包含参数真值，此时称为**区间估计**. 本章讨论参数的点估计与区间估计.

§6.1 矩估计

设总体 X 的分布函数 $F(x,\theta)$ 的形式已知，θ 是待估参数，X_1，X_2，…，X_n 是来自总体 X 的样本，$x_1,x_2,\cdots,x_n$ 是相应的一个样本值. 点估计要解决的问题是：构造一个适当的统计量 $\hat{\theta}(X_1,X_2,\cdots,X_n)$，用它的观察值 $\hat{\theta}(x_1,x_2,\cdots,x_n)$ 作为未知参数 θ 的近似值. 我们称统计量 $\hat{\theta}(X_1,X_2,\cdots,X_n)$ 为 θ 的**估计量**，而称 $\hat{\theta}(x_1,x_2,\cdots,x_n)$ 为 θ 的**估计值**. 在不致混淆的情况下，估计量和估计值统称为**估计**，并都简记为 $\hat{\theta}$.

点估计最常用的两种构造估计量的方法是矩估计法和最大似然估计法. 本节先介绍矩估计法.

设 X 为连续型随机变量，其概率密度为 $f(x;\theta_1,\theta_2,\cdots,\theta_k)$，或 X 为离散型随机变量，其分布律为 $P\{X=x\}=p(x;\theta_1,\theta_2,\cdots,\theta_k)$，其中 θ_1，θ_2，…，θ_k 是待估参数；再设 $X_1,X_2,\cdots,X_n$ 是来自总体 X 的样本. 假定总体 X 的前 k 阶矩存在：

$$\mu_l = \mathrm{E}(X^l) = \int_{-\infty}^{+\infty} x^l f(x;\theta_1,\theta_2,\cdots,\theta_k)\mathrm{d}x \quad (l=1,2,\cdots,k)$$

或 $$\mu_l = \mathrm{E}(X^l) = \sum_{x\in\Omega_X} x^l p(x;\theta_1,\theta_2,\cdots,\theta_k) \quad (l=1,2,\cdots,k),$$

其中 Ω_X 是 X 可能取值的范围. 一般地，它们是 $\theta_1,\theta_2,\cdots,\theta_k$ 的函数.

我们知道,样本矩 $A_l=\frac{1}{n}\sum_{i=1}^{n}X_i^l$ 依概率收敛于总体矩 $\mu_l(l=1,2,\cdots,k)$,即

$$A_l=\frac{1}{n}\sum_{i=1}^{n}X_i^l\xrightarrow{P}\mu_l\quad(l=1,2,\cdots,k).$$

更一般地,有

$$g(A_l,A_2,\cdots,A_k)\xrightarrow{P}g(\mu_1,\mu_2,\cdots,\mu_k),$$

其中 g 是连续函数.上述性质表明:当 n 比较大时,有

$$A_l\approx\mu_l\quad(l=1,2,\cdots,k);$$

$$g(A_1,A_2,\cdots,A_k)\approx g(\mu_1,\mu_2,\cdots,\mu_k).$$

因此,在实践上可用样本矩作为相应的总体矩的估计量,用样本矩的连续函数作为相应的总体矩的连续函数的估计量.这种估计方法就称为**矩估计法**.

矩估计法的具体做法如下:设

$$\begin{cases}\mu_1=\mu_1(\theta_1,\theta_2,\cdots,\theta_k),\\ \mu_2=\mu_2(\theta_1,\theta_2,\cdots,\theta_k),\\ \cdots\cdots\cdots\cdots\cdots\cdots\cdots\cdots\cdots\\ \mu_k=\mu_k(\theta_1,\theta_2,\cdots,\theta_k).\end{cases}$$

这是一个包含 k 个未知参数 $\theta_1,\theta_2,\cdots,\theta_k$ 的方程组,从中解出 $\theta_1,\theta_2,\cdots,\theta_k$,得到

$$\begin{cases}\theta_1=\theta_1(\mu_1,\mu_2,\cdots,\mu_k),\\ \theta_2=\theta_2(\mu_1,\mu_2,\cdots,\mu_k),\\ \cdots\cdots\cdots\cdots\cdots\cdots\cdots\cdots\cdots\\ \theta_k=\theta_k(\mu_1,\mu_2,\cdots,\mu_k).\end{cases}$$

以 $A_i(i=1,\cdots,k)$ 分别代替上式中的 μ_i,得

$$\hat{\theta}_i=\theta_i(A_1,A_2,\cdots,A_k)\quad(i=1,2,\cdots,k).$$

把 $\hat{\theta}_i$ 分别作为 $\theta_i(i=1,2,\cdots,k)$ 的估计量.这种估计量称为**矩估计量**,矩估计量的观察值称为**矩估计值**.

例 1 设总体 X 的均值 μ 与方差 $\sigma^2>0$ 都存在,且均为未知,又设 $X_1,X_2,\cdots,X_n$ 是来自 X 的样本,试求 μ,σ^2 的矩估计量.

解 由题设容易得到

$$\begin{cases}\mu_1=\mathrm{E}(X)=\mu,\\ \mu_2=\mathrm{E}(X^2)=\mathrm{D}(X)+[\mathrm{E}(X)]^2=\sigma^2+\mu^2.\end{cases}$$

解得

$$\begin{cases}\mu=\mu_1,\\ \sigma^2=\mu_2-\mu_1^2.\end{cases}$$

分别以 A_1,A_2 代替 μ_1,μ_2，得 μ 和 σ^2 的矩估计量分别为

$$\hat{\mu}=A_1=\overline{X},$$

$$\hat{\sigma}^2=A_2-A_1^2=\frac{1}{n}\sum_{i=1}^{n}X_i^2-\overline{X}^2=\frac{1}{n}\sum_{i=1}^{n}(X_i-\overline{X})^2.$$

本例的结果表明，总体均值与方差的矩估计量的表达式不因总体分布的不同而不同.

例 2 设总体 X 服从 $[a,b]$ 上的均匀分布，其中 a,b 未知，$X_1,X_2,\cdots,X_n$ 是来自总体 X 的样本，求 a,b 的矩估计量.

解 由于

$$\mu_1=\frac{a+b}{2},\quad \mu_2=\mathrm{E}(X^2)=\mathrm{D}(X)+[\mathrm{E}(X)]^2=\frac{(a-b)^2}{12}+\frac{(a+b)^2}{4},$$

令

$$\begin{cases}\dfrac{a+b}{2}=A_1,\\ \dfrac{(a-b)^2}{12}+\dfrac{(a+b)^2}{4}=A_2,\end{cases}\quad 即 \quad \begin{cases}a+b=2A_1,\\ b-a=\sqrt{12(A_2-A_1^2)},\end{cases}$$

可得 a,b 的矩估计量分别为

$$\hat{a}=A_1-\sqrt{3(A_2-A_1^2)}=\overline{X}-\sqrt{\frac{3}{n}\sum_{i=1}^{n}(X_i-\overline{X})^2},$$

$$\hat{b}=A_1+\sqrt{3(A_2-A_1^2)}=\overline{X}+\sqrt{\frac{3}{n}\sum_{i=1}^{n}(X_i-\overline{X})^2}.$$

习 题 6.1

1. 设 X 服从参数为 $p(0<p<1)$ 的两点分布，$X_1,X_2,\cdots,X_n$ 是来自总体 X 的样本，求 p 的矩估计量.

2. 设总体 $X\sim B(N,p)$，其中 N,p 未知，$X_1,X_2,\cdots,X_n$ 是来自总体 X 的样本，试求 N,p 的矩估计量.

3. 设总体 X 的概率密度为

$$f(x;\theta)=\begin{cases}\theta x^{\theta-1}, & 0<x<1,\\ 0, & 其他\end{cases}\quad(\theta>0),$$

$X_1,X_2,\cdots,X_n$ 是来自总体 X 的样本，求未知参数 θ 的矩估计量.

§6.2 最大似然估计

一、离散总体参数的最大似然估计

若总体 X 为离散型随机变量，其分布律 $P\{X=x\}=p(x;\theta)(\theta\in\Theta)$ 的形式已知，θ 为待

估参数，Θ 是 θ 的可能取值范围. 设 $X_1,X_2,\cdots,X_n$ 是来自总体 X 的样本，$x_1,x_2,\cdots,x_n$ 是相应的样本值，则样本 $X_1,X_2,\cdots,X_n$ 取到观察值 $x_1,x_2,\cdots,x_n$ 的概率，即事件$\{X_1=x_1,X_2=x_2,\cdots,X_n=x_n\}$的概率为

$$L(x_1,x_2,\cdots,x_n;\theta)=P\{X_1=x_1,X_2=x_2,\cdots,X_n=x_n\}=\prod_{i=1}^{n}p(x_i;\theta)\quad(\theta\in\Theta).$$

我们称 $L(x_1,x_2,\cdots,x_n;\theta)$为样本的**似然函数**，简记为 $L(\theta)$.

显然，对于固定的$(x_1,x_2,\cdots,x_n)$，当 θ 在 Θ 中取不同的数值时，似然函数 $L(\theta)$一般也不一样(有大有小). 根据 θ 取不同值时所得概率不同这一事实，费舍尔基于常规的思考引进了最大似然估计法. 这一方法出于如下的考虑：既然在抽样中取到了样本值 $x_1,x_2,\cdots,x_n$，这表明能够取到这一样本值的概率 $L(\theta)$应该比较大，即若有 $\theta_0,\theta_1\in\Theta$ 且 $L(\theta_1)<L(\theta_0)$，则自然认为取 θ_0 作为未知参数 θ 的估计值较为合理. 费舍尔将这一想法具体化为：对已经固定的样本值，在 θ 的取值范围 Θ 内挑选使似然函数 $L(\theta)$取得最大值的 $\hat{\theta}$ 作为 θ 的估计值，即有

$$L(x_1,x_2,\cdots,x_n;\hat{\theta})=\max_{\theta\in\Theta}L(x_1,x_2,\cdots,x_n;\theta).$$

这样得到的$\hat{\theta}$与样本值 $x_1,x_2,\cdots,x_n$ 有关，记为$\hat{\theta}(x_1,x_2,\cdots,x_n)$，称为参数 θ 的**最大似然估计值**，而称$\hat{\theta}(X_1,X_2,\cdots,X_n)$为参数 θ 的**最大似然估计量**.

例 1 设总体 X 的分布律为

X	1	2	3
P	θ^2	$2\theta(1-\theta)$	$(1-\theta)^2$

其中 θ 为未知参数. 现抽样得一个样本值 1,2,1，求 θ 的最大似然估计值.

解 由分布律的性质及样本的取值可知，$\theta\in\Theta=(0,1)$，样本的似然函数为

$$L(\theta)=\prod_{i=1}^{3}p(x_i;\theta)=\theta^2\cdot2\theta(1-\theta)\cdot\theta^2=2\theta^5(1-\theta).$$

按照最大似然的思想，即在(0,1)中确定一个数值$\hat{\theta}$，使 $L(\hat{\theta})$达到最大. 由高等数学的知识，可得$\hat{\theta}=5/6$，此即为 θ 的最大似然估计值.

二、连续总体参数的最大似然估计

当总体 X 为连续型随机变量时，n 维随机变量$(X_1,X_2,\cdots,X_n)$取单点$(x_1,x_2,\cdots,x_n)$的概率恒为 0，即不依赖于参数的具体取值. 为利用最大似然的思想，转变思路拟将似然函数取为样本点所在邻域上的概率. 直观的想法是，既然样本点取到了点$(x_1,x_2,\cdots,x_n)$，则在点$(x_1,x_2,\cdots,x_n)$所在的一个微小(但固定)邻域内的概率应该较大(较其他点的邻域而言)，将其在参数取值范围内最大化即可得参数的最大似然估计值.

设总体 X 的概率密度是 $f(x;\theta)(\theta\in\Theta)$，$X_1,X_2,\cdots,X_n$ 为来自总体 X 的样本，$x_1,x_2,\cdots,x_n$ 是样本值. 取点$(x_1,x_2,\cdots,x_n)$所在的一个边长分别为 $\mathrm{d}x_1,\mathrm{d}x_2,\cdots,\mathrm{d}x_n$ 的微小邻域，

则随机点$(X_1,X_2,\cdots,X_n)$落在该邻域的概率近似为

$$\prod_{i=1}^{n} f(x_i;\theta)\mathrm{d}x_i.$$

显然在上式中,$\mathrm{d}x_1,\mathrm{d}x_2,\cdots,\mathrm{d}x_n$ 为常量,故取

$$L(x_1,x_2,\cdots,x_n;\theta)=\prod_{i=1}^{n} f(x_i;\theta)$$

为样本的**似然函数**,简记为 $L(\theta)$. 若有

$$L(x_1,x_2,\cdots,x_n;\hat{\theta})=\max_{\theta\in\Theta} L(x_1,x_2,\cdots x_n;\theta),$$

则称$\hat{\theta}(x_1,x_2,\cdots,x_n)$为参数 θ 的**最大似然估计值**,并称$\hat{\theta}(X_1,X_2,\cdots,X_n)$为参数 θ 的**最大似然估计量**.

三、最大似然估计的一般求解步骤

基于对似然函数 $L(\theta)$形式(一般为连乘式且各因式>0)的考虑,求 θ 的最大似然估计的一般步骤如下:

(1) 写出似然函数

$$L(\theta)=\prod_{i=1}^{n} p(x_i;\theta) \quad (\text{总体 } X \text{ 为离散型时})$$

或

$$L(\theta)=\prod_{i=1}^{n} f(x_i;\theta) \quad (\text{总体 } X \text{ 为连续型时}).$$

(2) 对似然函数两边取对数有

$$\ln L(\theta)=\sum_{i=1}^{n}\ln p(x_i;\theta)$$

或

$$\ln L(\theta)=\sum_{i=1}^{n}\ln f(x_i;\theta).$$

(3) 对 $\ln L(\theta)$求导数并令之为 0:

$$\frac{\mathrm{d}\ln L(\theta)}{\mathrm{d}\theta}=0.$$

此方程称为**对数似然方程**. 解对数似然方程所得$\hat{\theta}$ 即为未知参数 θ 的最大似然估计值.

如在例 1 中,对似然函数取对数得

$$\ln L(\theta)=\ln 2+5\ln\theta+\ln(1-\theta).$$

求导数,得

$$\frac{\mathrm{d}}{\mathrm{d}\theta}\ln L(\theta)=\frac{5}{\theta}-\frac{1}{1-\theta}.$$

令导数为 0,得$\hat{\theta}=5/6$.

最大似然估计法也适用于分布中含有多个未知参数 $\theta_1,\theta_2,\cdots,\theta_k$ 的情况. 此时只需令

$$\frac{\partial \ln L(\theta_1,\cdots,\theta_k)}{\partial \theta_i}=0\quad (i=1,2,\cdots,k).$$

此方程组称为**对数似然方程组**.它是由 k 个式子组成的线性方程组,解之即可得到各个未知参数 θ_i 的最大似然估计值 $\hat{\theta}_i(i=1,2,\cdots,k)$.

例 2 设总体 $X\sim N(\mu,\sigma^2)$,μ,σ^2 为未知参数,$X_1,X_2,\cdots,X_n$ 是来自总体 X 的样本,$x_1,x_2,\cdots,x_n$ 是对应的样本值,求 μ 与 σ^2 的最大似然估计量.

解 X 的概率密度为

$$f(x;\mu,\sigma^2)=\frac{1}{\sqrt{2\pi}\sigma}\mathrm{e}^{-\frac{(x-\mu)^2}{2\sigma^2}}\quad(-\infty<x<+\infty),$$

可得似然函数如下:

$$L(\mu,\sigma^2)=\prod_{i=1}^{n}\frac{1}{\sqrt{2\pi}\sigma}\mathrm{e}^{-\frac{(x_i-\mu)^2}{2\sigma^2}}.$$

取对数,得

$$\ln L(\mu,\sigma^2)=-\frac{n}{2}\ln(2\pi)-\frac{n}{2}\ln\sigma^2-\frac{1}{2\sigma^2}\sum_{i=1}^{n}(x_i-\mu)^2.$$

令

$$\begin{cases}\dfrac{\partial}{\partial\mu}\ln L(\mu,\sigma^2)=0,\\ \dfrac{\partial}{\partial\sigma^2}\ln L(\mu,\sigma^2)=0,\end{cases}$$

可得

$$\begin{cases}\dfrac{1}{\sigma^2}\left(\sum\limits_{i=1}^{n}x_i-n\mu\right)=0,\\ -\dfrac{n}{2\sigma^2}+\dfrac{1}{2(\sigma^2)^2}\sum\limits_{i=1}^{n}(x_i-\mu)^2=0.\end{cases}$$

解得

$$\begin{cases}\hat{\mu}=\dfrac{1}{n}\sum\limits_{i=1}^{n}x_i=\overline{x},\\ \hat{\sigma}^2=\dfrac{1}{n}\sum\limits_{i=1}^{n}(x_i-\overline{x})^2.\end{cases}$$

故 μ 和 σ^2 的最大似然估计量分别为

$$\hat{\mu}=\overline{X},\quad \hat{\sigma}^2=\frac{1}{n}\sum_{i=1}^{n}(X_i-\overline{X})^2.$$

例 3 设总体 X 服从$[a,b]$上的均匀分布,其中 a,b 未知,$X_1,X_2,\cdots,X_n$ 是来自总体 X 的样本,$x_1,x_2,\cdots,x_n$ 是对应的样本值,求 a,b 的最大似然估计量.

解 记

$$x_{(l)}=\min\{x_1,x_2,\cdots,x_n\},\quad x_{(h)}=\max\{x_1,x_2,\cdots,x_n\}.$$

X 的概率密度为

$$f(x;a,b)=\begin{cases}\dfrac{1}{b-a}, & a\leqslant x\leqslant b,\\ 0, & \text{其他}.\end{cases}$$

由于 $a\leqslant x_1,x_2,\cdots,x_n\leqslant b$ 等价于 $a\leqslant x_{(l)},x_{(h)}\leqslant b$，故有似然函数

$$L(a,b)=\begin{cases}\dfrac{1}{(b-a)^n}, & a\leqslant x_{(l)},b\geqslant x_{(h)},\\ 0, & \text{其他}.\end{cases}$$

于是对于满足条件 $a\leqslant x_{(l)},b\geqslant x_{(h)}$ 的任意 a,b，有

$$L(a,b)\leqslant\frac{1}{(x_{(h)}-x_{(l)})^n},$$

即似然函数 $L(a,b)$ 在 $a=x_{(l)},b=x_{(h)}$ 处达到最大，从而 a,b 的最大似然估计值分别为

$$\hat{a}=x_{(l)}=\min\{x_1,x_2,\cdots,x_n\},\quad \hat{b}=x_{(h)}=\max\{x_1,x_2,\cdots,x_n\}.$$

所以 a,b 的最大似然估计量分别为

$$\hat{a}=\min\{X_1,X_2,\cdots,X_n\},\quad \hat{b}=\max\{X_1,X_2,\cdots,X_n\}.$$

习 题 6.2

1. 设 X 服从参数为 $p(0<p<1)$ 的两点分布，$X_1,X_2,\cdots,X_n$ 是来自总体 X 的样本，求 p 的最大似然估计量.

2. 设总体 X 的概率密度为

$$f(x;\theta)=\begin{cases}\theta x^{\theta-1}, & 0<x<1,\\ 0, & \text{其他}\end{cases}\quad(\theta>0),$$

$X_1,X_2,\cdots,X_n$ 是来自总体的样本，求未知参数 θ 的最大似然估计量.

3. 设某种元件使用寿命 X 的概率密度为

$$f(x;\theta)=\begin{cases}2\mathrm{e}^{-2(x-\theta)}, & x\geqslant\theta,\\ 0, & x<\theta,\end{cases}$$

其中 $\theta>0$ 未知，又设 $x_1,x_2,\cdots,x_n$ 是来自总体 X 的样本值，求参数 θ 的最大似然估计值.

§6.3 点估计的评价标准

如§6.1例2与§6.2例3所示，在点估计中，用不同方法对参数 θ 进行估计所得的估计量一般并不完全相同. 原则上任何统计量都可作为未知参数的估计量，但仍需解决估计量

的评价标准问题.

一、无偏性

设 $X_1,X_2,\cdots,X_n$ 为来自总体 X 的样本,θ 是总体 X 的待估参数,Θ 是 θ 的可能取值范围.若估计量 $\hat{\theta}=\theta(X_1,X_2,\cdots,X_n)$ 的数学期望 $E(\hat{\theta})$ 存在,且对于任意 $\theta\in\Theta$,有 $E(\hat{\theta})=\theta$,则称 $\hat{\theta}(X_1,X_2,\cdots,X_n)$ 为 θ 的**无偏估计量**.

无偏估计的要求在于无系统误差,即有

$$E(\hat{\theta})-\theta=0.$$

例 1 设总体 X 的 k 阶矩 $\mu_k=E(X^k)(k\geqslant 1)$ 存在,又设 $X_1,X_2,\cdots,X_n$ 是来自总体 X 的样本,证明:不论总体服从什么分布,k 阶样本矩 $A_k=\frac{1}{n}\sum_{k=1}^{n}X_i^k$ 是 k 阶总体矩 μ_k 的无偏估计量.

证 因为 $X_1,X_2,\cdots,X_n$ 与 X 同分布,所以 $E(X_i^k)=E(X^k)=\mu_k(k=1,2,\cdots,n)$,从而有

$$E(A_k)=\frac{1}{n}\sum_{i=1}^{n}E(X_i^k)=\mu_k,$$

即 k 阶样本矩 A_k 是 k 阶总体矩 μ_k 的无偏估计量.

特别地,若总体 X 的数学期望存在,则 $\overline{X}$ 是总体 X 数学期望 $\mu_1=E(X)$ 的无偏估计量.

例 2 设 $X_1,X_2,\cdots X_n$ 是来自总体 X 的样本,证明:若总体 X 的数学期望 μ 与方差 $\sigma^2>0$ 都存在且未知,则 $\hat{\sigma}^2=\frac{1}{n}\sum_{i=1}^{n}(X_i-\overline{X})^2$ 不是 σ^2 的无偏估计量.

证 由于

$$\hat{\sigma}^2=\frac{1}{n}\sum_{i=1}^{n}(X_i-\overline{X})^2=\frac{1}{n}\sum_{i=1}^{n}X_i^2-\overline{X}^2=A_2-\overline{X}^2,$$

且由例 1 可知 A_2 是 μ_2 的无偏估计量,即有 $E(A_2)=\mu_2=E(X^2)=\sigma^2+\mu^2$,又因为 $E(\overline{X}^2)=D(\overline{X})+[E(\overline{X})]^2=\frac{\sigma^2}{n}+\mu^2$,从而

$$E(\hat{\sigma}^2)=E(A_2-\overline{X}^2)=E(A_2)-E(\overline{X}^2)=\frac{n-1}{n}\sigma^2,$$

即 $E(\hat{\sigma}^2)\neq\sigma^2$,所以 $\hat{\sigma}^2$ 不是 σ^2 的无偏估计量.

一般地,可以对不是无偏的估计量进行无偏化处理.如上例中对 $\hat{\sigma}^2$ 乘以 $\frac{n}{n-1}$ 后所得的 $\frac{n}{n-1}\hat{\sigma}^2$ 即为 σ^2 的无偏估计量,因为

$$E\left(\frac{n}{n-1}\hat{\sigma}^2\right)=\frac{n}{n-1}E(\hat{\sigma}^2)=\frac{n}{n-1}\cdot\frac{n-1}{n}\sigma^2=\sigma^2.$$

又注意到

$$\frac{n}{n-1}\hat{\sigma}^2=\frac{1}{n-1}\sum_{i=1}^{n}(X_i-\overline{X})^2=S^2,$$

这表明了样本方差 S^2 定义形式的合理性.

例 3 设总体 X 服从$[0,\theta]$上的均匀分布,参数 $\theta>0$ 未知,$X_1,X_2,\cdots,X_n$ 是来自总体 X 的样本,试证明 $2\overline{X}$ 与$\frac{n+1}{n}\max\{X_1,X_2,\cdots,X_n\}$都是 θ 的无偏估计量.

证 因为

$$\mathrm{E}(2\overline{X})=2\mathrm{E}(\overline{X})=2\mathrm{E}(X)=2\cdot\frac{\theta}{2}=\theta,$$

故 $2\overline{X}$ 是 θ 的无偏估计量.

令 $X_h=\max\{X_1,X_2,\cdots,X_n\}$,则 X_h 的概率密度为

$$f(x)=\begin{cases}\dfrac{nx^{n-1}}{\theta^n}, & 0\leqslant x\leqslant\theta,\\ 0, & \text{其他}.\end{cases}$$

所以

$$\mathrm{E}(X_h)=\int_0^\theta x\cdot\frac{nx^{n-1}}{\theta^n}\mathrm{d}x=\frac{n}{n+1}\theta,$$

故有 $\mathrm{E}\left(\frac{n+1}{n}X_h\right)=\theta$,即$\frac{n+1}{n}\max\{X_1,X_2,\cdots,X_n\}$也是 θ 的无偏估计量.

二、有效性

设$\hat{\theta}_1=\hat{\theta}_1(X_1,X_2,\cdots,X_n)$与$\hat{\theta}_2=\hat{\theta}_2(X_1,X_2,\cdots,X_n)$是关于总体 X 的未知参数θ 的两个无偏估计量. 若 $\mathrm{D}(\hat{\theta}_1)\leqslant\mathrm{D}(\hat{\theta}_2)$,则称$\hat{\theta}_1(X_1,X_2,\cdots,X_n)$较$\hat{\theta}_2(X_1,X_2,\cdots,X_n)$**有效**.

例 4 证明例 3 中,当 $n\geqslant2$ 时,$\hat{\theta}_2=\frac{n+1}{n}\max\{X_1,X_2,\cdots,X_n\}$较$\hat{\theta}_1=2\overline{X}$ 有效.

证 在例 3 中已证明 $\hat{\theta}_1,\hat{\theta}_2$都是 θ 的无偏估计量. 我们有

$$\mathrm{D}(\hat{\theta}_1)=\mathrm{D}(2\overline{X})=4\mathrm{D}(\overline{X})=4\cdot\frac{\mathrm{D}(X)}{n}=\frac{\theta^2}{3n},$$

$$\mathrm{D}(\hat{\theta}_2)=\mathrm{D}\left(\frac{n+1}{n}X_h\right)=\left(\frac{n+1}{n}\right)^2\mathrm{D}(X_h). \tag{①}$$

又由例 3 知 $\mathrm{E}(X_h)=\frac{n+1}{n}\theta$,而

$$\mathrm{E}(X_h^2)=\int_0^\theta\frac{n}{\theta^n}x^{n+1}\mathrm{d}x=\frac{n}{n+2}\theta^2,$$

所以

$$\mathrm{D}(X_h) = \mathrm{E}(X_h^2) - [\mathrm{E}(X_h)]^2 = \frac{n}{(n+1)^2(n+2)}\theta^2.$$

代入①式,可得

$$\mathrm{D}(\hat{\theta}_2) = \frac{1}{n(n+2)}\theta^2.$$

由题设 $n \geqslant 2$,知 $\mathrm{D}(\hat{\theta}_2) \leqslant \mathrm{D}(\hat{\theta}_1)$,即 $\hat{\theta}_2$ 较 $\hat{\theta}_1$ 有效.

三、相合性

相合性是对参数估计量的基本要求. 设 $\hat{\theta} = \hat{\theta}(X_1, X_2, \cdots, X_n)$ 是参数 θ 的估计量. 若对于任意 $\theta \in \Theta$,当 $n \to \infty$ 时,$\hat{\theta}(X_1, X_2, \cdots, X_n)$ 依概率收敛于 θ,即对任意 $\theta \in \Theta$,任意 $\varepsilon > 0$,均有

$$\lim_{n \to \infty} P\{|\hat{\theta} - \theta| < \varepsilon\} = 1,$$

则称 $\hat{\theta}(X_1, X_2, \cdots, X_n)$ 为 θ 的**相合估计量**.

由于估计量的相合性只有当样本容量很大时才能显示出优越性,而这在实际中往往难以做到,因此,在工程实际中往往只使用无偏性和有效性这两个标准.

习 题 6.3

1. 设总体 X 服从指数分布,其概率密度为

$$f(x;\lambda) = \begin{cases} \lambda \mathrm{e}^{-\lambda x}, & x > 0, \\ 0, & \text{其他}, \end{cases}$$

参数 $\lambda > 0$ 未知,$X_1, X_2, \cdots, X_n$ 为来自总体 X 的样本,试证 $\overline{X}$ 与 $n\min\{X_1, X_2, \cdots, X_n\}$ 都是 $\frac{1}{\lambda}$ 的无偏估计量.

2. 设总体 X 服从参数为 λ 的泊松分布,$X_1, X_2, \cdots, X_n$ 为来自总体 X 的样本,$\overline{X}$ 与 S^2 分别为样本均值和样本方差,证明:对于任意 $\alpha \in [0,1]$,统计量 $\alpha\overline{X} + (1-\alpha)S^2$ 都是 λ 的无偏估计量.

3. 设总体 X 的数学期望 μ 与方差 σ^2 都存在,$X_1, X_2, \cdots, X_n$ 为来自总体 X 的样本,$\overline{X}$ 为样本均值. 定义估计量

$$\widetilde{X} = \sum_{i=1}^{n} \omega_i X_i,$$

这里 $\omega_1, \omega_2, \cdots, \omega_n$ 是任意非负常数且满足 $\sum\limits_{i=1}^{n} \omega_i = 1$. 证明:$\overline{X}$ 与 $\widetilde{X}$ 都是 μ 的无偏估计量,但 $\overline{X}$ 比 $\widetilde{X}$ 更有效.

§6.4 区间估计

对观测到的样本值,点估计能够算出参数θ的一个具体的值.显然不同的样本值算出来的θ的值一般并不相同.区间估计则不以计算出θ的一个具体值为目标,而是希望通过样本值算出一个区间(a,b),且要求该区间(a,b)能以给定的概率包含θ.相比点估计而言,区间估计能够做出某种精度上的评价.

针对具体问题,区间估计所确定的区间具有三种形式:(a,b),$(-\infty,a)$,$(b,+\infty)$,这里a,b不为$\pm\infty$.一般称第一种形式为双侧置信区间,后两种形式为单侧置信区间.

一、双侧置信区间

设总体X的分布函数$F(x;\theta)$含有一个未知参数$\theta(\theta\in\Theta)$.对于给定的$\alpha(0<\alpha<1)$及任意的$\theta\in\Theta$,若由来自总体X的样本$X_1,X_2,\cdots,X_n$确定的两个统计量$\underline{\theta}=\underline{\theta}(X_1,X_2,\cdots,X_n)$,$\bar{\theta}=\bar{\theta}(X_1,X_2,\cdots,X_n)$满足

$$P\{\underline{\theta}(X_1,X_2,\cdots,X_n)<\theta<\bar{\theta}(X_1,X_2,\cdots,X_n)\}\geqslant 1-\alpha, \qquad ①$$

则称区间$(\underline{\theta},\bar{\theta})$是$\theta$的置信度为$1-\alpha$的**(双侧)置信区间**,$\underline{\theta}$和$\bar{\theta}$分别称为置信度为$1-\alpha$的双侧置信区间的**置信下限**和**置信上限**,$1-\alpha$称为**置信度**.

需要说明的是,被估计参数θ虽然未知,但它是一个常数,不具有随机性,而定义中区间$(\underline{\theta},\bar{\theta})$是随机的.因此①式说明区间$(\underline{\theta},\bar{\theta})$以$1-\alpha$的概率包含着参数$\theta$的真值,而不能把该式说成是:参数$\theta$以$1-\alpha$的概率落入区间$(\underline{\theta},\bar{\theta})$.①式的含义可通俗地描述为:若反复抽样多次(假设各次样本容量都是n),每个样本都确定一个区间,这个区间可能包含θ的真值,也可能不包含,但按伯努利大数定律,在所有所得的区间中,包含θ真值的区间大约占$100(1-\alpha)\%$,不含θ真值的区间约占$100\alpha\%$.

求置信区间的一般步骤如下:

(1) 寻求一个关于样本$X_1,X_2,\cdots,X_n$的函数:

$$Z=Z(X_1,X_2,\cdots,X_n;\theta)$$

其中要求Z的分布已知且不依赖于任何未知参数(包括θ);

(2) 对于给定的置信度$1-\alpha$,确定出两个常数a,b,使得

$$P\{a<Z(X_1,X_2,\cdots,X_n;\theta)<b\}=1-\alpha;$$

(3) 若从$a<Z(X_1,X_2,\cdots,X_n;\theta)<b$得到等价的不等式$\underline{\theta}<\theta<\bar{\theta}$,其中$\underline{\theta}=\underline{\theta}(X_1,X_2,\cdots,X_n)$,$\bar{\theta}=\bar{\theta}(X_1,X_2,\cdots,X_n)$都是统计量,则$(\underline{\theta},\bar{\theta})$就是$\theta$的一个置信度为$1-\alpha$的置信区间.

例1 设$X_1,X_2,\cdots,X_n$是来自正态总体$X\sim N(\mu,\sigma^2)$的样本,其中σ^2已知,μ未知,求μ的置信度为$1-\alpha$的置信区间.

解 因为 $\overline{X}$ 是 μ 的无偏估计量，且有 $\overline{X}\sim N\left(\mu,\dfrac{\sigma^2}{n}\right)$，从而有 $U=\dfrac{\overline{X}-\mu}{\sigma/\sqrt{n}}\sim N(0,1)$. 即 U 的分布已知，包含未知参数 μ，且不依赖于任何未知参数，从而有可能用来求出 μ 的置信区间.

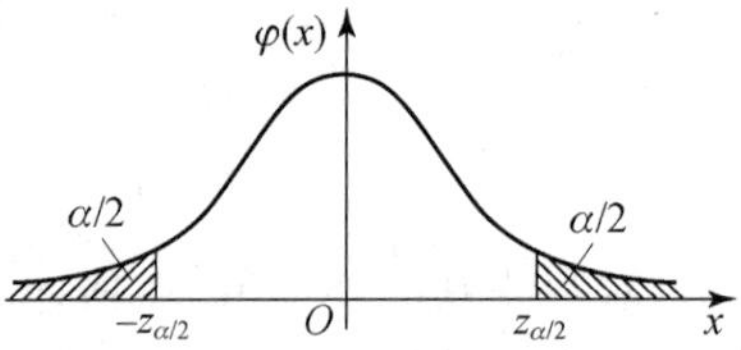

图 1

由标准正态分布上 α 分位点的概念及标准正态分布概率密度是偶函数的性质(见图 1)知

$$P\left\{-z_{\alpha/2}<\frac{\overline{X}-\mu}{\sigma/\sqrt{n}}<z_{\alpha/2}\right\}=1-\alpha,$$

即

$$P\left\{\overline{X}-\frac{\sigma}{\sqrt{n}}z_{\alpha/2}<\mu<\overline{X}+\frac{\sigma}{\sqrt{n}}z_{\alpha/2}\right\}=1-\alpha,$$

于是就得到了 μ 的一个置信度为 $1-\alpha$ 的置信区间

$$\left(\overline{X}-\frac{\sigma}{\sqrt{n}}z_{\alpha/2},\overline{X}+\frac{\sigma}{\sqrt{n}}z_{\alpha/2}\right). \qquad ②$$

上述形式的置信区间常常简写成 $\left(\overline{X}\pm\dfrac{\sigma}{\sqrt{n}}z_{\alpha/2}\right)$.

注意置信区间并不唯一. 比如在上例中，若取 $\alpha=0.05$，则

$$\left(\overline{X}-\frac{\sigma}{\sqrt{n}}z_{0.01},\overline{X}+\frac{\sigma}{\sqrt{n}}z_{0.04}\right)$$

也是一个置信度为 $1-\alpha$ 的置信区间，类似的置信区间还有无穷多. 但应注意到不同的置信区间的长度(或跨度)一般不同，区间长度短的表示估计的精度高. 在构造置信区间中一般应选出精度高的置信区间. 对于概率密度的图形是单峰且关于纵坐标轴对称的情况，可证明当 a,b 的选取关于原点对称时，其置信区间的长度最短(从而精度最高). 但在实践中无论概率密度是否满足这一条件，为了形式的简洁一般都取成对称的形式(若可取的话).

另外，应注意，当样本容量 n 固定时，置信度 $1-\alpha$ 增大，则置信区间的长度增加，可信程度增加，区间估计精度降低；若置信度 $1-\alpha$ 固定，样本容量 n 增大，则置信区间长度减小，可信程度不变，区间估计精度变高.

例 2 设包糖机某日开工包了 12 包糖，称得它们的重量(单位：g)分别为 506,500,495,488,504,486,505,513,521,520,512,485. 假设糖包重量服从正态分布，且标准差 $\sigma=10$ g，试求糖包重量均值 μ 的置信度为 0.90 的置信区间.

解 因 $\sigma=10$，$n=12$，且 $\overline{x}=502.92$，$1-\alpha=0.9$，从而有 $\alpha/2=0.05$，查标准正态分布表得 $z_{\alpha/2}=1.645$. 由上例结论知，μ 的置信度为 0.90 的置信区间为

$$\left(\overline{X}\pm\frac{\sigma}{\sqrt{n}}z_{\alpha/2}\right)=\left(502.92\pm\frac{10}{\sqrt{12}}\times 1.645\right)=(498.17,507.67).$$

二、单侧置信区间

在许多实际问题中，人们更关注待估参数的上限或下限问题. 比如对产品寿命而言，人们期望找到产品的一个置信下限，而在找次品率时，则一般关心其置信上限.

设 $\theta\in\Theta$ 是待估的总体 X 的分布参数. 对于给定的 $\alpha(0<\alpha<1)$，若由样本 $X_1,X_2,\cdots,X_n$ 确定的统计量 $\underline{\theta}=\underline{\theta}(X_1,X_2,\cdots,X_n)$ 对于任意 $\theta\in\Theta$，满足

$$P\{\theta>\underline{\theta}\}\geqslant 1-\alpha, \qquad ③$$

则称随机区间 $(\underline{\theta},+\infty)$ 是 θ 的置信度为 $1-\alpha$ 的**单侧置信区间**，$\underline{\theta}$ 称为 θ 的置信度为 $1-\alpha$ 的**单侧置信下限**. 若统计量 $\overline{\theta}=\overline{\theta}(X_1,X_2,\cdots,X_n)$ 对于任意 $\theta\in\Theta$，满足

$$P\{\theta<\overline{\theta}\}\geqslant 1-\alpha, \qquad ④$$

则称随机区间 $(-\infty,\overline{\theta})$ 是 θ 的置信度为 $1-\alpha$ 的**单侧置信区间**，$\overline{\theta}$ 称为 θ 的置信度为 $1-\alpha$ 的**单侧置信上限**.

例 3 设 $X_1,X_2,\cdots,X_n$ 是来自正态总体 $X\sim N(\mu,\sigma^2)$ 的样本，其中 σ^2 已知，μ 未知，求 μ 的置信度为 $1-\alpha$ 的单侧置信区间.

解 类似于例 1 的推导，在 σ^2 已知时，可得 μ 的单侧置信区间分别为

$$\left(-\infty,\overline{X}+\frac{\sigma}{\sqrt{n}}z_\alpha\right), \qquad ⑤$$

$$\left(\overline{X}-\frac{\sigma}{\sqrt{n}}z_\alpha,+\infty\right). \qquad ⑥$$

对例 2 而言，若关心糖包重量的下限，则其单侧置信下限为

$$\overline{X}-\frac{\sigma}{\sqrt{n}}z_{0.10}=502.92-\frac{10}{\sqrt{12}}\times 1.282=499.22,$$

即这批糖包的平均重量的置信下限为 499.22 g，置信度为 0.90.

习 题 6.4

1. 设随机变量 X 服从正态分布 $N(\mu,8)$，μ 未知. 现有来自总体 X 的一个样本值 $x_1,x_2,\cdots,x_{10}$，且已知 $\overline{x}=\frac{1}{10}\sum_{i=1}^{10}x_i=1500$.

(1) 求 μ 的置信度为 0.95 的置信区间；

(2) 若使 μ 的置信度为 0.95 的置信区间长度不超过 1，则样本容量 n 至少为多少？

(3) 如果样本容量取为 64，则区间 $(\overline{x}-1,\overline{x}+1)$ 作为 μ 的置信区间时，置信度为多少？

§6.5 正态总体均值与方差的区间估计

一、单个正态总体参数的区间估计

设 $X_1,X_2,\cdots,X_n$ 为来自正态总体 $X\sim N(\mu,\sigma^2)$ 的样本，$\overline{X},S^2$ 分别是样本均值和样本方差，并设置信度为 $1-\alpha$. 下面讨论参数 μ 和 σ^2 的区间估计.

1. 均值 μ 的置信区间

当 σ^2 已知时，μ 的置信度为 $1-\alpha$ 的双侧及单侧置信区间计算见 §6.4 中的例 1 与例 3.

当 σ^2 未知时，由 §5.3 中的定理 3 可知

$$\frac{\overline{X}-\mu}{S/\sqrt{n}}\sim t(n-1),$$

从而由 t 分布上 α 分位点的概念及 t 分布概率密度是偶函数的性质(见图 1)，有

$$P\left\{-t_{\alpha/2}(n-1)<\frac{\overline{X}-\mu}{S/\sqrt{n}}<t_{\alpha/2}(n-1)\right\}=1-\alpha,$$

即
$$P\left\{\overline{X}-\frac{S}{\sqrt{n}}t_{\alpha/2}(n-1)<\mu<\overline{X}+\frac{S}{\sqrt{n}}t_{\alpha/2}(n-1)\right\}=1-\alpha,$$

于是得到 μ 的置信度为 $1-\alpha$ 的置信区间

$$\left(\overline{X}\pm\frac{S}{\sqrt{n}}t_{\alpha/2}(n-1)\right). \qquad ①$$

类似地可得 μ 的置信度为 $1-\alpha(0<\alpha<1)$ 的上、下单侧置信区间分别为

$$\left(-\infty,\overline{X}+\frac{S}{\sqrt{n}}t_{\alpha}(n-1)\right), \qquad ②$$

$$\left(\overline{X}-\frac{S}{\sqrt{n}}t_{\alpha}(n-1),+\infty\right). \qquad ③$$

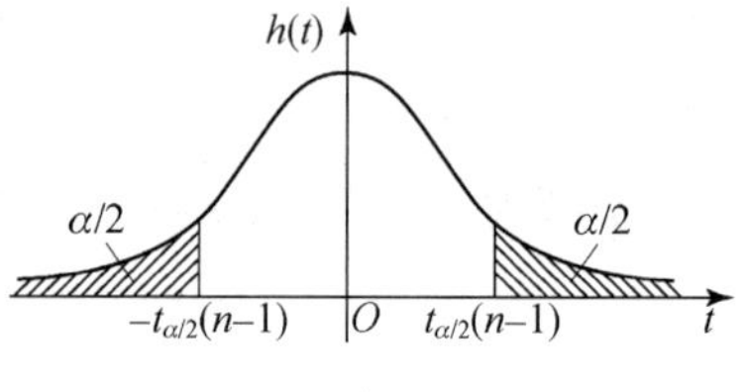

图 1

例 1 设有一大批糖果，现从中随机地取 16 袋，称得重量(单位：g)如下：506,508,499,503,504,510,497,512,514,505,493,496,506,502,509,496. 设袋装糖果的重量服从正态分布 $N(\mu,\sigma^2)$，其中 σ^2 未知，试求均值 μ 的置信度为 0.95 的置信区间.

解 这里 $\alpha=0.05$，$n-1=15$. 查 t 分布表得 $t_{0.025}(15)=2.1315$. 对样本值计算得 $\overline{x}=503.75$，$s=6.2022$，从而得到 μ 的置信度为 0.95 的置信区间

$$\left(503.75\pm\frac{6.2022}{\sqrt{16}}2.1315\right)=(500.4,507.1).$$

2. 方差 σ^2 的置信区间

当 μ 已知时，由于 $X_1,X_2,\cdots,X_n$ 为样本，$X_i\sim N(\mu,\sigma^2)(i=1,2,\cdots,n)$，故有 $\dfrac{X_i-\mu}{\sigma}\sim N(0,1)$，从而 $\dfrac{(X_i-\mu)^2}{\sigma}\sim\chi^2(1)(i=1,2,\cdots,n)$. 由 χ^2 分布的可加性知

$$\sum_{i=1}^{n}\frac{(X_i-\mu)^2}{\sigma^2}\sim\chi^2(n),$$

故

$$P\left\{\chi^2_{1-\alpha/2}(n)<\frac{1}{\sigma^2}\sum_{i=1}^{n}(X_i-\mu)^2<\chi^2_{\alpha/2}(n)\right\}=1-\alpha,$$

从而可得 σ^2 的置信度为 $1-\alpha$ 的置信区间

$$\left(\frac{1}{\chi^2_{\alpha/2}(n)}\sum_{i=1}^{n}(X_i-\mu)^2,\ \frac{1}{\chi^2_{1-\alpha/2}(n)}\sum_{i=1}^{n}(X_i-\mu)^2\right). \qquad ④$$

注 在概率密度不满足单峰且关于纵坐标轴对称的情况下，如 χ^2 分布和 F 分布，习惯上仍取对称的分位点来确定置信区间(如图 2).

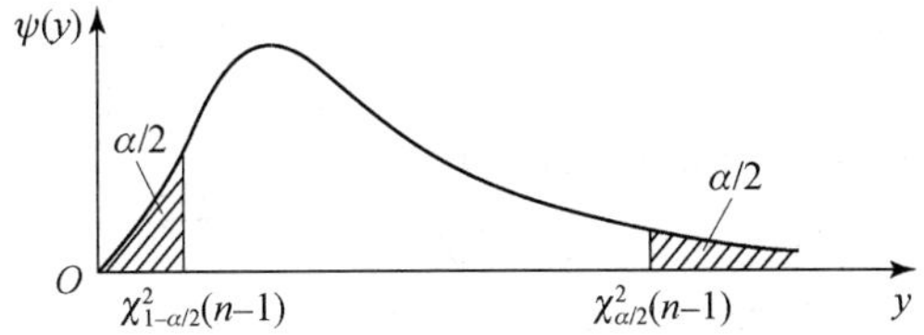

图 2

当 μ 未知时，由 § 5.3 中的定理 2 知 $\dfrac{(n-1)S^2}{\sigma^2}\sim\chi^2(n-1)$，再参照图 2 可知

$$P\left\{\chi^2_{1-\alpha/2}(n-1)<\frac{(n-1)S^2}{\sigma^2}<\chi^2_{\alpha/2}(n-1)\right\}=1-\alpha,$$

即

$$P\left\{\frac{(n-1)S^2}{\chi^2_{\alpha/2}(n-1)}<\sigma^2<\frac{(n-1)S^2}{\chi^2_{1-\alpha/2}(n-1)}\right\}=1-\alpha,$$

于是得到 σ^2 的置信度为 $1-\alpha$ 的置信区间

$$\left(\frac{(n-1)S^2}{\chi^2_{\alpha/2}(n-1)},\ \frac{(n-1)S^2}{\chi^2_{1-\alpha/2}(n-1)}\right). \qquad ⑤$$

进一步得到标准差 σ 的置信度为 $1-\alpha$ 的置信区间

$$\left(\frac{\sqrt{n-1}S}{\sqrt{\chi^2_{\alpha/2}(n-1)}},\ \frac{\sqrt{n-1}S}{\sqrt{\chi^2_{1-\alpha/2}(n-1)}}\right). \qquad ⑥$$

在实践上，一般更关注 σ^2 的上限，类似上面的推导知其置信度为 $1-\alpha$ 的单侧置信区

间为

$$\left(0,\ \frac{(n-1)S^2}{\chi^2_{1-\alpha}(n-1)}\right). \qquad ⑦$$

二、两个正态总体参数相比较的置信区间

设 $X_1,X_2,\cdots,X_{n_1}$ 为来自总体 $X\sim N(\mu_1,\sigma_1^2)$ 的样本，$Y_1,Y_2,\cdots,Y_{n_2}$ 为来自总体 $Y\sim N(\mu_2,\sigma_2^2)$ 的样本，且两个样本相互独立，$\overline{X},\overline{Y}$ 分别是两个样本的样本均值，S_1^2,S_2^2 分别为两个样本的样本方差. 下面分别讨论两个总体的均值差与方差比的置信区间.

1. $\mu_1-\mu_2$ 的置信区间

当 σ_1^2 和 σ_2^2 均为已知时，$\mu_1-\mu_2$ 的置信度是 $1-\alpha$ 的置信区间为

$$\left(\overline{X}-\overline{Y}\pm z_{\alpha/2}\sqrt{\sigma_1^2/n_1+\sigma_2^2/n_2}\right). \qquad ⑧$$

这是因为 $\overline{X},\overline{Y}$ 分别是 μ_1,μ_2 的无偏估计量，所以 $\overline{X}-\overline{Y}$ 也是 $\mu_1-\mu_2$ 的无偏估计量，由 $\overline{X},\overline{Y}$ 的独立性及 $\overline{X}\sim N(\mu_1,\sigma_1^2/n_1)$，$\overline{Y}\sim N(\mu_2,\sigma_2^2/n_2)$ 可知

$$\overline{X}-\overline{Y}\sim N\left(\mu_1-\mu_2,\frac{\sigma_1^2}{n_1}+\frac{\sigma_2^2}{n_2}\right) \quad 或 \quad \frac{(\overline{X}-\overline{Y})-(\mu_1-\mu_2)}{\sqrt{\dfrac{\sigma_1^2}{n_1}+\dfrac{\sigma_2^2}{n_2}}}\sim N(0,1),$$

于是可得 $\mu_1-\mu_2$ 的置信度为 $1-\alpha$ 的置信区间

$$\left(\overline{X}-\overline{Y}\pm z_{\alpha/2}\sqrt{\sigma_1^2/n_1+\sigma_2^2/n_2}\right).$$

当 $\sigma_1^2=\sigma_2^2=\sigma^2$，但 σ^2 为未知时，$\mu_1-\mu_2$ 的置信度为 $1-\alpha$ 的置信区间为

$$\left(\overline{X}-\overline{Y}\pm S_w t_{\alpha/2}(n_1+n_2-2)\sqrt{1/n_1+1/n_2}\right), \qquad ⑨$$

其中 $S_w^2=\dfrac{(n_1-1)S_1^2+(n_2-1)S_2^2}{n_1+n_2-2}$，$S_w=\sqrt{S_w^2}$.

当 σ_1^2 和 σ_2^2 均为未知时，若 n_1,n_2 很大(>50)，则得到 $\mu_1-\mu_2$ 的一个置信度为$1-\alpha$ 的近似置信区间

$$\left(\overline{X}-\overline{Y}\pm z_{\alpha/2}\sqrt{S_1^2/n_1+S_2^2/n_2}\right). \qquad ⑩$$

例 2 为比较Ⅰ,Ⅱ两种型号步枪子弹的枪口速度，随机地取Ⅰ型子弹 10 发，得到子弹枪口速度的平均值为 $\overline{x}_1=500$ m/s，标准差 $s_1=1.10$ m/s；随机地取Ⅱ型子弹 20 发，得枪口速度的平均值为 $\overline{x}_2=496$ m/s，标准差 $s_2=1.20$ m/s. 假设两种型号步枪子弹的枪口速度可近似地认为服从正态分布，且由生产过程可认为它们的方差相等，求两种型号步枪子弹的枪口速度均值差 $\mu_1-\mu_2$ 的置信度为 0.95 的置信区间.

解 由题意，两总体方差相等，但未知，$\alpha/2=0.025$，$n_1=10$，$n_2=20$，$n_1+n_2-2=28$. 查 t 分布表得 $t_{0.025}(28)=2.0484$，又 $s_w^2=\dfrac{9\times1.10^2+19\times1.20^2}{28}$，$s_w=\sqrt{s_w^2}=1.1688$. 于是代入⑨

式，即得 $\mu_1-\mu_2$ 的置信度为 0.95 的置信区间如下：

$$\left(\bar{x}_1-\bar{x}_2 \pm s_w \times t_{0.025}(28)\sqrt{1/10+1/20}\right)=(4\pm 0.93).$$

2. $\dfrac{\sigma_1^2}{\sigma_2^2}$的置信区间

这里我们仅讨论总体均值 μ_1,μ_2 未知的情形. 根据第五章 § 5.3 定理 4 知

$$\frac{S_1^2/S_2^2}{\sigma_1^2/\sigma_2^2} \sim F(n_1-1,n_2-1),$$

再由 F 分布的上 α 分位点可确定$\dfrac{\sigma_1^2}{\sigma_2^2}$的置信区间. 经推导可得$\dfrac{\sigma_1^2}{\sigma_2^2}$的置信度为 $1-\alpha$ 的置信区间为

$$\left(\frac{S_1^2}{S_2^2}\cdot\frac{1}{F_{\alpha/2}(n_1-1,n_2-1)},\ \frac{S_1^2}{S_2^2}\cdot\frac{1}{F_{1-\alpha/2}(n_1-1,n_2-1)}\right), \tag{11}$$

进而得到$\dfrac{\sigma_1}{\sigma_2}$的置信度是 $1-\alpha$ 的置信区间

$$\left(\sqrt{\frac{S_1^2}{S_2^2}\cdot\frac{1}{F_{\alpha/2}(n_1-1,n_2-1)}},\ \sqrt{\frac{S_1^2}{S_2^2}\cdot\frac{1}{F_{1-\alpha/2}(n_1-1,n_2-1)}}\right).$$

例 3 设甲、乙两台机床加工同一种零件. 在机床甲加工的零件中抽取 9 个样品，在机床乙加工的零件中抽取 6 个样品，并分别测得它们的长度(单位：mm). 由所得数据算得机床甲生产的 9 个样品长度的方差 $s_1^2=0.245$，而机床乙生产的 6 个样品长度的方差 $s_2^2=0.357$. 假定测量值都服从正态分布，方差分别为 σ_1^2,σ_2^2. 在置信度 0.98 下，试求这两台机床加工精度之比 σ_1/σ_2 的置信区间.

解 这是两正态总体均值未知的条件下，求 σ_1/σ_2 的置信区间. 由于 $n_1=9,n_2=6,\alpha=0.02$，$F_{1-\alpha/2}(n_1-1,n_2-1)=F_{0.99}(8,5)=\dfrac{1}{F_{0.99}(5,8)}=\dfrac{1}{6.63}$，$F_{\alpha/2}(8,5)=F_{0.01}(8,5)=10.29$，

于是得到$\dfrac{\sigma_1}{\sigma_2}$的置信度为 0.98 的置信区间

$$\left(\sqrt{\frac{S_1^2}{S_2^2}\cdot\frac{1}{F_{\alpha/2}(n_1-1,n_2-1)}},\ \sqrt{\frac{S_1^2}{S_2^2}\cdot\frac{1}{F_{1-\alpha/2}(n_1-1,n_2-1)}}\right)$$
$$=\left(\sqrt{\frac{0.245}{0.357\times 10.29}},\sqrt{\frac{0.245\times 6.63}{0.357}}\right)=(0.258,\ 2.133).$$

习 题 6.5

1. 从一批灯泡中随机地取 5 只做寿命试验，测得寿命(单位：h)为 1050，1100，1120，1250，1280. 设灯泡寿命服从正态分布，求灯泡寿命均值的置信度为 0.95 的单侧置信下限.

2. 从某台机床加工的一批零件中抽取 9 个零件测得平均长度为 21.4 mm，样本方差为

0.0325.设该批零件的长度服从正态分布 $N(\mu,\sigma^2)$,求:

(1) 若 $\sigma=0.15$,求 μ 的置信度为 0.95 的置信区间;

(2) 若 σ 未知,求 μ 的置信度为 0.95 的置信区间;

(3) 若 $\mu=21.42$,求 σ^2 的置信度为 0.95 的置信区间;

(4) 若 μ 未知,求 σ^2 的置信度为 0.95 的置信区间.

3. 为提高某一化学产品生产过程的得率,试图采用一种新的催化剂.为慎重起见,先在试验工厂进行试验.设采用原来的催化剂进行了 $n_1=8$ 次试验,得到得率的平均值 $\overline{x}_1=91.73$,样本方差 $s_1^2=3.89$;又采用新的催化剂进行了 $n_2=8$ 次试验,得到得率的平均值 $\overline{x}_2=93.75$,样本方差 $s_1^2=4.02$.假设采用原来和新的催化剂的得率都可认为近似地服从正态分布,且方差相等,求两种催化剂得率均值差 $\mu_1-\mu_2$ 的置信度为 0.95 的置信区间.

§6.6 非正态总体参数的区间估计

当总体 X 不是正态分布时,对总体参数的区间估计一般需要利用中心极限定理进行处理,此时要求大容量样本.

假设总体 X 的均值 μ 与方差 σ^2 存在,$X_1,X_2,\cdots,X_n$ 为来自总体 X 的样本,$\overline{X}$ 与 S^2 为样本均值和样本方差,则均值 μ 的置信度为 $1-\alpha$ 的近似置信区间为

$$\left(\overline{X}-\frac{S}{\sqrt{n}}z_{\alpha/2},\ \overline{X}+\frac{S}{\sqrt{n}}z_{\alpha/2}\right). \qquad ①$$

事实上,若记统计量 $T=\dfrac{\overline{X}-\mu}{S/\sqrt{n}}$,则

$$T=\frac{\overline{X}-\mu}{S/\sqrt{n}}=\frac{\overline{X}-\mu}{\sigma/\sqrt{n}}\cdot\frac{\sigma/\sqrt{n}}{S/\sqrt{n}}=\frac{\overline{X}-\mu}{\sigma/\sqrt{n}}\cdot\frac{\sigma}{S}.$$

按中心极限定理,当 $n\to\infty$ 时,$\dfrac{\overline{X}-\mu}{\sigma/\sqrt{n}}$ 的极限分布为 $N(0,1)$,而 $\dfrac{\sigma}{S}\xrightarrow{P}1$,故当 $n\to\infty$ 时,近似有

$$T=\frac{\overline{X}-\mu}{S/\sqrt{n}}\sim N(0,1),$$

从而有

$$1-\alpha\approx P\{-z_{\alpha/2}<T<z_{\alpha/2}\}=P\left\{-z_{\alpha/2}<\frac{\overline{X}-\mu}{S/\sqrt{n}}<z_{\alpha/2}\right\}$$

$$=P\left\{\overline{X}-\frac{S}{\sqrt{n}}z_{\alpha/2}<\mu<\overline{X}+\frac{S}{\sqrt{n}}z_{\alpha/2}\right\}.$$

对特定的总体分布,可构造更精确的结果,比如对 0-1 分布的总体 X,其分布律为

$$f(x;p)=p^x(1-p)^{1-x}\quad (x=0,1),$$

这里 p 未知. 设 $X_1,X_2,\cdots,X_n$ 是来自总体 X 的大样本容量的样本(n 较大可以利用中心极限定理),则 p 的置信度为 $1-\alpha$ 的近似置信区间为

$$\left(\frac{-b-\sqrt{b^2-4ac}}{2a},\ \frac{-b+\sqrt{b^2-4ac}}{2a}\right), \qquad ②$$

这里 $a=n+z_{\alpha/2}^2, b=-(2n\overline{X}+z_{\alpha/2}^2), c=n\overline{X}^2$. 这是因为样本容量 n 较大,由中心极限定理知

$$\frac{\sum_{i=1}^{n}X_i-np}{\sqrt{np(1-p)}}=\frac{n\overline{X}-np}{\sqrt{np(1-p)}}\overset{\text{近似}}{\sim}N(0,1),$$

从而有

$$P\left\{-z_{\alpha/2}<\frac{n\overline{X}-np}{\sqrt{np(1-p)}}<z_{\alpha/2}\right\}\approx 1-\alpha.$$

因不等式 $-z_{\alpha/2}<\dfrac{n\overline{X}-np}{\sqrt{np(1-p)}}<z_{\alpha/2}$ 等价于

$$(n+z_{\alpha/2}^2)p^2-(2n\overline{X}+z_{\alpha/2}^2)p+n\overline{X}^2<0,$$

而使该不等式成立的 p 所满足的区间恰为式②给出的区间,所以式②即为 0-1 分布未知参数 p 的置信度为 $1-\alpha$ 的近似置信区间.

例 设从一大批产品的 120 个样品中,检得次品 9 个,求这批产品的次品率 p 的置信度为 0.90 的置信区间.

解 由题设知,$n=120, \overline{x}=\dfrac{9}{120}=0.075, 1-\alpha=0.9, \alpha=0.1, z_{0.05}=1.645$,从而

$$a=n+z_{\alpha/2}^2=1\,20+1.645^2=122.706,$$

$$b=-(2n\overline{x}+z_{\alpha/2}^2)=-(2\times 120\times 0.075+1.645^2)=-20.706,$$

$$c=n\overline{x}^2=120\times 0.075^2=0.675,$$

于是

$$\sqrt{b^2-4ac}=\sqrt{20.706^2-4\times 122.706\times 0.675}=\sqrt{428.738-331.306}=9.871.$$

所以由式②得 p 的置信度为 0.90 的近似置信区间为

$$\left(\frac{-b-\sqrt{b^2-4ac}}{2a},\frac{-b+\sqrt{b^2-4ac}}{2a}\right)=\left(\frac{20.706-9.871}{2\times 122.706},\frac{20.706+9.871}{2\times 122.706}\right)=(0.044,0.125).$$

注 当 n 很大时,在应用中一般使用式②的近似式:

$$\left(\overline{X}-z_{\alpha/2}\sqrt{\frac{\overline{X}(1-\overline{X})}{n}},\overline{X}+z_{\alpha/2}\sqrt{\frac{\overline{X}(1-\overline{X})}{n}}\right).$$

比如上例按近似式②计算,结果则为

$$(0.075-0.0396,\ 0.075+0.0396)=(0.0354,\ 0.1146).$$

习 题 6.6

1. 调查某电话呼叫台的服务情况发现：在随机抽取的 200 个呼叫中，有 40%需要附加服务(如转换分机等). 以 p 表示需附加服务的比例，求出 p 的置信度为 0.95 的置信区间.

2. 根据经验，用船装运玻璃器皿的损坏率≤5%. 现要估计某船上玻璃器皿的损坏率，要求估计值与真实损坏率差值不超过 5%. 在置信度 0.90 下，应取多大的样本验收?

总练习题六

1. 设总体 X 的分布律为

X	0	1	2	3
P	θ^2	$2\theta(1-\theta)$	θ^2	$1-2\theta$

其中 $\theta(0<\theta<1/2)$为未知参数. 利用总体 X 的如下样本值求 θ 的矩估计值和最大似然估计值：3,1,3,0,3,1,2,3.

2. 设总体 X 是服从参数为 $\lambda(\lambda>0)$ 的泊松分布，$X_1,X_2,\cdots,X_n$ 是来自总体 X 的样本，求 λ 的矩估计量与最大似然估计量.

3. 设总体 X 服从几何分布，即有分布律

$$P\{X=k\}=p(1-p)^{k-1}\quad(k=1,2,\cdots),$$

其中 $p(0<p<1)$未知，求 p 的矩估计量与最大似然估计量.

4. 设 $X_1,X_2,\cdots,X_n$ 是来自总体 $X\sim N(0,\sigma^2)$ 的样本，求参数 σ^2 的矩估计量和最大似然估计量，并说明 σ^2 的估计量是否为 σ^2 的无偏估计量.

5. 设 $X_1,X_2,\cdots,X_n$ 为来自总体 X 的样本，总体 X 的概率密度为

$$f(x)=\begin{cases}\lambda\alpha x^{\alpha-1}\mathrm{e}^{-\lambda x^{\alpha}}, & x>0,\\ 0, & \text{其他},\end{cases}$$

其中 $\lambda>0$ 是未知参数，$\alpha>0$ 是已知常数，求 λ 的最大似然估计量.

6. 设总体 X 的概率密度为

$$f(x)=\begin{cases}\dfrac{1}{\theta}\mathrm{e}^{-\frac{x-\mu}{\theta}}, & x\geqslant\mu,\\ 0, & \text{其他},\end{cases}$$

其中 $\theta>0$ 且 θ 与 μ 均未知，试确定 θ 与 μ 的最大似然估计量.

7. 设总体 $X\sim N(\mu,\sigma^2)$，$X_1,X_2,\cdots,X_n$ 是来自总体 X 的样本，确定常数 c，使得 $c\sum\limits_{i=1}^{n-1}(X_{i+1}-X_i)^2$ 为 σ^2 的无偏估计量.

8. 设 $X_1,X_2,\cdots,X_n$ 是来自正态总体 $X\sim N(\mu,\sigma^2)$ 的样本，其中 μ,σ^2 均未知，随机变量 L 是关于 μ 的置信度为 $1-\alpha$ 的置信区间的长度，求 $\mathrm{E}(L^2)$.

9. 为了估计产品使用寿命的均值 μ 和标准差 σ，测试了 10 件产品，求得其平均值 $\overline{x}=1500$，标准差 $s=20$. 若已知产品使用寿命服从正态分布 $N(\mu,\sigma^2)$，求 μ 和 σ^2 的置信度为 0.95的置信区间.

10. 设总体 $X\sim N(\mu_1,2.18^2)$，$Y\sim N(\mu_2,1.76^2)$. 现对前者抽取一样本容量为 $n_1=200$ 的样本，对后者抽取一样本容量为 $n_2=100$ 的样本，经计算得前者的样本均值 $\overline{x}=5.32$，后者的样本均值 $\overline{y}=5.76$. 求 $\mu_1-\mu_2$ 的置信度为 0.95 的置信区间.

11. 设总体 X 服从参数为 λ 的指数分布，概率密度为

$$f(x)=\begin{cases}\lambda \mathrm{e}^{-\lambda x}, & x>0,\\ 0, & \text{其他},\end{cases}$$

其中 $\lambda>0$ 未知，又设 $x_1,x_2,\cdots,x_n$ 为来自总体 X 的一个大样本容量的样本值，求 λ 的置信度为 $1-\alpha$ 的置信区间.

第七章 假设检验

在上一章统计推断的参数估计问题中，常假设总体服从某种分布，然后对其中的未知参数进行估计.那么，这一假设是否符合实际呢？我们可以用样本来检验此假设是否成立.这就是本章所要介绍的统计推断中的另一类重要问题——假设检验.

§7.1 假设检验的基本概念

所谓**假设检验**是指对总体分布的未知参数或总体的分布类型作某种假设，然后从总体中随机抽取一组样本，用统计分析方法来检验此项假设是否成立，最后做出接受或拒绝这种假设的决定.对总体分布中的参数的假设检验称为**参数假设检验**；对总体分布的检验假设称为**分布假设检验**.

一、假设检验问题的提出

引例 某饲料厂用自动打包机包装一种混合饲料，设每包饲料重量服从均方差为 1.5 kg 的正态分布.若打包机工作正常，则重量均值应为 100 kg.某日随机抽查 9 包，测得重量（单位：kg）分别为

99.3, 104.7, 100.5, 101.2, 99.7, 98.5, 102.8, 103.3, 100.

试问：这一天打包机工作是否正常？

分析 打包机在正常工作时，所包的饲料也不会恰好每袋重量都是 100 kg，上下总会有一些波动.设每包饲料重量为 X，均值为 μ，则显然 $X\sim N(\mu,1.5^2)$.如果打包机工作正常，即使每袋饲料重量有波动，也应在 100 kg 附近波动，即 X 的均值 $\mu=100$.否则，则认为打包机工作不正常.因此，要回答"打包机工作是否正常"这一问题，实质上就是要根据总体 X 的这 9 个样本观察值来判断 $\mu=100$ 还是 $\mu\neq100$.

为此，我们提出两个对立的假设：H_0：$\mu=100$，H_1：$\mu\neq100$.于是问题转化为根据样本观测值来判断假设 H_0 是否为真.若 H_0 为真，则接受 H_0，认为打包机工作正常；否则，就拒绝 H_0，而接受 H_1，认为打包机工作不正常.

一般地，我们将要检验的假设称为**原假设**或**零假设**，记为 H_0；而当原假设 H_0 被拒绝后可选择的假设称为**备择假设**，记为 H_1.

二、假设检验的基本原理

小概率原理(或实际推断原理) 小概率事件在一次试验中几乎不可能发生.

概率反证法 为了检验一个假设 H_0 是否为真，首先假定 H_0 为真，然后根据样本对假设 H_0 做出判断：如果导致小概率事件发生，就拒绝 H_0，否则就接受 H_0.

小概率事件在一次试验中几乎不会发生，那么在进行假设检验时，概率水平 α 应该取多大，相应的随机事件才是小概率事件呢？这要看实际情况而定. 在进行判断时，首先要根据实际情况确定一个标准 α，若随机事件 A 满足 $P(A)\leqslant\alpha$，便认为 A 是小概率事件，并根据小概率事件是否发生对原假设 H_0 做出取舍. 因此，α 是我们做出接受或者拒绝原假设 H_0 的标准. 在数理统计中称此标准 α 为假设检验的**显著性水平**，相应的 $1-\alpha$ 称为**置信度**. 显著性水平 α 的大小关系到说服力，α 愈小，拒绝 H_0 的说服力愈强.

我们结合引例来说明假设检验的基本原理. 由于 μ 是正态分布的期望值，而样本均值 $\overline{X}$ 是 μ 的无偏估计，$\overline{X}$ 的大小在一定程度上反映了 μ 的大小. 根据样本值，$\overline{X}$ 的观测值 $\overline{x}$ 是可以求出的. 因此，如果 H_0 为真，则观测值 $\overline{x}$ 与 μ_0 的偏差 $|\overline{x}-\mu_0|$ 不应太大. 若偏差 $|\overline{x}-\mu_0|$ 过分大，我们就有理由怀疑 H_0 的正确性而拒绝 H_0；反之，如果 $|\overline{x}-\mu_0|$ 不是很大，我们就没有充分的理由否定 H_0，故可以接受 H_0. 考虑到当 H_0 为真时 $\dfrac{\overline{X}-\mu_0}{\sigma/\sqrt{n}}\sim N(0,1)$，而衡量 $|\overline{x}-\mu_0|$ 的大小可归结为衡量 $\dfrac{|\overline{x}-\mu_0|}{\sigma/\sqrt{n}}$ 的大小，因此，我们可以适当选定一个正数 k，使得当观察值 $\overline{x}$ 满足 $\left|\dfrac{\overline{x}-\mu_0}{\sigma/\sqrt{n}}\right|\geqslant k$ 时，就拒绝 H_0；反之，当 $\left|\dfrac{\overline{x}-\mu_0}{\sigma/\sqrt{n}}\right|<k$ 时，就接受 H_0.

然而，由于做出决策的依据是一个样本，而抽样具有随机性，当实际上 H_0 为真时仍可能做出拒绝 H_0 的决策(这种可能性是无法消除的). 自然，我们希望事件{拒绝 H_0 | H_0 为真}是一个小概率事件，即对于给定的显著性水平 α，使得

$$P\{\text{拒绝 } H_0 \mid H_0 \text{ 为真}\}\leqslant\alpha. \quad ①$$

为了确定正数 k，我们考虑统计量 $Z=\dfrac{\overline{X}-\mu_0}{\sigma/\sqrt{n}}$. 为了使得式①成立，只需令

$$P\{\text{拒绝 } H_0 \mid H_0 \text{ 为真}\}=P\left\{\left|\frac{\overline{X}-\mu_0}{\sigma/\sqrt{n}}\right|\geqslant k\right\}=\alpha.$$

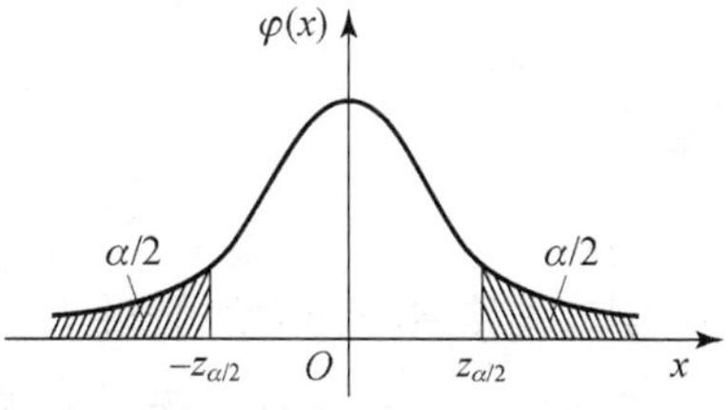

图 1

因为当 H_0 为真时，$Z=\dfrac{\overline{X}-\mu_0}{\sigma/\sqrt{n}}\sim N(0,1)$，所以

$P\left\{\left|\dfrac{\overline{X}-\mu_0}{\sigma/\sqrt{n}}\right|\geqslant z_{\alpha/2}\right\}=\alpha$（图 1，其中 $\varphi(x)$ 为标准正态分布的概率密度），故可取 $k=z_{\alpha/2}$. 于是，若观察值满足 $\left|\dfrac{\overline{x}-\mu_0}{\sigma/\sqrt{n}}\right|\geqslant k=z_{\alpha/2}$，则拒绝 H_0；若 $\left|\dfrac{\overline{x}-\mu_0}{\sigma/\sqrt{n}}\right|<k=z_{\alpha/2}$，就接受 H_0.

在引例中，若取 $\alpha=0.05$，查标准正态分布表知 $k=z_{\alpha/2}=z_{0.025}=1.96$，而观察值满足 $\left|\dfrac{\overline{x}-\mu_0}{\sigma/\sqrt{n}}\right|=\left|\dfrac{101.11-100}{1.5/\sqrt{9}}\right|=2.22>1.96$，故拒绝 H_0，即认为这一天打包机工作不正常.

前面的检验问题通常叙述成：在显著性水平 α 下，检验假设 $H_0:\mu=\mu_0$，$H_1:\mu\neq\mu_0$. 我们要进行的工作是：根据样本，按照上述检验方法做出决定，以在 H_0 与 H_1 二者之间接受其一.

通常拒绝原假设 H_0 的区域称为**拒绝域**，拒绝域以外的区域称为**接受域**（即接受原假设 H_0 的区域）. 拒绝域与接受域的分界点称为**临界点**. 选取来确定拒绝域的统计量称为**检验统计量**. 如在引例中，拒绝域为 $\left|\dfrac{\overline{x}-100}{1.5/\sqrt{9}}\right|\geqslant z_{\alpha/2}$，接受域为 $\left|\dfrac{\overline{x}-100}{1.5/\sqrt{9}}\right|<z_{\alpha/2}$，临界点为 $-z_{\alpha/2}$，$z_{\alpha/2}$（图 2），检验统计量为 $Z=\dfrac{\overline{X}-\mu_0}{\sigma/\sqrt{n}}$.

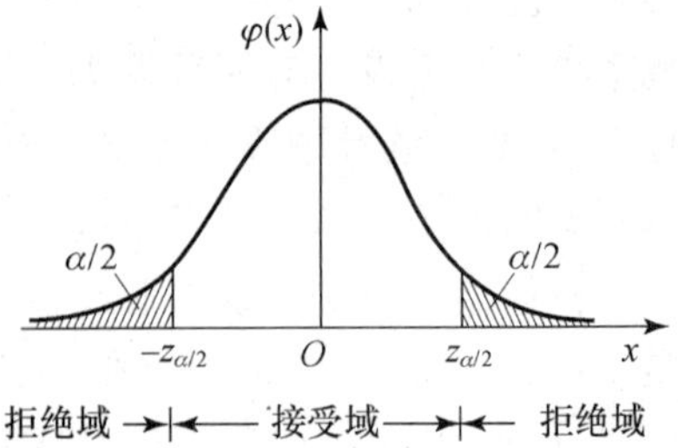

图 2

在引例中，提出的假设是 $H_0:\mu=\mu_0$，$H_1:\mu\neq\mu_0$. 这类检验问题的拒绝域分别在两侧，我们称这类假设检验为**双边假设检验**. 有时还会提出假设 $H_0:\mu\leqslant\mu_0$，$H_1:\mu>\mu_0$ 以及假设 $H_0:\mu\geqslant\mu_0$，$H_1:\mu<\mu_0$，这两类检验问题的拒绝域分别在右侧和左侧，我们分别称相应的假设检验为**右边检验**和**左边检验**.

三、两类错误

假设检验依据的原理是小概率事件在一次试验中几乎不会发生，但不等于小概率事件必不发生. 因此，假设检验所做出的结论有可能是错误的. 假设检验中所犯的错误可分成两类：

第一类错误 如果原假设 H_0 成立，而样本观察值却落入拒绝域内，从而做出拒绝 H_0 的结论，这类错误称为**第一类错误**或**弃真错误**. 根据定义，显著性水平 α 就是犯第一类错误的概率，即

$$P\{\text{拒绝 } H_0 \mid H_0 \text{ 为真}\}=\alpha.$$

第二类错误 如果原假设 H_0 不成立，而样本观察值却没有落入拒绝域，从而做出接受 H_0 的结论，这类错误称为**第二类错误**或**取伪错误**. 现记犯第二类错误的概率为 β，即

$$P\{\text{接受 } H_0 \mid H_0 \text{ 不真}\}=\beta.$$

很自然,在实际假设检验中,人们总是期望不犯错误或者少犯错误,也就是让犯错误的可能性 α 和 β 尽可能小一些. 但是,当样本容量 n 固定时,要同时减小 α 和 β 是不可能办到的,要减小其中的一个,则另一个就会增大. 要使 α 和 β 同时都比较小时,必须加大样本容量. 在实际工作中,大容量的样本往往不易获得,但由于显著性水平 α 可以选择,所以我们可以控制犯第一类错误的概率. 比如,生产一批农药,需要检测某些指标是否符合质量标准时,我们宁愿"弃真",也不愿"取伪". 如果设 H_0 为产品合格,则应把 α 取得大些,宁愿冒着会损失些合格品的风险,以便确保药品的有效使用. 反之,如果有些问题没必要那么严格,少量的"取伪"也能接受时,可取 α 稍小些.

另外,需要指出,原假设 H_0 和备择假设 H_1 的地位是不对等的. 从假设检验的基本思想可以看出,拒绝 H_0 是有说服力的,而接受 H_0 时只是没有充分的理由拒绝 H_0 才接受 H_0. 因此,H_0 是受到保护的假设,没有充分的理由是不应被否定的. H_0 和 H_1 之间不能随意交换. 在实际应用中,一般把不能被轻易否定的命题即应该受到保护的命题作为原假设 H_0. 并且,在提出假设时,应尽量使后果严重的错误为第一类错误,因为我们可以控制犯第一类错误的概率 α. 我们也常常把历史资料所提供的论断作为原假设 H_0. 这样,当检验的结论是拒绝 H_0 时,由于犯第一类错误被控制,从而使判断结论更有说服力.

四、假设检验的基本步骤

在解决具体问题时,进行假设检验的基本步骤如下:

(1) 提出原假设 H_0 及备择假设 H_1.

(2) 根据题意选择检验统计量,并在 H_0 为真时确定该统计量的分布.

(3) 对给定的显著性水平 α,根据统计量的分布,求出临界点,确定拒绝域.

(4) 根据样本值计算检验统计量的值,若检验统计量的值落入拒绝域内,则认为 H_0 不真,拒绝 H_0,接受备择假设 H_1;否则,认为 H_0 为真,接受 H_0.

习 题 7.1

1. 在一个假设检验问题中,当检验最终结果是接受 H_0 时,可能犯什么错误? 当检验最终结果是拒绝 H_0 时,可能犯什么错误?

2. 设某厂有一批产品,共 200 件,需经检验合格才能出厂. 按国家标准次品率不得超过 1%. 今从中任取 5 件,发现其中有 1 件次品.

(1) 当次品率为 1%时,求在 200 件产品中随机抽 5 件,其中有 1 件次品的概率;

(2) 根据实际推断原理,问这批产品是否可以出厂?

3. 按要求某种元件的平均使用寿命应达到 1000 h. 生产者从一批这种元件中随机抽取 25 件,测得其寿命的平均值为 950 h. 已知该种元件的寿命服从标准差为 $\sigma=100$ h 的正态分布,试问: 这批元件的寿命是否与要求有显著差异($\alpha=0.05$)?

4. 已知在正常生产情况下某种汽车零件的重量(单位：g)服从正态分布 $N(54,0.75^2)$. 在某日生产的零件中抽取 10 件,测得重量分别为

54.0, 55.1, 53.8, 54.2, 52.1, 54.2, 55.0, 55.8, 55.1, 55.3.

如果方差不变,对于下列显著性水平,该日生产的零件的平均重量是否有显著差异?

(1) $\alpha=0.05$；　(2) $\alpha=0.01$.

§7.2 单个正态总体参数的假设检验

正态分布 $N(\mu,\sigma^2)$是常用的分布,本节讨论有关单个正态总体参数(均值 μ 与方差 σ^2)的假设检验问题.

设总体 $X\sim N(\mu,\sigma^2)$, $X_1,X_2,\cdots,X_n$ 是来自总体 X 的样本.

一、总体均值的假设检验

对于均值 μ,我们考虑下述三种假设检验问题：

(1) $H_0: \mu=\mu_0$, $H_1: \mu\neq\mu_0$；

(2) $H_0: \mu\leqslant\mu_0$, $H_1: \mu>\mu_0$；

(3) $H_0: \mu\geqslant\mu_0$, $H_1: \mu<\mu_0$.

下面根据方差 σ^2 已知与未知分情况进行讨论.

1. 方差 σ^2 已知时均值 μ 的假设检验

由§7.1 的讨论知道,对于检验问题(1),解题步骤如下：

① 选取检验统计量 $Z=\dfrac{\overline{X}-\mu_0}{\sigma/\sqrt{n}}$,在 H_0 成立的条件下,$Z\sim N(0,1)$；

② 对于给定的显著性水平 $\alpha(0<\alpha<1)$,查标准正态分布表,确定临界值 $z_{\alpha/2}$,得到拒绝域 $|z|\geqslant z_{\alpha/2}$；

③ 对于给定的样本观测值 $x_1,x_2,\cdots,x_n$,计算检验统计量的值 z；

④ 比较 z 和 $z_{\alpha/2}$,若 $|z|\geqslant z_{\alpha/2}$,则拒绝原假设 H_0,否则接受原假设 H_0.

下面讨论检验问题(2). 相对于备择假设 H_1 来讲,当原假设 H_0 为真时,观察值 $\overline{x}$ 不应太大,$\overline{x}$ 过大时,应拒绝 H_0,因此,拒绝域应具有形式：$\overline{x}\geqslant c$,其中 c 为待定的临界值.

由于 $\overline{X}\sim N(\mu,\sigma^2/n)$,故犯第一类错误的概率为

$$\alpha(\mu)=P\{\text{拒绝 } H_0 \mid H_0 \text{ 为真}\}=P\{\overline{X}\geqslant c\}=1-\Phi\left(\frac{c-\mu}{\sigma/\sqrt{n}}\right)\quad(\mu\leqslant\mu_0).$$

当 $\mu\leqslant\mu_0$ 时,$\alpha(\mu)$为 μ 的严格递增函数,故其最大值在 $\mu=\mu_0$ 处达到. 因此对给定的显著性水平 α,要求 c 满足

$$1-\Phi\left(\frac{c-\mu_0}{\sigma/\sqrt{n}}\right)=\alpha,\quad 即\quad \Phi\left(\frac{c-\mu_0}{\sigma/\sqrt{n}}\right)=1-\alpha=\Phi(z_\alpha).$$

于是有$\frac{c-\mu_0}{\sigma/\sqrt{n}}=z_\alpha$，即临界值$c=\mu_0+\frac{\sigma}{\sqrt{n}}z_\alpha$，从而拒绝域的形式为

$$\overline{x}\geqslant\mu_0+\frac{\sigma}{\sqrt{n}}z_\alpha,\quad 即\quad z=\frac{\overline{x}-\mu_0}{\sigma/\sqrt{n}}\geqslant z_\alpha.$$

再讨论检验问题(3). 根据 H_1 可知，当观察值 $\overline{x}$ 过小时，应拒绝 H_0，因此，拒绝域应具有形式：$\overline{x}\leqslant c$，其中 c 为待定的临界值.

此时犯第一类错误的概率为

$$\alpha(\mu)=P\{拒绝\ H_0\,|\,H_0\ 为真\}=P\{\overline{X}\leqslant c\}=\Phi\left(\frac{c-\mu}{\sigma/\sqrt{n}}\right)\quad(\mu\geqslant\mu_0).$$

当 $\mu\geqslant\mu_0$ 时，$\alpha(\mu)$为 μ 的严格递减函数，故其最大值在 $\mu=\mu_0$ 处达到. 因此对给定的显著性水平 α，可要求

$$\Phi\left(\frac{c-\mu_0}{\sigma/\sqrt{n}}\right)=\alpha.$$

由于$\Phi(z_{1-\alpha})=\alpha$，于是有$\frac{c-\mu_0}{\sigma/\sqrt{n}}=z_{1-\alpha}$，即临界值$c=\mu_0+\frac{\sigma}{\sqrt{n}}z_{1-\alpha}$，从而拒绝域的形式为

$$\overline{x}\leqslant\mu_0+\frac{\sigma}{\sqrt{n}}z_{1-\alpha},\quad 即\quad z=\frac{\overline{x}-\mu_0}{\sigma/\sqrt{n}}\leqslant z_{1-\alpha}.$$

由于 $z_{1-\alpha}=-z_\alpha$，所以拒绝域也可写为 $z=\frac{\overline{x}-\mu_0}{\sigma/\sqrt{n}}\leqslant -z_\alpha$.

在这些检验问题中，我们都是用 $Z=\frac{\overline{X}-\mu_0}{\sigma/\sqrt{n}}$ 来确定拒绝域的. 这种检验法常称为 Z **检验法**.

例 1 微波炉在炉门关闭时的辐射量是一个重要的质量指标. 某厂生产的微波炉辐射量指标服从正态分布 $N(\mu,\sigma^2)$，长期以来 $\sigma=0.1$，且均值 μ 都符合要求，不超过 $\mu_0=0.12$. 为检查近期产品的质量，抽查了 25 台，测得其炉门关闭时辐射量的均值 $\overline{x}=0.1203$. 试问：在显著性水平 $\alpha=0.05$ 下，该厂生产的微波炉在炉门关闭时辐射量是否有明显升高？

解 先建立假设. 由于长期以来 $\mu\leqslant 0.12$，故将其作为原假设，有

$$H_0: \mu\leqslant\mu_0=0.12,\quad H_1: \mu>\mu_0=0.12.$$

取检验统计量 $Z=\frac{\overline{X}-\mu_0}{\sigma/\sqrt{n}}$. 在 $\alpha=0.05$ 时，$z_\alpha=1.645$，于是拒绝域为 $z\geqslant 1.645$.

由观察值求得检验统计量的值

$$z=\frac{\overline{x}-\mu_0}{\sigma/\sqrt{n}}=\frac{0.1203-0.12}{0.1/\sqrt{25}}=0.015<1.645.$$

因此，在显著性水平 $\alpha=0.05$ 下，接受 H_0，即认为当前生产的微波炉关门时的辐射量无明显升高.

2. 方差 σ^2 未知时均值 μ 的假设检验

可同样考虑前面讨论的三种假设检验问题(1)，(2)和(3).

首先考虑检验问题(1). 由于 $Z=\dfrac{\overline{X}-\mu_0}{\sigma/\sqrt{n}}$ 中含有未知参数 σ，所以现在不能把 Z 作为检验统计量. 考虑到 S^2 是 σ^2 的无偏估计量，用 S 代替 σ，采用

$$T=\frac{\overline{X}-\mu_0}{S/\sqrt{n}}$$

作为检验统计量. 显然当观察值 $|t|=\left|\dfrac{\overline{x}-\mu_0}{s/\sqrt{n}}\right|$ 过分大时就应拒绝 H_0，因此拒绝域的形式为

$$|t|=\left|\frac{\overline{x}-\mu_0}{s/\sqrt{n}}\right|\geqslant k,$$

其中 k 为待定的临界值. 由第五章 §5.3 定理 3 知，当 H_0 为真时，$T=\dfrac{\overline{X}-\mu_0}{S/\sqrt{n}}\sim t(n-1)$，故对给定的显著性水平 α，由

$$P\{\text{拒绝 } H_0 \mid H_0 \text{ 为真}\}=P\left\{\left|\frac{\overline{X}-\mu_0}{S/\sqrt{n}}\right|\geqslant k\right\}=\alpha$$

知 $k=t_{\alpha/2}(n-1)$，即得拒绝域为

$$|t|=\left|\frac{\overline{x}-\mu_0}{s/\sqrt{n}}\right|\geqslant t_{\alpha/2}(n-1).$$

类似地，对给定的显著性水平 α，可得到检验问题(2)，(3)的拒绝域分别为

$$t\geqslant t_\alpha(n-1) \quad \text{和} \quad t\leqslant -t_\alpha(n-1).$$

称以 $T=\dfrac{\overline{X}-\mu_0}{S/\sqrt{n}}$ 为检验统计量的检验法为 t **检验法**.

例 2 根据某地环境保护法规定，倾入河流的废水中某种物质的含量不得超过 3×10^{-6}. 该地区环保组织对沿河各厂进行检查，测定每日倾入河流的废水中该物质的含量. 某厂连日的记录数据(单位：10^{-6})为

3.1，3.2，3.3，2.9，3.5，3.4，2.5，4.3，2.9，3.6，3.2，3.0，2.7，3.5，2.9.

假定该厂每日倾入河流的废水中此种物质的含量 $X\sim N(\mu,\sigma^2)$，试在显著性水平 $\alpha=0.05$ 下，判断该厂是否符合环保规定.

解 为判断是否符合环保规定，可提出如下假设进行检验：

$$H_0:\mu\leqslant 3,\quad H_1:\mu>3.$$

由于这里 σ 未知，故采用 t 检验法，即选取 $T=\dfrac{\overline{X}-\mu_0}{S/\sqrt{n}}$ 作为检验统计量. 因此此检验问题的拒绝域为 $t=\dfrac{\overline{x}-\mu_0}{s/\sqrt{n}}\geqslant t_\alpha(n-1)$. 现在 $n=15$，$\alpha=0.05$，$t_{0.05}(14)=1.7613$，故拒绝域为 $t\geqslant 1.7613$.

根据样本值求得 $\overline{x}=3.2$，$s=0.436$，于是检验统计量的值

$$t=\frac{\overline{x}-\mu_0}{s/\sqrt{n}}=1.7766>1.7613.$$

它落入拒绝域，故拒绝 H_0，即在显著性水平 $\alpha=0.05$ 下，认为该厂废水中有毒物质含量超标，不符合环保规定.

二、总体方差的假设检验

类似地，关于方差 σ^2，也可考虑下述三种假设检验问题：

(1) $H_0: \sigma^2=\sigma_0^2$，$H_1: \sigma^2\neq\sigma_0^2$；

(2) $H_0: \sigma^2\leqslant\sigma_0^2$，$H_1: \sigma^2>\sigma_0^2$；

(3) $H_0: \sigma^2\geqslant\sigma_0^2$，$H_1: \sigma^2<\sigma_0^2$.

先讨论检验问题(1). 由于 S^2 是 σ^2 的无偏估计量，所以当 H_0 为真时，S^2 的观察值 s^2 与 σ_0^2 的比值 s^2/σ_0^2 一般来说应在 1 附近摆动，不应过分大于 1，也不应过分小于 1.

由 § 5.3 中的定理 2 可知 $\dfrac{(n-1)S^2}{\sigma^2}\sim\chi^2(n-1)$，从而在 H_0 为真时，有

$$\frac{(n-1)S^2}{\sigma_0^2}\sim\chi^2(n-1).$$

因此可取

$$\chi^2=\frac{(n-1)S^2}{\sigma_0^2}$$

作为检验统计量. 据上所述，检验问题(1)的拒绝域的形式为

$$\frac{(n-1)S^2}{\sigma_0^2}\leqslant k_1 \quad 或 \quad \frac{(n-1)S^2}{\sigma_0^2}\geqslant k_2,$$

其中 k_1，k_2 为待定的临界值.

而对给定显著性水平 α，欲使

$$P\{拒绝\ H_0\,|\,H_0\ 为真\}=P\left\{\left(\frac{(n-1)S^2}{\sigma_0^2}\leqslant k_1\right)\cup\left(\frac{(n-1)S^2}{\sigma_0^2}\geqslant k_2\right)\right\}\leqslant\alpha,$$

只需令

$$P\left\{\frac{(n-1)S^2}{\sigma_0^2}\leqslant k_1\right\}=\frac{\alpha}{2},\quad P\left\{\frac{(n-1)S^2}{\sigma_0^2}\geqslant k_2\right\}=\frac{\alpha}{2}.$$

于是 $k_1=\chi^2_{1-\alpha/2}(n-1)$，$k_2=\chi^2_{\alpha/2}(n-1)$，从而拒绝域为

$$\frac{(n-1)S^2}{\sigma_0^2}\leqslant\chi^2_{1-\alpha/2}(n-1)\quad 或 \quad \frac{(n-1)S^2}{\sigma_0^2}\geqslant\chi^2_{\alpha/2}(n-1).$$

再讨论检验问题(2). 根据 H_1 可知，当观察值 s^2 过大时，应拒绝 H_0，因此，拒绝域应具有形式：$s^2\geqslant c$，其中 c 为待定的临界值.

下面来确定常数 c. 由于

$$P\{拒绝\ H_0\,|\,H_0\ 为真\}=P\{S^2\geqslant c\}=P\left\{\frac{(n-1)S^2}{\sigma_0^2}\geqslant\frac{(n-1)c}{\sigma_0^2}\right\},$$

而当 $\sigma^2\leqslant\sigma_0^2$ 时，$\left\{\frac{(n-1)S^2}{\sigma_0^2}\geqslant\frac{(n-1)c}{\sigma_0^2}\right\}\subset\left\{\frac{(n-1)S^2}{\sigma^2}\geqslant\frac{(n-1)c}{\sigma_0^2}\right\}$，故

$$P\{拒绝\ H_0\,|\,H_0\ 为真\}=P\left\{\frac{(n-1)S^2}{\sigma_0^2}\geqslant\frac{(n-1)c}{\sigma_0^2}\right\}\leqslant P\left\{\frac{(n-1)S^2}{\sigma^2}\geqslant\frac{(n-1)c}{\sigma_0^2}\right\}.$$

因此对给定的显著性水平 α，欲使 $P\{拒绝\ H_0\,|\,H_0\ 为真\}\leqslant\alpha$，只需令

$$P\left\{\frac{(n-1)S^2}{\sigma^2}\geqslant\frac{(n-1)c}{\sigma_0^2}\right\}=\alpha.$$

因 $\frac{(n-1)S^2}{\sigma^2}\sim\chi^2(n-1)$，故

$$\frac{(n-1)c}{\sigma_0^2}=\chi^2_\alpha(n-1),\quad 从而\quad c=\frac{\sigma_0^2}{n-1}\chi^2_\alpha(n-1).$$

于是检验问题(2)的拒绝域为 $s^2\geqslant\frac{\sigma_0^2}{n-1}\chi^2_\alpha(n-1)$，即

$$\chi^2=\frac{(n-1)S^2}{\sigma_0^2}\geqslant\chi^2_\alpha(n-1).$$

类似地，对于给定的显著性水平 α，可得检验问题(3)的拒绝域为

$$\chi^2=\frac{(n-1)S^2}{\sigma_0^2}\leqslant\chi^2_{1-\alpha}(n-1).$$

上述用 $\chi^2=\frac{(n-1)S^2}{\sigma_0^2}$ 作为检验统计量的检验法称为 χ^2 **检验法**.

例 3 已知某种溶液中水分的含量 $X\sim N(\mu,\sigma^2)$，要求其标准差 σ 不超过 0.6%. 现在检测了 10 个样本，得到水分含量的样本标准差 $s=0.68\%$. 问：在显著性水平 $\alpha=0.05$ 下，能否认为溶液中水分含量的标准差符合要求？

解 本题要求在水平 $\alpha=0.05$ 下，检验假设

$$H_0:\sigma^2\leqslant\sigma_0^2=0.006^2,\quad H_1:\sigma^2>\sigma_0^2=0.006^2.$$

取检验统计量为 $\chi^2=\frac{(n-1)S^2}{\sigma_0^2}$. 现在 $n=10$，$\chi^2_\alpha(n-1)=\chi^2_{0.05}(9)=16.919$，从而拒绝域为 $\chi^2\geqslant16.919$.

由观察值 $s^2=0.0068^2$ 得检验统计量的值

$$\chi^2=\frac{(n-1)s^2}{\sigma_0^2}=\frac{9\times 0.0068^2}{0.006^2}=11.560<16.919,$$

所以接受原假设 H_0,即认为溶液中水分含量的标准差符合要求.

为便于查阅,将单个正态总体参数的假设检验中有关条件、使用的检验统计量及拒绝域列于表 1 中(显著性水平为 α).

表 1

原假设 H_0	备择假设 H_1	条件	检验统计量	拒绝域
$\mu=\mu_0$ $\mu\leqslant\mu_0$ $\mu\geqslant\mu_0$	$\mu\neq\mu_0$ $\mu>\mu_0$ $\mu<\mu_0$	σ^2 已知	$Z=\dfrac{\overline{X}-\mu_0}{\sigma/\sqrt{n}}$	$\|z\|\geqslant z_{\alpha/2}$ $z\geqslant z_\alpha$ $z\leqslant -z_\alpha$
$\mu=\mu_0$ $\mu\leqslant\mu_0$ $\mu\geqslant\mu_0$	$\mu\neq\mu_0$ $\mu>\mu_0$ $\mu<\mu_0$	σ^2 未知	$T=\dfrac{\overline{X}-\mu_0}{S/\sqrt{n}}$	$\|t\|\geqslant t_{\alpha/2}(n-1)$ $t\geqslant t_\alpha(n-1)$ $t\leqslant -t_\alpha(n-1)$
$\sigma^2=\sigma_0^2$ $\sigma^2\leqslant\sigma_0^2$ $\sigma^2\geqslant\sigma_0^2$	$\sigma^2\neq\sigma_0^2$ $\sigma^2>\sigma_0^2$ $\sigma^2<\sigma_0^2$	无	$\chi^2=\dfrac{(n-1)S^2}{\sigma_0^2}$	$\chi^2\leqslant\chi^2_{1-\alpha/2}(n-1)$ 或 $\chi^2\geqslant\chi^2_{\alpha/2}(n-1)$ $\chi^2\geqslant\chi^2_\alpha(n-1)$ $\chi^2\leqslant\chi^2_{1-\alpha}(n-1)$

习 题 7.2

1. 某商店经理认为顾客每周花在面包上的费用为 1.5 元. 随机抽查 80 人,计算得 $\overline{x}=1.40$ 元. 设顾客每周花在面包上的费用服从正态分布,且标准差 $\sigma=0.15$ 元,问: 在 $\alpha=0.05$ 和 0.01 的显著性水平下,商店经理的观点是否正确?

2. 某工厂生产的固体燃料推进器的燃烧率服从正态分布 $N(\mu_0,\sigma^2)$,其中 $\mu_0=40\,\mathrm{cm/s}$,$\sigma=2\,\mathrm{cm/s}$. 现在用新方法生产了一批推进器. 从中随机取 25 个,测得燃烧率的样本均值 $\overline{x}=41.25\,\mathrm{cm/s}$. 假设在新方法下总体均方差仍为 2 cm/s,试问: 用新方法生产的推进器的燃烧率是否较以往生产的推进器的燃烧率有显著提高($\alpha=0.05$)?

3. 设某次考试的考生成绩服从正态分布. 从中随机抽取 36 位考生的成绩,计算得平均成绩为 66.5 分,标准差为 15 分. 问: 在显著性水平 0.05 下,是否可以认为这次考试全体考生的平均成绩为 70 分?

4. 设某计算机公司使用的现行系统,运行试通每个程序的平均时间为 45 s. 现在使用一个新系统运行 9 个程序,所需的计算时间(单位: s)分别是: 30,37,42,35,36,40,47,48,45. 假设系统试通一个程序的时间服从正态分布,那么新系统是否减少了现行系统试通一个程序的时间($\alpha=0.05$)?

5. 某个手机生产厂家在其宣传广告中声称其生产的某种品牌手机的待机时间平均值至少为 71.5 h. 某质检部门检查了该厂这种品牌的手机 6 部，得到的待机时间（单位：h）为 69，68，72，70，66，75. 设手机的待机时间服从正态分布，由这些数据能否说明该厂广告有欺骗消费者之嫌疑（$\alpha=0.05$）?

6. 长期以来，某厂生产的某种型号电池的寿命服从方差为 $\sigma^2=5000\ \mathrm{h}^2$ 的正态分布. 现有一批这种电池，从它的生产情况来看，寿命的波动性有所改变. 从中随机取 26 节电池，测出其寿命的样本方差 $s^2=9200\ \mathrm{h}^2$. 试根据这一数据推断这批电池的寿命的波动性较以往有无显著变化（$\alpha=0.02$）.

7. 某种钢板的重量指标平时服从正态分布，其制造规格规定，钢板重量的方差不得超过 $\sigma^2=0.016\ \mathrm{kg}^2$. 现在从某天生产的钢板中随机抽测 25 块，计算得样本方差 $s^2=0.025\ \mathrm{kg}^2$. 问：该天生产的钢板是否符合规格（$\alpha=0.01$）?

8. 为了检查一批保险丝，从中抽取 10 根，测得通过强电流熔化所需时间（单位：s）为：

65，42，78，75，71，69，68，57，55，54.

已知熔化时间服从正态分布，试问：在显著性水平 $\alpha=0.05$ 下，

(1) 能否认为这批保险丝的平均熔化时间少于 65 s?

(2) 能否认为这批保险丝熔化时间的方差不超过 $80\ \mathrm{s}^2$?

§7.3 两个正态总体参数的假设检验

本节讨论有关两个正态总体参数（均值与方差）的假设检验问题.

一、两个正态总体均值差的假设检验

设 $X_1,X_2,\cdots,X_{n_1}$ 是来自正态总体 $X\sim N(\mu_1,\sigma_1^2)$ 的样本，$Y_1,Y_2,\cdots,Y_{n_2}$ 是来自正态总体 $Y\sim N(\mu_2,\sigma_2^2)$ 的样本，且两样本相互独立. 又分别记它们的均值为 $\overline{X},\overline{Y}$，样本方差为 S_1^2，S_2^2. 假设 μ_1,μ_2 均未知.

1. 方差 σ_1^2,σ_2^2 已知时均值差 $\mu_1-\mu_2$ 的假设检验

我们考虑下述三种假设检验问题：

(1) $H_0:\mu_1-\mu_2=\delta,\ H_1:\mu_1-\mu_2\neq\delta$;

(2) $H_0:\mu_1-\mu_2\leqslant\delta,\ H_1:\mu_1-\mu_2>\delta$;

(3) $H_0:\mu_1-\mu_2\geqslant\delta,\ H_1:\mu_1-\mu_2<\delta$.

这里 δ 是已知常数. 当 $\delta=0$ 时就是检验两个正态总体的均值是否相等.

先讨论检验问题(1). 由于 $\overline{X}\sim N(\mu_1,\sigma_1^2/n_1)$，$\overline{Y}\sim N(\mu_2,\sigma_2^2/n_2)$，所以

$$\overline{X}-\overline{Y}\sim N\left(\mu_1-\mu_2,\frac{\sigma_1^2}{n_1}+\frac{\sigma_2^2}{n_2}\right),\quad 从而\quad \frac{\overline{X}-\overline{Y}-(\mu_1-\mu_2)}{\sqrt{\sigma_1^2/n_1+\sigma_2^2/n_2}}\sim N(0,1).$$

故当 H_0 为真时，

$$\frac{\overline{X}-\overline{Y}-\delta}{\sqrt{\sigma_1^2/n_1+\sigma_2^2/n_2}}\sim N(0,1).$$

于是选取如下统计量作为检验统计量：

$$Z=\frac{\overline{X}-\overline{Y}-\delta}{\sqrt{\sigma_1^2/n_1+\sigma_2^2/n_2}}.$$

与单个正态总体的 Z 检验法类似，此检验问题拒绝域的形式为

$$\left|\frac{\overline{X}-\overline{Y}-\delta}{\sqrt{\sigma_1^2/n_1+\sigma_2^2/n_2}}\right|\geqslant c\quad (c\text{ 为待定临界值}).$$

对于给定的显著性水平 α，由

$$P\{\text{拒绝 } H_0 \mid H_0 \text{ 为真}\}=P\left\{\left|\frac{\overline{X}-\overline{Y}-\delta}{\sqrt{\sigma_1^2/n_1+\sigma_2^2/n_2}}\right|\geqslant c\right\}=\alpha$$

可得 $c=z_{\alpha/2}$，于是拒绝域为

$$|z|=\left|\frac{\overline{x}-\overline{y}-\delta}{\sqrt{\sigma_1^2/n_1+\sigma_2^2/n_2}}\right|\geqslant z_{\alpha/2}.$$

类似地，可得检验问题(2)，(3)在显著性水平 α 下的拒绝域分别为

$$z\geqslant z_\alpha \quad \text{和} \quad z\leqslant -z_\alpha.$$

例 1 某银行欲在两个相邻地区之一开设一个新的支行. 银行所关心的因素是这两个地区家庭平均收入是否相同. 根据以往的调查资料，知道这两个地区家庭收入都服从正态分布，而且标准差都等于 500 元. 但银行为了慎重起见，还是在这两个地区各抽取 200 户，经计算得第一个地区家庭平均收入为 25600 元，第二个地区家庭平均收入为 25490 元. 问：在 $\alpha=0.05$ 的显著性水平下，这两个地区的家庭平均收入是否有显著差异？

解 设第一、第二个地区的家庭收入分别为随机变量 X,Y，它们分别服从正态分布 $N(\mu,\sigma_1^2)$，$N(\mu_2,\sigma_2^2)$. 根据题意即要检验假设：

$$H_0: \mu_1=\mu_2, \quad H_1: \mu_1\neq\mu_2.$$

这是方差已知时两总体均值差的检验问题，且 $\delta=0$.

取检验统计量

$$Z=\frac{\overline{X}-\overline{Y}}{\sqrt{\sigma_1^2/n_1+\sigma_2^2/n_2}}.$$

由 $\alpha=0.05$ 及 $z_{\alpha/2}=z_{0.025}=1.96$ 知拒绝域为 $|z|\geqslant 1.96$.

由已知有 $n_1=n_2=200$，$\overline{x}=25600$，$\overline{y}=25490$，$\sigma_1=\sigma_2=\sigma=500$，于是检验统计量的绝对值

$$|z|=\left|\frac{\overline{x}-\overline{y}}{\sigma\sqrt{1/n_1+1/n_2}}\right|=\left|\frac{25600-25490}{500\sqrt{1/200+1/200}}\right|=\frac{110}{50}=2.2>1.96,$$

所以拒绝 H_0,即认为这两个地区的家庭平均收入有显著差异.

2. 方差 $\sigma_1^2=\sigma_2^2=\sigma^2$ 未知时均值差 $\mu_1-\mu_2$ 的假设检验

同样考虑假设检验问题(1),(2),(3).

对于检验假设问题(1),当 H_0 为真时,

$$\frac{\overline{X}-\overline{Y}-\delta}{S_w\sqrt{1/n_1+1/n_2}}\sim t(n_1+n_2-2).$$

其中 $S_w^2=\dfrac{(n_1-1)S_1^2+(n_2-1)S_2^2}{n_1+n_2-2}$,$S_w=\sqrt{S_w^2}$. 因此选用下述 T 统计量作为检验统计量:

$$T=\frac{\overline{X}-\overline{Y}-\delta}{S_w\sqrt{1/n_1+1/n_2}},$$

与单个正态总体的 t 检验法类似,该假设检验问题拒绝域的形式为

$$\left|\frac{\overline{X}-\overline{Y}-\delta}{S_w\sqrt{1/n_1+1/n_2}}\right|\geqslant c\quad (c\ \text{为待定临界值}).$$

对于给定的显著性水平 α,由

$$P\{\text{拒绝}\ H_0\,|\,H_0\ \text{为真}\}=P\left\{\left|\frac{\overline{X}-\overline{Y}-\delta}{S_w\sqrt{1/n_1+1/n_2}}\right|\geqslant c\right\}=\alpha$$

可得 $c=t_{\alpha/2}(n_1+n_2-2)$,于是拒绝域为

$$|t|=\frac{|\overline{x}-\overline{y}-\delta|}{s_w\sqrt{1/n_1+1/n_2}}\geqslant t_{\alpha/2}(n_1+n_2-2).$$

类似地,可得假设检验问题(2),(3)在显著性水平 α 下的拒绝域分别为

$$t=\frac{\overline{x}-\overline{y}-\delta}{s_w\sqrt{1/n_1+1/n_2}}\geqslant t_\alpha(n_1+n_2-2)$$

和

$$t=\frac{\overline{x}-\overline{y}-\delta}{s_w\sqrt{1/n_1+1/n_2}}\leqslant -t_\alpha(n_1+n_2-2).$$

例 2 设某卷烟厂生产甲、乙两种香烟. 现分别对这两种烟的尼古丁含量做 6 次测量,结果如下:

甲	25	28	23	26	29	22
乙	28	23	30	35	21	27

若香烟中尼古丁含量服从正态分布,且方差相等,试问:这两种香烟中尼古丁含量是否有显著差异($\alpha=0.05$)?

解 按题意可设甲种烟尼古丁含量 $X\sim N(\mu_1,\sigma^2)$,乙种烟尼古丁含量 $Y\sim N(\mu_2,\sigma^2)$,本题需在显然性水平 $\alpha=0.05$ 下检验假设

$$H_0: \mu_1 = \mu_2, \quad H_1: \mu_1 \neq \mu_2.$$

这是方差未知但相等时两正态总体均值差的检验问题，且 $\delta=0$.

取检验统计量

$$T = \frac{\overline{X} - \overline{Y}}{S_w\sqrt{1/n_1 + 1/n_2}},$$

则拒绝域为 $|t| \geqslant t_{\alpha/2}(n_1+n_2-2) = t_{0.025}(6+6-2) = 2.2281$.

已知 $n_1=n_2=6$，由测量数据可计算出：

$$\overline{x} = 25.5, \quad \overline{y} = 27.3, \quad (n_1-1)s_1^2 = 37.5, \quad (n_2-1)s_2^2 = 125.3,$$

$$s_w = \sqrt{\frac{(n_1-1)s_1^2+(n_2-1)s_2^2}{n_1+n_2-2}} = \sqrt{\frac{37.5+125.3}{6+6-2}} = 4.0348.$$

代入可得检验统计量的绝对值

$$|t| = \left|\frac{25.5-27.3}{4.0348\sqrt{1/6+1/6}}\right| = 0.7727 < 2.2281,$$

故接受 H_0，即认为甲、乙两种香烟尼古丁含量无显著差异.

对于 σ_1^2, σ_2^2 均未知但样本容量 n_1, n_2 都较大（一般大于 50 即可）的情形，一般可利用§7.4 非正态总体参数的假设检验中介绍的大样本检验法进行检验.

二、基于成对数据的检验

有时为了比较两种产品、两种仪器或两种方法等的差异，我们常在相同的条件下做对比试验，得到一批成对的观察值，然后分析观察数据，做出推断. 这种方法常称为逐对比较法.

在上面讨论的两个正态总体均值比较的检验中，我们实际上是假设来自这两个正态总体的样本是相互独立的. 但是，在实际中，有时候情况不是这样的，可能这两个正态总体的样本是来自同一个总体上的重复测量，它们是成对出现且相关的. 请看下面的例子.

例 3 以 10 名失眠者为实验对象，比较两种安眠药 A 和 B 的疗效. 以 X 表示服用 A 后延长的睡眠时间，以 Y 表示服用 B 后延长的睡眠时间. 对每个患者服用安眠药 A 和 B 分别试验一次，得数据（单位：h）如表 1 所示. 给定显著性水平 $\alpha=0.01$，试问：这两种药的疗效有无显著差异？

表 1

患者	1	2	3	4	5	6	7	8	9	10
X	1.9	0.8	1.1	0.1	−0.1	4.4	5.5	1.6	4.6	3.4
Y	0.7	−1.6	−0.2	−1.2	−0.1	3.4	3.7	0.8	0	2.0
$D=X-Y$	1.2	2.4	1.3	1.3	0	1.0	1.8	0.8	4.6	1.4

分析 不妨用 $X_i, Y_i (i=1,2,\cdots,10)$ 分别表示第 i 名患者服用安眠药 A 和 B 后延长的睡眠时间，则第 i 名患者分别服用安眠药 A 和 B 后延长的睡眠时间可表示为 (X_i, Y_i). X_i 与

$Y_i(i=1,2,\cdots,10)$是有关系的，不会相互独立. 另一方面，$X_1,X_2,\cdots,X_{10}$是这10名患者服用A后延长的睡眠时间，由于各人体质诸方面的条件不同，它们也不能看成来自同一个正态总体的样本，对于$Y_1,Y_2,\cdots,Y_{10}$也一样. 对(X_i,Y_i)的观察得到的数据称为**成对数据**. 对这样的数据在前面所讨论的检验方法就不适用. 但是，因为X_i和Y_i是在同一名患者身上观测到的延长的睡眠时间，所以X_i-Y_i就消除了人的体质诸方面的条件差异，仅剩下服用安眠药A和B后延长的睡眠时间的差异，从而我们可以把$D_i=X_i-Y_i(i=1,2,\cdots,10)$看成来自正态总体$N(\mu_D,\sigma_D^2)$的样本，其中$\mu_D$就是服用安眠药$A$和$B$后延长的睡眠时间的均值差. 这两种药的疗效是否有显著差异，就归结为检验如下假设：

$$H_0:\mu_D=0,\quad H_1:\mu_D\neq 0.$$

一般地，设有n对相互独立的观察结果$(X_1,Y_1),(X_2,Y_2),\cdots,(X_n,Y_n)$，令$D_1=X_1-Y_1,D_2=X_2-Y_2,\cdots,D_n=X_n-Y_n$，则$D_1,D_2,\cdots,D_n$相互独立. 若$D_1,D_2,\cdots,D_n$是由同一因素引起的，可认为它们服从同一分布. 今假设$D_i\sim N(\mu_D,\sigma_D^2)(i=1,2,\cdots,n)$. 这就是说$D_1,D_2,\cdots,D_n$构成正态总体$N(\mu_D,\sigma_D^2)$的一个样本，其中$\mu_D,\sigma_D^2$未知. 我们需要基于这一样本检验假设：

(1) $H_0:\mu_D=0,\ H_1:\mu_D\neq 0$;

(2) $H_0:\mu_D\leqslant 0,\ H_1:\mu_D>0$;

(3) $H_0:\mu_D\geqslant 0,\ H_1:\mu_D<0$.

分别记$D_1,D_2,\cdots,D_n$的样本均值和样本方差的观察值为$\bar{d},s_D^2$. 按关于单个正态总体均值的t检验法，选取$T=\dfrac{D}{S_D/\sqrt{n}}$作为检验统计量，于是对于显著性水平$\alpha$，检验问题(1),(2),(3)的拒绝域分别为

$$|t|=\left|\frac{\bar{d}}{s_D/\sqrt{n}}\right|\geqslant t_{\alpha/2}(n-1),$$

$$t=\frac{\bar{d}}{s_D/\sqrt{n}}\geqslant t_\alpha(n-1),$$

$$t=\frac{\bar{d}}{s_D/\sqrt{n}}\leqslant -t_\alpha(n-1).$$

现在回过头来讨论本例的检验问题. 先求出同一患者分别服用安眠药A和B后延长的睡眠时间之差$D=X-Y$，列于表1的第三行. 按题意需检验假设：

$$H_0:\mu_D=0,\quad H_1:\mu_D\neq 0.$$

这里$n=10,t_{\alpha/2}(n-1)=t_{0.005}(9)=3.25$，即知拒绝域为

$$|t|=\left|\frac{\bar{d}}{s_D/\sqrt{n}}\right|\geqslant 3.25.$$

由观察值求得$\bar{d}=1.58,s_D=1.23,|t|=\left|\dfrac{1.58}{1.23/\sqrt{10}}\right|=4.06>3.25$，所以拒绝$H_0$，即认

为这两种药的疗效有显著差异.

三、两个正态总体方差的检验

设 $X_1,X_2,\cdots,X_{n_1}$ 是来自正态总体 $X\sim N(\mu_1,\sigma_1^2)$ 的样本,$Y_1,Y_2,\cdots,Y_{n_2}$ 是来自正态总体 $Y\sim N(\mu_2,\sigma_2^2)$ 的样本,且两样本独立,其样本方差分别为 S_1^2,S_2^2. 假设 $\mu_1,\mu_2,\sigma_1^2,\sigma_2^2$ 均为未知. 下面考虑下述三种假设检验问题:

(1) $H_0: \sigma_1^2=\sigma_2^2$, $H_1: \sigma_1^2\neq\sigma_2^2$;

(2) $H_0: \sigma_1^2\leqslant\sigma_2^2$, $H_1: \sigma_1^2>\sigma_2^2$;

(3) $H_0: \sigma_1^2\geqslant\sigma_2^2$, $H_1: \sigma_1^2<\sigma_2^2$.

先考虑检验问题(2). 当 H_1 为真时,$\mathrm{E}(S_1^2)=\sigma_1^2>\sigma_2^2=\mathrm{E}(S_2^2)$,观察值 S_1^2/S_2^2 有偏大的趋势,故拒绝域具有形式

$$s_1^2/s_2^2 \geqslant c \quad (c\text{ 为待定临界值}).$$

当 H_0 为真时,$\sigma_1^2\leqslant\sigma_2^2$,$\left\{\dfrac{S_1^2}{S_2^2}\geqslant c\right\}\subset\left\{\dfrac{S_1^2/S_2^2}{\sigma_1^2/\sigma_2^2}\geqslant c\right\}$,故

$$P\{\text{拒绝 } H_0 \mid H_0 \text{ 为真}\} = P\left\{\frac{S_1^2}{S_2^2}\geqslant c\right\}\leqslant P\left\{\frac{S_1^2/S_2^2}{\sigma_1^2/\sigma_2^2}\geqslant c\right\}.$$

对于给定的显著性水平 α,欲使 $P\{\text{拒绝 } H_0 \mid H_0 \text{ 为真}\}\leqslant\alpha$,只需令

$$P\left\{\frac{S_1^2/S_2^2}{\sigma_1^2/\sigma_2^2}\geqslant c\right\}=\alpha.$$

因 $\dfrac{S_1^2/S_2^2}{\sigma_1^2/\sigma_2^2}\sim F(n_1-1,n_2-1)$,故 $c=F_\alpha(n_1-1,n_2-1)$. 于是假设检验问题(2)的拒绝域为

$$F=s_1^2/s_2^2\geqslant F_\alpha(n_1-1,n_2-1).$$

类似地,在显著性水平 α 下,可得假设检验问题(1)的拒绝域为

$$F = s_1^2/s_2^2 \geqslant F_{\alpha/2}(n_1-1,n_2-1) \quad \text{或} \quad F = s_1^2/s_2^2 \leqslant F_{1-\alpha/2}(n_1-1,n_2-1),$$

而假设检验问题(3)的拒绝域为

$$F = s_1^2/s_2^2 \leqslant F_{1-\alpha}(n_1-1,n_2-1).$$

在这些假设检验问题中,我们都是用统计量 $F=\dfrac{S_1^2}{S_2^2}$ 来确定拒绝域的,这种检验法常称为 **F 检验法**.

例 4 设用新、旧两种不同方法冶炼某重金属材料. 现分别抽样测定其杂质含量,测得原冶炼方法的 13 个数据,计算得样本方差 $s_1^2=5.411$;测得新冶炼方法的 9 个数据,计算得样本方差 $s_2^2=1.459$. 设两种方法冶炼的金属材料杂质含量均服从正态分布,试问:这两种方法冶炼的金属材料杂质含量的方差是否有显著差异($\alpha=0.05$)?

解 设旧、新冶炼法的金属材料杂质含量分别服从正态分布 $N(\mu_1,\sigma_1^2)$,$N(\mu_2,\sigma_2^2)$,依题意即要检验假设

$$H_0: \sigma_1^2 = \sigma_2^2, \quad H_1: \sigma_1^2 \neq \sigma_2^2.$$

此处 $n_1=13, n_2=9, \alpha=0.05, F_{\alpha/2}(n_1-1,n_2-1)=F_{0.025}(12,8)=4.2, F_{1-\alpha/2}(n_1-1,n_2-1)$ $=\frac{1}{F_{\alpha/2}(n_2-1,n_1-1)}=\frac{1}{F_{0.025}(8,12)}=\frac{1}{3.51}=0.28$,从而拒绝域为

$$F = s_1^2/s_2^2 \geqslant 4.2 \quad 或 \quad F = s_1^2/s_2^2 \leqslant 0.28.$$

由观察值 $s_1^2=5.411, s_2^2=1.459$ 知检验统计量的值满足 $0.28<F=\frac{s_1^2}{s_2^2}=\frac{5.411}{1.459}=3.71<4.2$,故接受假设 H_0,即认为这两种冶炼法的金属材料杂质含量无显著差异.

例 5 某化工厂为了提高某种化学药品的得率,提出了两种工艺方案.为了研究哪一种方案好,分别对这两种工艺方案各进行了 10 次试验,得到两组样本均值和样本方差分别为 $\overline{x}=65.96, \overline{y}=69.43, s_1^2=3.351, s_2^2=2.246$.假设得率均服从正态分布,问:方案 2 是否能比方案 1 显著提高得率($\alpha=0.01$)?

解 设方案 1 和方案 2 的得率分别服从正态分布 $N(\mu_1,\sigma_1^2)$ 和 $N(\mu_2,\sigma_2^2)$.依题意,要比较 μ_1 与 μ_2.由于两方差未知,且不知是否相等,故先对两方差进行假设检验,再考虑两均值的假设检验.

(1) 检验假设 $H_0: \sigma_1^2=\sigma_2^2, H_1: \sigma_1^2\neq\sigma_2^2$.

选取检验统计量 $F=S_1^2/S_2^2$,得拒绝域为

$$F = s_1^2/s_2^2 \geqslant F_{\alpha/2}(n_1-1,n_2-1) \quad 或 \quad F = s_1^2/s_2^2 \leqslant F_{1-\alpha/2}(n_1-1,n_2-1).$$

这里 $\alpha=0.01, n_1=n_2=10$.查 F 分布表得 $F_{\alpha/2}(n_1-1,n_2-1)=F_{0.005}(9,9)=6.54, F_{1-\alpha/2}(n_1-1, n_2-1)=F_{0.995}(9,9)=\frac{1}{F_{0.005}(9,9)}=\frac{1}{6.54}\approx 0.153$.

计算检验统计量的值得 $F=\frac{s_1^2}{s_2^2}=\frac{3.351}{2.246}=1.49$.因为 $0.153<1.49<6.45$,所以检验统计量的值没有落在拒绝域内,因而接受原假设 H_0,即认为两种方案得率的方差相等.

(2) 检验假设 $H_0: \mu_1\geqslant\mu_2, H_1: \mu_1<\mu_2$.

由(1)的检验结果,两总体的方差尽管未知,但相等.故在这个检验问题中,我们选用如下检验统计量:

$$T = \frac{\overline{X}-\overline{Y}}{S_w\sqrt{1/n_1+1/n_2}}, \quad 其中 \quad S_w^2 = \frac{(n_1-1)S_1^2+(n_2-1)S_2^2}{n_1+n_2-2}, S_w=\sqrt{S_w^2},$$

得拒绝域为

$$t = \frac{\overline{x}-\overline{y}}{s_w\sqrt{1/n_1+1/n_2}} \leqslant -t_\alpha(n_1+n_2-2).$$

查 t 分布表得 $-t_\alpha(n_1+n_2-2)=-t_{0.01}(18)=-2.5524$.

计算检验统计量的值得 $t=\frac{\overline{x}-\overline{y}}{s_w\sqrt{1/n_1+1/n_2}}=-4.6382$.因为 $t=-4.6382<-2.5524$,

故拒绝原假设 H_0，即认为方案 2 比方案 1 显著提高得率.

两总体方差相等也称做两总体具有**方差齐性**. 在实际问题中，方差齐性的检验是很重要的. 我们知道，当两个正态总体中的 σ_1^2,σ_2^2 都已知时，可用 Z 检验法来检验；而当 σ_1^2,σ_2^2 虽未知但相等时，可用 t 检验法来检验. 可是，在 σ_1^2,σ_2^2 均未知又不知是否相等时，如何检验 $\mu_1=\mu_2$ 呢？在这种情况下，我们应先用 F 检验法来检验两个正态总体方差的齐性，在方差齐性的条件下，再用两个正态总体的 t 检验法来检验均值的差异.

为便于查阅，将两个正态总体参数的假设检验中有关条件、使用的统计量及拒绝域列于表 2 中（显著性水平为 α，δ 为已知常数）.

表 2

原假设 H_0	备择假设 H_1	条件	检验统计量	拒绝域
$\mu_1-\mu_2=\delta$ $\mu_1-\mu_2\leqslant\delta$ $\mu_1-\mu_2\geqslant\delta$	$\mu_1-\mu_2\neq\delta$ $\mu_1-\mu_2>\delta$ $\mu_1-\mu_2<\delta$	σ_1^2,σ_2^2 已知	$Z=\dfrac{\overline{X}-\overline{Y}-\delta}{\sqrt{\dfrac{\sigma_1^2}{n_1}+\dfrac{\sigma_2^2}{n_2}}}$	$\lvert z\rvert\geqslant z_{\alpha/2}$ $z\geqslant z_\alpha$ $z\leqslant -z_\alpha$
$\mu_1-\mu_2=\delta$ $\mu_1-\mu_2\leqslant\delta$ $\mu_1-\mu_2\geqslant\delta$	$\mu_1-\mu_2\neq\delta$ $\mu_1-\mu_2>\delta$ $\mu_1-\mu_2<\delta$	$\sigma_1^2=\sigma_2^2=\sigma^2$ 未知	$T=\dfrac{\overline{X}-\overline{Y}-\delta}{S_w\sqrt{\dfrac{1}{n_1}+\dfrac{1}{n_2}}}$	$\lvert t\rvert\geqslant t_{\alpha/2}(n_1+n_2-2)$ $t\geqslant t_\alpha(n_1+n_2-2)$ $t\leqslant -t_\alpha(n_1+n_2-2)$
$\mu_D=0$ $\mu_D\leqslant 0$ $\mu_D\geqslant 0$	$\mu_D\neq 0$ $\mu_D>0$ $\mu_D<0$	成对数据	$T=\dfrac{\overline{D}}{S_D/\sqrt{n}}$	$\lvert t\rvert\geqslant t_{\alpha/2}(n-1)$ $t\geqslant t_\alpha(n-1)$ $t\leqslant -t_\alpha(n-1)$
$\sigma_1^2=\sigma_2^2$ $\sigma_1^2\leqslant\sigma_2^2$ $\sigma_1^2\geqslant\sigma_2^2$	$\sigma_1^2\neq\sigma_2^2$ $\sigma_1^2>\sigma_2^2$ $\sigma_1^2<\sigma_2^2$	μ_1,μ_2 未知	$F=\dfrac{S_1^2}{S_2^2}$	$F\geqslant F_{\alpha/2}(n_1-1,n_2-1)$ 或 $F\leqslant F_{1-\alpha/2}(n_1-1,n_2-1)$ $F\geqslant F_\alpha(n_1-1,n_2-1)$ $F\leqslant F_{1-\alpha}(n_1-1,n_2-1)$

习 题 7.3

1. 甲、乙两台机床加工同一种零件，设两台机床加工的零件外径都服从正态分布，标准差分别为 $\sigma_1=0.20\ \mathrm{cm}^2$，$\sigma_2=0.40\ \mathrm{cm}^2$. 现从加工的零件中分别抽取 8 件和 7 件，测得其外径（单位：cm）如下表所示：

甲	20.5	19.8	19.7	20.4	20.1	20.0	19.0	19.9
乙	19.7	20.8	20.5	19.8	19.4	20.6	19.2	

试在显著性水平 $\alpha=0.05$ 下检验两机床加工的零件外径有无显著差异.

2. 为研究学生身高与性别的关系，现从某学院学生中抽查了 30 名男生和 24 名女生，得到身高的平均值分别为 172.5 cm 和 164.2 cm. 假定男生和女生的身高分别服从标准差为 5.4 cm, 4.8 cm 的正态分布,试问:由此数据可否认为男生的身高高于女生($\alpha=0.05$)?

3. 对用两种不同的热处理方法加工的某金属材料做抗拉强度试验,得到试验数据(单位:kg/m)如下:

第一种方法	32	34	31	29	32	26	34	38	35	29	30	31
第二种方法	29	24	26	30	28	32	29	31	26	28	32	29

设用两种热处理方法加工的金属材料抗拉强度均服从正态分布,且方差相等,在给定显著性水平 $\alpha=0.05$ 下,问:两种热处理方法加工的金属材料抗拉强度有无显著差异?

4. 在 20 世纪 70 年代后期人们发现,酿造啤酒时,在麦芽干燥过程中形成一种致癌物质亚硝基二甲胺(NDMA). 到了 20 世纪 80 年代初期开发了一种新的麦芽干燥过程,下面是新、老两种过程中形成的 NDMA 含量的抽样数据(以 10 亿份中的份数记):

老过程	6	4	5	5	6	5	5	6	4	6	7	4
新过程	2	1	2	2	1	0	3	2	1	0	1	3

设新、老两种过程中形成的 NDMA 含量服从正态分布,且方差相等,分别以 μ_x, μ_y 记老、新过程的总体均值. 在显著性水平 $\alpha=0.05$,检验假设 $H_0: \mu_x-\mu_y \leqslant 2, H_1: \mu_x-\mu_y>2$.

5. 设甲、乙两个试验员对同样的试验进行分析,所得结果如下:

试验号数	1	2	3	4	5	6	7	8
甲	4.3	3.2	3.8	3.5	3.5	4.8	3.3	3.9
乙	3.7	4.1	3.8	3.8	4.6	3.9	2.8	4.4

若试验分析的结果服从正态分布,试问:甲、乙两人的试验分析之间有无显著差异($\alpha=0.05$)?

6. 设随机地选 8 个人,分别测量他们在早晨起床时和晚上就寝时的身高(单位:cm),得到以下数据:

序号 i	1	2	3	4	5	6	7	8
早上身高 X_i	172	168	180	181	160	163	165	177
晚上身高 Y_i	172	167	177	179	159	161	166	175

设 $D_i=X_i-Y_i(i=1,2,\cdots,8)$ 是来自正态总体 $N(\mu_D, \sigma_D^2)$ 的样本, μ_D, σ_D^2 均未知,问:是否可以认为早晨的身高比晚上的身高要高($\alpha=0.05$)?

7. 设有两个来自不同正态总体的样本,样本容量、样本均值、样本方差分别为 $n_1=4$, $n_2=5$, $\bar{x}_1=0.60$, $\bar{x}_2=2.25$, $s_1^2=15.07$, $s_2^2=10.81$. 在显著性水平 $\alpha=0.05$ 下,试检验两个样本是否来自具有相同方差的正态总体?

8. 某企业对其加工零件的生产线在采用一种新技术前后分别进行了抽样检验. 采用新技

术之前,抽取了 16 个样品,算得其尺寸的标准差为 25 单位,而采用新技术之后,抽取了 15 个样品,算得其尺寸的标准差为 27 单位. 试问: 新技术能否提高零件生产的稳定性($\alpha=0.01$)?

9. 某个研究的假设是: 湿路上汽车刹车距离的方差显著大于干路上汽车刹车距离的方差. 在调查研究中,以同样速度行驶的 32 辆汽车分两组,每组各 16 辆,分别在湿路和干路上检测刹车距离,得到: 在湿路上,刹车距离的标准差为 32 英尺;在干路上,刹车距离的标准差为 16 英尺. 假设刹车距离服从正态分布.

(1) 对于 $\alpha=0.05$ 的显著性水平,样本数据是否能够验证湿路上刹车距离的方差比干路上刹车距离方差大的结论?

(2) 就驾驶安全性方面的建议而言,你的统计结论有什么含义?

10. 设某商店销售的某种商品来自甲、乙两个厂家. 为考虑商品性能的差异,现从甲、乙两厂产品中分别随机地抽取 8 件和 9 件产品,测其性能指标 X,得到两组数据,算得样本均值和样本方差分别为 $\bar{x}_1=0.192$, $\bar{x}_2=0.238$, $s_1^2=0.006$, $s_2^2=0.008$. 假定甲、乙两个厂家生产的该种产品的性能指标分别服从正态分布 $N(\mu_1,\sigma_1^2)$, $N(\mu_2,\sigma_2^2)$. 试问:

(1) 能否认为甲、乙两个厂家生产的产品性能指标方差相等($\alpha=0.01$)?

(2) 能否认为甲、乙两个厂家生产的产品性能指标均值相等($\alpha=0.01$)?

11. 设两个班级用同一份试题进行了考试,甲班有 16 人,平均成绩为 82.3 分,样本标准差为 15.5 分;乙班有 21 人,平均成绩为 78.6 分,样本标准差为 16.1 分. 若考试成绩都服从正态分布,试问: 这两个班的成绩是否有显著差异($\alpha=0.05$)?

§7.4 非正态总体参数的假设检验

前一节我们给出的关于正态总体参数各种假设的检验方法,都是已知检验统计量的分布,并由此确定拒绝域. 但是,一般来讲,非正态总体的抽样分布不容易求得,有时即使能求出检验统计量的分布,使用上也很不方便. 因此,在实际应用中往往借助于检验统计量的极限分布. 若抽取大样本容量的样本(称为大样本),并用检验统计量的极限分布来近似作为其分布,由此得到的检验方法称为**大样本检验法**.

一、两点分布参数的假设检验

设总体 $X\sim B(1,p)$ ($p\in(0,1)$), $X_1,X_2,\cdots,X_n$ 为来自总体 X 的样本,则 $\sum\limits_{i=1}^{n}X_i\sim B(n,p)$. 给定显著性水平 α,考虑 p 的下述假设检验问题:

(1) $H_0: p=p_0$, $H_1: p\neq p_0$;

(2) $H_0: p\leqslant p_0$, $H_1: p>p_0$;

(3) $H_0: p\geqslant p_0$, $H_1: p<p_0$.

先讨论假设检验问题(1).由中心极限定理知,当 $n\to\infty$ 时,

$$\frac{\sum_{i=1}^{n}X_i-np}{\sqrt{np(1-p)}}\sim N(0,1).$$

所以当 H_0 为真,且 n 很大时,有

$$Z=\frac{\sum_{i=1}^{n}X_i-np_0}{\sqrt{np_0(1-p_0)}}=\frac{\overline{X}-p_0}{\sqrt{p_0(1-p_0)/n}}\overset{\text{近似}}{\sim}N(0,1).$$

由此取检验统计量

$$Z=\frac{\overline{X}-p_0}{\sqrt{p_0(1-p_0)/n}},$$

可得拒绝域为 $|z|\geqslant z_{\alpha/2}$.

类似地,可得假设检验问题(2)和(3)的拒绝域分别为

$$z\geqslant z_\alpha \quad \text{和} \quad z\leqslant -z_\alpha.$$

例 1 某药厂宣称其生产的某种补钙剂有效率不低于 90%.现对 100 名缺钙者进行试验,发现有 16 人无明显疗效.试问:试验结果能否认定药厂的宣称不真实($\alpha=0.01$)?

解 设随机变量 $X=\begin{cases}1, & \text{服用此种补钙剂有效},\\ 0, & \text{服用此种补钙剂无效},\end{cases}$ 则 $X\sim B(1,p)$,且 $p=P\{X=1\}$.因此问题归结为检验假设

$$H_0: p\geqslant 90\%, \quad H_1: p<90\%.$$

现 $n=100$ 较大,故可选用 $Z=\dfrac{\overline{X}-p_0}{\sqrt{p_0(1-p_0)/n}}$ 作为检验统计量,得拒绝域为 $z\leqslant -z_\alpha$.查标准正态分布表得 $-z_\alpha=-z_{0.01}=-2.33$,故拒绝域为 $z\leqslant -2.33$.

由 $n=100$, $p_0=0.9$, $\overline{x}=\dfrac{100-16}{100}=0.84$,可得检验统计量的值

$$z=\frac{0.84-0.9}{\sqrt{0.9(1-0.9)/100}}=-2>-2.33.$$

因 z 没有落在拒绝域中,故接受 H_0,即不能认为该药厂宣称此种补钙剂的有效率不低于 90%是不真实的.

二、两总体均值差的检验

设有两个相互独立的总体 X,Y,其均值和方差分别为 μ_1,μ_2 和 σ_1^2,σ_2^2.现从每个总体中各取一个样本,其样本容量、样本均值、样本方差分别记为 $n_1,\overline{X},S_1^2$ 和 $n_2,\overline{Y},S_2^2$,并且 n_1,n_2 很大.给定显著性水平 α,讨论关于 μ 的下述假设检验问题:

(1) $H_0: \mu_1=\mu_2, H_1: \mu_1\neq\mu_2$;

(2) $H_0: \mu_1\leqslant\mu_2, H_1: \mu_1>\mu_2$;

(3) $H_0: \mu_1\geqslant\mu_2, H_1: \mu_1<\mu_2$.

由于总体分布未知,且 $n_1 n_2$ 很大,我们用大样本方法给出这些假设的近似检验.

对于假设检验问题(1),当 n_1 很大时,由中心极限定理知

$$\frac{\overline{X}-\mu_1}{\sigma_1/\sqrt{n}} \overset{\text{近似}}{\sim} N(0,1), \quad 即 \quad \overline{X} \overset{\text{近似}}{\sim} N\left(\mu_1, \frac{\sigma_1^2}{n_1}\right).$$

同理,当 n_2 很大时,$\overline{Y} \overset{\text{近似}}{\sim} N(\mu_2, \sigma_2^2/n_2)$. 由于 $\overline{X}, \overline{Y}$ 独立,所以

$$\frac{\overline{X}-\overline{Y}-(\mu_1-\mu_2)}{\sqrt{\sigma_1^2/n_1+\sigma_2^2/n_2}} \overset{\text{近似}}{\sim} N(0,1).$$

而 S_1^2, S_2^2 分别是 σ_1^2, σ_2^2 的无偏估计,用 S_1^2 代替 σ_1^2,用 S_2^2 代替 σ_2^2,仍有

$$Z=\frac{(\overline{X}-\overline{Y})-(\mu_1-\mu_2)}{\sqrt{S_1^2/n_1+S_2^2/n_2}} \overset{\text{近似}}{\sim} N(0,1).$$

于是当 H_0 为真时,有

$$Z=\frac{(\overline{X}-\overline{Y})}{\sqrt{S_1^2/n_1+S_2^2/n_2}} \overset{\text{近似}}{\sim} N(0,1).$$

由此取检验统计量

$$Z=\frac{\overline{X}-\overline{Y}}{\sqrt{S_1^2/n_1+S_2^2/n_2}},$$

可得拒绝域为

$$|z|=\frac{|\overline{x}-\overline{y}|}{\sqrt{s_1^2/n_1+s_2^2/n_2}} \geqslant z_{\alpha/2} \quad (n_1, n_2 \text{ 充分大}).$$

类似地,可得假设检验问题(2)和(3)拒绝域分别为

$$z \geqslant z_\alpha \quad 和 \quad z \leqslant -z_\alpha.$$

同样,对于其他的非正态总体的参数,当样本容量 n 较大时,也可根据中心极限定理来近似求解未知参数的假设检验问题. 但需要注意的是,这种检验方法是近似的. 也就是说,检验的实际显著性水平与原先设定的显著性水平有差距. 这是由于前面用到的检验统计量 Z 的分布与分布 $N(0,1)$ 有差距. 如果 n 很大,这种差距就很小. 所以要在样本容量很大时才可以用这种方法,因而称之为大样本检验法.

例 2 为了比较两种子弹 A, B 的速度(单位: m/s),在相同条件下各进行 110 次速度测定,算得样本平均值及标准差分别为 $\overline{x}=2805$, $s_1=120.41$ 和 $\overline{y}=2680$, $s_2=105.00$. 试用大样本检验法检验这两种子弹的平均速度有无显著差异($\alpha=0.05$).

解 设子弹 A,B 的平均速度分别为 μ_1,μ_2，依题意知需要在显著性水平 $\alpha=0.05$ 下检验假设

$$H_0: \mu_1=\mu_2,\quad H_1: \mu_1\neq\mu_2.$$

因为 $n_1=110, n_2=110$，所以可看做大样本. 取检验统计量

$$Z=\frac{(\overline{X}-\overline{Y})-(\mu_1-\mu_2)}{\sqrt{S_1^2/n_1+S_2^2/n_2}},$$

则拒绝域为

$$|z|=\frac{|\overline{x}-\overline{y}|}{\sqrt{s_1^2/n_1+s_2^2/n_2}}\geqslant z_{\alpha/2}=z_{0.025}=1.96.$$

由 $n_1=110, \overline{x}=2805, s_1=120.41, n_2=110, \overline{y}=2680, s_2=105.00$ 得检验统计量的绝对值

$$|z|=\frac{|\overline{x}-\overline{y}|}{\sqrt{s_1^2/n_1+s_2^2/n_2}}=\frac{|2805-2680|}{\sqrt{120.41^2/110+105.00^2/110}}=8.2061>1.96,$$

所以拒绝 H_0，即认为这两种子弹的平均速度有显著差异.

习 题 7.4

1. 已知某产品的次品率为 0.1. 采用新工艺后，从新生产的一大批产品中抽取 100 件，发现有 9 件次品. 问：在显著性水平 $\alpha=0.05$ 下，能否认为采取新工艺对产品质量有显著影响?

2. 设将一枚硬币抛掷了 495 次，得结果：出现正面 220 次，出现反面 275 次. 试在显著性水平 $\alpha=0.05$ 下检验这个硬币是否均匀.

3. 某药厂在广告上声称某药品对某种疾病的治愈率为 85%. 一家医院对这种药品临床使用了 150 例，治愈了 110 人. 问：该药品的广告是否真实($\alpha=0.05$)?

4. 设用铸造与锻造两种不同的方法制造某种零件. 现从两种方法制造出的零件中分别随机抽取 100 个，其中铸造的废品有 10 个，锻造的废品有 3 个. 问：显著性水平 $\alpha=0.05$ 下，能否认为废品率与制造方法有关? 假如锻造的废品数从 3 个增加到 6 个，则结论又如何?

5. 设某厂使用两种不同的原料 A,B 生产同一类型产品. 在一周的产品中取样进行分析比较，取使用原料 A 生产的样品 220 件，测得平均重量为 2.46 kg，样本标准差 $s=0.57$ kg; 取使用原料 B 生产的样品 205 件，测得平均重量为 2.55 kg，样本标准差 $s=0.48$ kg. 设这两个样本独立，问：在显著性水平 0.05 下，能否认为使用原料 B 生产的产品平均重量较使用原料 A 生产的产品平均重量大?

§7.5 分布假设检验

上几节介绍的各种检验法都是在总体分布形式为已知的前提下进行讨论的. 但是在实际问题中,总体的分布形式往往是未知的,此时就需要根据样本对总体所服从的分布类型做出初步推断并对总体的分布形式提出假设,然后检验这个假设是否合适,这就是总体分布的假设检验问题. 对于总体分布的假设检验有很多种方法,这里我们只介绍较为重要的一种——皮尔逊 χ^2 拟合检验法.

设 $X_1,X_2,\cdots,X_n$ 是来自总体 X 的样本,记 X 的分布函数为 $F(x)$. 下面我们用皮尔逊 χ^2 拟合检验法来检验关于总体分布的假设

$$H_0: F(x)=F_0(x,\theta_1,\theta_2,\cdots,\theta_k), \quad H_1: F(x)\neq F_0(x,\theta_1,\theta_2,\cdots,\theta_k),$$

其中 $F_0(x,\theta_1,\theta_2,\cdots,\theta_k)$ 是具有明确表达式的已知分布函数,$\theta_1,\theta_2,\cdots,\theta_k$ 是未知参数.

皮尔逊 χ^2 拟合检验法的一般步骤是:

(1) 若在 H_0 成立的条件下 $F(x)$ 的形式已知,而 $F(x)$ 含有未知参数 $\theta_1,\theta_2,\cdots,\theta_r$,则应先用最大似然估计法估计出这些参数的值;

(2) 将在 H_0 成立的条件下 X 可能取值的全体 Ω 分成 k 个两两不相交的子集 A_1, $A_2,\cdots,A_k$;

(3) 根据 H_0 所假设的 X 的分布函数来计算事件 A_i 的概率,得到 $p_i=P(A_i)(i=1,2,\cdots,k)$;

(4) 计算样本值 $x_1,x_2,\cdots,x_n$ 中落在 A_i 的个数 $f_i(i=1,2,\cdots,k)$;

(5) 选用**皮尔逊检验统计量**

$$\chi^2=\sum_{i=1}^{k}\frac{n}{p_i}\left(\frac{f_i}{n}-p_i\right)^2=\sum_{i=1}^{k}\frac{f_i^2}{np_i}-n,$$

于是对于给定的显著性水平 α,拒绝域为 $\chi^2\geqslant\chi_\alpha(k-r-1)$.

事实上,如果 H_0 成立,则 f_i/n 与频率 p_i 差异不应太大,因此 $(f_i/n-p_i)^2$ 不应太大. 可以证明,在 H_0 成立且 n 较大时,近似有 $\chi^2\sim\chi^2(k-r-1)$(当 H_0 中所假设的 X 的分布函数 $F(x)$ 不含未知参数时,$r=0$). 于是当 $\chi^2\geqslant\chi_\alpha^2(k-r-1)$ 时就拒绝 H_0.

注 使用皮尔逊 χ^2 拟合检验法必须注意 n 要足够大. 另外,np_i 不能太小. 根据实践经验,要求样本容量 $n\geqslant50$,以及每一个 $np_i\geqslant5$,否则应适当合并 A_i,以满足这个要求.

例 1 根据某市公路交通部门某年交通事故记录统计,星期一至星期日发生的交通事故总数如下:

星期	一	二	三	四	五	六	日
次数	36	23	29	31	34	60	25

试问：交通事故的发生是否与星期几有关($\alpha=0.05$)？

解 设随机变量 $X=i(i=1,2,\cdots,7)$ 表示事故发生在一星期的第 i 天. 若交通事故的发生与星期几无关，则 X 应具有分布律

$$p_i = P\{X=i\} = 1/7 \quad (i=1,2,\cdots,7).$$

于是，此问题归结为检验下面的假设：

$$H_0: p_i = 1/7(i=1,2,\cdots,7), \quad H_1: p_i = 1/7(i=1,2,\cdots,7)\text{ 不全成立}.$$

应用皮尔逊 χ^2 拟合检验法，我们把 X 可能取值的全体分成 7 个小子集：$\{1\},\{2\},\cdots,\{7\}$，算出相应的频数 f_i 和理论频数 np_i，列于表 1. 由表 1 求得检验统计量的值

$$\chi^2 = \sum_{i=1}^{7}\frac{f_i^2}{np_i} - n = 26.941.$$

表 1

一星期的第 i 天	f_i	p_i	np_i	$\frac{f_i^2}{np_i}$
1	36	1/7	238×(1/7)	38.118
2	23	1/7	238×(1/7)	15.559
3	29	1/7	238×(1/7)	24.735
4	31	1/7	238×(1/7)	28.265
5	34	1/7	238×(1/7)	34.000
6	60	1/7	238×(1/7)	105.882
7	25	1/7	238×(1/7)	18.382

由 $\alpha=0.05, k=7, r=0$，查 χ^2 分布表得临界值 $\chi^2_\alpha(k-r-1)=\chi^2_{0.05}(6)=12.592$. 由于检验统计量的值 $\chi^2=26.941>12.592$，故拒绝 H_0，即认为交通事故的发生与星期几有关. 从原始数据上看，显然星期六的交通事故比其他 6 天多.

例 2 在某公路上，在时间段 50 min 内观察每 15 s 通过的汽车辆数，得数据如下表：

通过的汽车辆数	0	1	2	3	4	≥5
次数	92	68	28	11	1	0

问：能否认为 15 s 内通过的汽车辆数服从泊松分布($\alpha=0.01$)？

解 设 15 s 内通过的汽车辆数为 X，则本题即要检验假设

$$H_0: X\text{ 服从泊松分布}, \quad H_1: X\text{ 不服从泊松分布}.$$

在 H_0 成立的条件下，X 的分布律为 $P\{X=k\}=\frac{\lambda^k}{k!}e^{-\lambda}(k=0,1,2,\cdots)$，其中参数 $\lambda>0$，且未知.

(1) 求 λ 的最大似然估计值. 因为 λ 的最大似然估计值为 $\hat{\lambda}=\overline{x}$，而由观察数据得

$$\overline{x}=\frac{0\times 92+1\times 68+2\times 28+3\times 11+4\times 1}{200}=0.805,$$

故 $\hat{\lambda}=0.805$.

(2) 把 X 可能取值的全体分成 5 个小子集：$\{0\},\{1\},\cdots,\{4\},\{5,6,\cdots\}$，选择检验统计量 $\chi^2=\sum_{i=0}^{5}\frac{f_i^2}{n\hat{p}_i}-n$，其中 $\hat{p}_i$ 为相应于 $\hat{\lambda}$ 的 p_i 的估计.

(3) 拒绝域为 $\chi^2>\chi^2_{1-\alpha}(6-1-1)=13.28$.

(4) 计算检验统计量的值. 将 $\hat{\lambda}=0.805$ 代入泊松分布的分布律公式，在 H_0 成立条件下，计算 p_i 的估计 $\hat{p}_i$：

$$\hat{p}_0=\hat{P}\{X=0\}=0.4471,\quad \hat{p}_1=\hat{P}\{X=1\}=0.3599,$$
$$\hat{p}_2=\hat{P}\{X=2\}=0.1449,\quad \hat{p}_3=\hat{P}\{X=3\}=0.0389,$$
$$\hat{p}_4=\hat{P}\{X=4\}=0.0078,\quad \hat{p}_5=\hat{P}\{X\geqslant 5\}=0.0015.$$

于是计算得检验统计量的值为 $\chi^2=\sum_{i=0}^{5}\frac{f_i^2}{n\hat{p}_i}-n=2.1596<13.28$，所以接受 H_0，即可以认为15 s 内通过的汽车辆数服从泊松分布.

例 3 对某汽车零件制造厂所生产的刹车制动盘直径进行抽样检查，测得 100 个数据分组列表如表 2. 问：刹车制动盘的直径是否服从正态分布($\alpha=0.05$)?

表 2

组限	频数 f_i	组限	频数 f_i
236.6～239.5	1	251.5～254.5	22
239.5～242.5	5	254.5～257.5	11
242.5～245.5	9	257.5～260.5	6
245.5～248.5	19	260.5～263.5	1
248.5～251.5	24	263.5～266.5	2

解 设刹车制动盘的直径为 X，本题即要检验假设

$$H_0: X\text{ 服从正态分布},\quad H_1: X\text{ 不服从正态分布}.$$

在 H_0 成立的条件下设 $X\sim N(\mu,\sigma^2)$. 由最大似然估计法求得 μ,σ^2 的最大似然估计值分别为 $\hat{\mu}=250.6$，$\hat{\sigma}^2=5.18^2$.

我们将在 H_0 成立的条件下 X 可能取值的区间$(-\infty,+\infty)$分成 10 个小区间，各区间记为(a_{i-1},a_i) $(i=1,2,\cdots,10)$，其中 $a_0=-\infty$，$a_{10}=+\infty$. 概率 p_i $(i=1,2,\cdots,10)$的估计

$$\hat{p}_i=\hat{P}\{a_{i-1}<X\leqslant a_i\}=\Phi\left(\frac{a_i-250.6}{5.18}\right)-\Phi\left(\frac{a_{i-1}-250.6}{5.18}\right)\quad (i=1,2,\cdots,10).$$

将计算结果列于表 3. 可见并组后的组数 $k=7$，估计的未知参数个数 $r=2$，故自由度为 $7-2-1$

=4. 由表 3 计算检验统的值得 $\chi^2 = \sum_{i=1}^{7} \frac{f_i^2}{n\hat{p}_i} - n = 0.974$. 因为 $\chi_{\alpha}^2(k-r-1) = \chi_{0.05}^2(4) = 9.488 > 0.974$，故在显著性水平 $\alpha=0.05$ 下接受 H_0，即认为制动盘的直径服从正态分布.

表 3

$a_{i-1} \sim a_i$	f_i	$\hat{p}_i$	$n\hat{p}_i$	$\frac{f_i^2}{n\hat{p}_i}$
$-\infty \sim 239.5$ $239.5 \sim 242.5$	1 5 } 6	0.0594	5.94	6.061
$242.5 \sim 245.5$	9	0.1041	10.41	7.781
$245.5 \sim 248.5$	19	0.1749	17.49	20.640
$248.5 \sim 251.5$	24	0.2266	22.66	25.419
$251.5 \sim 254.5$	22	0.2059	20.59	23.507
$254.5 \sim 257.5$	11	0.1348	13.48	8.976
$257.5 \sim 260.5$ $260.5 \sim 263.5$ $263.5 \sim +\infty$	6 1 } 9 2	0.0943	9.43	8.590

习 题 7.5

1. 设某台摇奖机是一个圆球形容器，内有 10 个质地均匀的小球，分别标有号码 0,1,2,…,9. 转动容器让小球随机分布，然后从中掉出一球，其号码为 X. 如果摇奖机合格，则 X 的分布律应为

$$P\{X=k\} = 1/10 \quad (k=0,1,2,\cdots,9).$$

现用这台摇奖机做了 800 次试验，得到如下数据：

号码	0	1	2	3	4	5	6	7	8	9
频数	74	92	83	79	80	73	77	75	76	91

试用这些数据检验该摇奖机是否合格($\alpha=0.05$)?

2. 某汽车销售商对近两个月的家用轿车销售情况进行调查，以下是各种颜色汽车的销售情况：

颜色	红	黄	蓝	银	黑
车辆数	40	64	46	36	14

试检验顾客对这些颜色是否有偏爱，即检验销售情况是否均匀($\alpha=0.05$).

3. 从总体 X 中抽取一个容量为 80 的样本，得频数分布如下表所示：

区间	$(0,1/4]$	$(1/4,1/2]$	$(1/2,3/4]$	$(3/4,1]$
频数	6	18	20	36

试在显著性水平 $\alpha=0.025$ 下检验假设

$$H_0: X \text{ 的概率密度是 } f(x)=\begin{cases}2x, & 0<x<1,\\ 0, & \text{其他},\end{cases} \quad H_1: X \text{ 的概率密度不是 } f(x).$$

4. 在一批灯泡中抽取 300 个做使用寿命试验,其结果如下:

使用寿命 t/h	$t<100$	$100\leqslant t<200$	$200\leqslant t<300$	$t\geqslant 300$
灯泡数	121	78	43	58

取显著性水平 $\alpha=0.05$,试检验假设

$$H_0: \text{灯泡寿命 } X \text{ 的概率密度是 } f(t)=\begin{cases}0.005\mathrm{e}^{-0.005t}, & t\geqslant 0,\\ 0, & t<0,\end{cases}$$

H_1: X 的概率密度不是 $f(x)$.

5. 某建筑工地每天发生事故数记录如下:

事故数	0	1	2	3	4	5	6	合计
天数	102	59	30	8	0	1	0	200

试在显著性水平 $\alpha=0.05$ 下检验这批数据是否服从泊松分布.

6. 从自动精密机床产品传递带中取出 200 个零件,以 1 μm 以内的测量精度检验零件尺寸,把测量值与额定尺寸按每隔 5 μm 进行分组,计算偏差落在各组内的频数 n_i,结果如下:

组号	1	2	3	4	5
组限	$-20\sim-15$	$-15\sim-10$	$-10\sim-5$	$-5\sim0$	$0\sim5$
n_i	7	11	15	24	49
组号	6	7	8	9	10
组限	$5\sim10$	$10\sim15$	$15\sim20$	$20\sim25$	$25\sim30$
n_i	41	26	17	7	3

试利用 χ^2 检验法检验尺寸的偏差是否服从正态分布($\alpha=0.05$)?

总练习题七

1. 如果一个矩形的宽度 w 与长度 l 的比 $\dfrac{w}{l}=\dfrac{1}{2}(\sqrt{5}-1)\approx 0.618$,这样的矩形称为黄金矩形. 这种尺寸的矩形使人们看上去有良好的感觉. 现代的建筑构件(如窗架)、工艺品(如图

片镜框)，甚至司机的执照、商业的信用卡等常常都是采用黄金矩形．某工艺品工厂随机取得20个矩形的宽度与长度比值如下：

0.693，0.749，0.654，0.670，0.662，0.672，0.615，0.606，0.690，0.628，

0.668，0.611，0.606，0.609，0.601，0.553，0.570，0.844，0.576，0.933.

设这一工厂生产的这种矩形的宽度与长度比值服从正态分布，其中均值为 μ 和方差 σ^2 均未知，试检验假设 $H_0: \mu=0.618, H_1: \mu\neq 0.618(\alpha=0.05)$.

2. 为了比较用来做鞋子后跟的两种材料质量，选取了15个男子(他们的生活条件各不相同)，每人穿一双鞋，其中一只以材料 A 做后跟，另一只以材料 B 做后跟，其厚度均为10 mm. 过了一个月再测量厚度，得到数据(单位：mm)如下：

男子 i	1	2	3	4	5	6	7	8
X_i(材料 A)	6.6	7.0	8.3	8.2	5.2	9.3	7.9	8.5
Y_i(材料 B)	7.4	5.4	8.8	8.0	6.8	9.1	6.3	7.5
男子 i	9	10	11	12	13	14	15	
X_i(材料 A)	7.8	7.5	6.1	8.9	6.1	9.4	9.1	
Y_i(材料 B)	7.0	6.5	4.4	7.7	4.2	9.4	9.1	

设 $D_i=X_i-Y_i(i=1,2,\cdots,15)$ 是来自正态总体 $N(\mu_D,\sigma_D^2)$ 的样本，其中 μ_D,σ_D^2 均未知，问：是否可以认为材料 A 制成的后跟比材料 B 制成的后跟耐穿($\alpha=0.05$)?

3. 设冶炼某种金属有甲、乙两种方法．为了检验这两种方法生产的产品中所含杂质的波动是否有明显差异，各取一个样本，得数据如下：

甲：29.6，22.8，25.7，23.0，22.3，24.2，26.1，26.4，27.2，30.2，24.5，29.5，25.1；

乙：22.6，22.5，20.6，23.5，24.3，21.9，20.6，23.2，23.4.

从经验知道，产品的杂质含量服从正态分布．问：在显著性水平 $\alpha=0.05$ 下，甲、乙两种方法生产的产品杂质含量波动是否有显著差异？

4. 某市质监局接到投诉后，对某金店进行质量调查．现从该店出售的标志18K的项链中抽取9件进行检测，检测结果(单位：K)如下：

17.3，16.6，17.9，18.2，17.4，16.3，18.5，17.2，18.1.

已知检测标准为：均值为18 K，且标准差不超过0.3 K. 假定项链的含金量服从正态分布，试问：检测结果能否认定此金店出售的产品存在质量问题($\alpha=0.05$)?

5. 设有 A,B 两台机床生产相同型号的滚珠．现从 A 机床生产的滚珠中任取8个，从 B 机床生产的滚珠中任取9个，测量直径得数据(单位：mm)如下：

A 机床：15.0，14.5，15.5，15.2，14.8，15.2，15.1，14.8；

B 机床：15.2，14.8，15.0，15.2，15.0，14.8，15.0，15.1，14.8.

假设滚珠直径服从正态分布，问：在显著性水平 $\alpha=0.05$ 下，这两台机床生产的滚珠直径是

否可以认为服从同一分布？

6. 假设 A 厂生产的灯泡使用寿命 $X\sim N(\mu_1,95^2)$，B 厂生产的灯泡使用寿命 $Y\sim N(\mu_2,120^2)$. 现从两厂生产的产品中分别抽取了 100 个和 75 个，测得灯泡的平均寿命分别为 1180 h 和 1220 h. 问：在显著性水平 $\alpha=0.05$ 下，这两个厂家生产的灯泡平均使用寿命有无显著差异？

7. 某种特殊药品的生产厂家声称，该种药能在 8 h 内消除某种过敏的效率为 90%. 若在有这种过敏的 200 人中，使用药品后，有 160 人在 8 h 内消除了过敏，试问：生产厂家的说法是否真实($\alpha=0.01$)？

8. 某城市为了确定城市养猫灭鼠的效果，进行调查得到：

养猫户：$n_1=119$ 户，有老鼠活动的有 15 户；

无猫户：$n_2=418$ 户，有老鼠活动的有 58 户.

问：养猫与不养猫对城市家庭灭鼠有无显著差异($\alpha=0.05$)？

9. 为研究矽肺患者肺功能的变化情况，某医院对Ⅰ，Ⅱ期矽肺患者各 33 名测定其肺活量，得到Ⅰ期患者的样本均值为 2710 mL，样本标准差为 147 mL；Ⅱ期患者的样本均值为 2830 mL，样本标准差为 118 mL. 试问：Ⅰ，Ⅱ期矽肺患者的肺活量有无显著差异($\alpha=0.05$)？

10. 设检查了某本书的 100 页，记录各页中印刷错误的个数，其结果为

错误个数 f_i	0	1	2	3	4	5	6	≥7
含 f_i 个错误的页数	36	40	19	2	0	2	1	0

问：能否认为一页的印刷错误个数服从泊松分布($\alpha=0.05$)？

11. 对某汽车零件制造厂所生产的汽缸螺栓口径进行抽样检验，测得 100 个数据分组列表如下：

组限	频数	组限	频数
10.93～10.95	5	11.01～11.03	17
10.95～10.97	8	11.03～11.05	6
10.97～10.99	20	11.05～11.07	6
10.99～11.01	34	11.07～11.09	4

试检验该厂生产的汽缸螺栓口径是否服从正态分布($\alpha=0.05$)？

12. 对 200 节电池做使用寿命试验，得结果如下：

使用寿命 X/h	0～5	5～10	10～15	15～20	20～25	25～30
电池节数 m	133	45	15	4	2	1

试说明使用寿命 X 是否服从指数分布($\alpha=0.05$).

第八章 方差分析与回归分析

在科学试验和生产实践中，试验指标往往受到一些因素的影响，因此常常需要知道哪几个因素对试验结果有显著影响，并且还需要知道这些因素在什么水平时所起的作用大. 方差分析就是解决此类问题的一种常用数理统计方法. 此外，在工程技术和数量经济领域中还存在另一类问题，它们之中某些变量与其余变量之间存在一定的关系，但又是非确定性的函数关系，经常需要从一些变量的取值预测另一些变量的取值. 回归分析就是研究此类问题的一种有效工具. 本章主要介绍方差分析和回归分析的基本原理和方法.

§8.1 单因素方差分析

一、问题的提出

在试验中，将要考查的指标称为**试验指标**，而将影响试验指标的条件称为**因素**. 因素可分为两类：一类是可以控制的(可控因素)，如溶液浓度、焊接温度等是可以控制的；另一类是不可控制的，如测量误差、气象条件等一般是难以控制的. 本节所讨论的因素都是指可控因素. 因素所处的状态，称为该因素的**水平**. 如果在一项试验中只有一个因素在改变，就称此试验为**单因素试验**；如果试验中变化的因素多于一个，则称此试验为**多因素试验**. 鉴于两个以上的多因素方差分析较为复杂，其处理的思想、方法与双因素方差分析类似，本书只考虑仅由一个因素和两个因素影响的单因素方差分析与双因素方差分析.

例 1 假设一个年级有三个班，为了解这三个班学生的学习情况，在每个班中随机抽取了 6 名学生，进行一次数学考试，他们的考试成绩如下：

班级	数学成绩						均值
Ⅰ	85	75	82	76	71	85	79
Ⅱ	71	75	73	74	69	82	74
Ⅲ	59	64	62	69	75	67	66

这里,试验的指标是各班平均分数,班级为因素,不同的班级就是这个因素的三个不同的水平.这是一个单因素三水平的试验,试验的目的是为了考查班级这一因素对各班平均分数有无显著影响.表中的数据可视为来自三个不同总体(班级Ⅰ、班级Ⅱ、班级Ⅲ)的样本观察值,将各总体的均值依次记为 μ_1,μ_2,μ_3,则问题归结为检验假设

$$H_0: \mu_1=\mu_2=\mu_3, \quad H_1: \mu_1,\mu_2,\mu_3 \text{ 不全相等}.$$

上一章讨论的两个总体均值的比较,实际上就是单因素两水平的试验结果分析,在那里我们建立了 t 检验法.而单因素多水平试验就是对多个总体均值的比较,即差异显著性检验.对这一类检验,在总体为正态分布且方差均相等的基本假设下,我们将建立基于方差分析的 F 检验法,又称方差分析法.它是处理这一检验问题的有效统计方法.

例 2 设三名工人操作机器 B_1,B_2,B_3,B_4 各一天,其日产量如下:

机器 B \ 工人 A	B_1	B_2	B_3	B_4
A_1	49	61	50	58
A_2	58	62	65	60
A_3	48	53	47	52

这里,试验指标是日产量,工人和机器是因素,其中因素工人有三个水平,因素机器有四个水平.这是一个双因素试验,试验目的在于考查工人和机器这两个因素对日产量是否有显著影响.

二、单因素方差分析模型

设试验指标为 X,对其有影响的因素记为 A,又设因素 A 有 s 个水平 $A_1,A_2,\cdots,A_s$.在水平 $A_j(j=1,2,\cdots,s)$ 下进行 $n_j(j=1,2,\cdots,s)$ 次独立试验,得到如表 1 的结果.

表 1

因素水平	A_1	A_2	$\cdots$	A_s
观察结果	X_{11}	X_{12}	$\cdots$	X_{1s}
	X_{21}	X_{22}	$\cdots$	X_{2s}
	$\vdots$	$\vdots$		$\vdots$
	$X_{n_1 1}$	$X_{n_2 2}$	$\cdots$	$X_{n_s s}$

在单因素试验中,通常每个水平下考查的指标可以看成一个总体.现有 s 个水平,故有 s 个总体.假定:

(1) 每个总体均服从正态分布;

(2) 每个总体的方差相同;

(3) 从每个总体中抽取的样本相互独立.

我们要比较各个总体的均值是否一致,就是要检验各总体的均值是否相同.设第 i 个总

体的均值为μ_i，那么就要检验如下假设：

$$H_0: \mu_1 = \mu_2 = \cdots = \mu_s, \quad H_1: \mu_1, \mu_2, \cdots, \mu_s \text{ 不全相等}.$$

H_1 通常可以省略不写.

当 H_0 为真时，因素 A 的 s 个水平的均值相同，这时称**因素 A 的各水平之间无显著差异**（简称**因素 A 不显著**）；反之，当 H_0 不真时，各 μ_i 不全相同，这时称**因素 A 的各水平之间有显著差异**（简称**因素 A 显著**）.

设在各个水平 $A_j(j=1,2,\cdots,s)$ 下的样本 $X_{1j}, X_{2j}, \cdots, X_{n_j j}$ 来自具有相同方差 σ^2，均值分别为 $\mu_j(j=1,2,\cdots,s)$ 的正态总体 $N(\mu_j, \sigma^2)$，其中 μ_j 与 σ^2 未知，且设不同水平 A_j 下的样本之间相互独立.

记 $\varepsilon_{ij}=X_{ij}-\mu_j$，称之为**随机误差**. 由 $X_{ij} \sim N(\mu_j, \sigma^2)$ 知随机误差 $\varepsilon_{ij} \sim N(0, \sigma^2)$，则 X_{ij} 可写成

$$\begin{cases} X_{ij} = \mu_j + \varepsilon_{ij}, \\ \varepsilon_{ij} \sim N(0,\sigma^2), \text{各 } \varepsilon_{ij} \text{ 相互独立} \end{cases} \quad (i = 1,2,\cdots,n_j; j = 1,2,\cdots,s), \tag{①}$$

其中 μ_j 与 σ^2 均未知. 式①称为**单因素方差分析模型**.

对于方差分析模型①，分析的主要任务是：

(1) 检验 s 个总体 $N(\mu_1, \sigma^2), N(\mu_2, \sigma^2), \cdots, N(\mu_s, \sigma^2)$ 的均值是否相等，即检验假设

$$H_0: \mu_1 = \mu_2 = \cdots = \mu_s, \quad H_1: \mu_1, \mu_2, \cdots, \mu_s \text{ 不全相等}. \tag{②}$$

(2) 对未知参数 $\mu_1, \mu_2, \cdots, \mu_s, \sigma^2$ 做出估计.

为了便于讨论，记 $n = \sum\limits_{j=1}^{s} n_j, \mu = \dfrac{1}{n}\sum\limits_{j=1}^{s} n_j \mu_j$，并称 μ 为**总平均**；记 $\delta_j = \mu_j - \mu(j = 1, 2,\cdots,s)$，称 δ_j 为水平 A_j 的**效应**. 于是有 $\sum\limits_{j=1}^{s} n_j \delta_j = 0$. 利用这些记号，模型①可改写为

$$\begin{cases} X_{ij} = \mu + \delta_j + \varepsilon_{ij}, \\ \varepsilon_{ij} \sim N(0,\sigma^2), \text{各 } \varepsilon_{ij} \text{ 相互独立} \\ \sum\limits_{j=1}^{s} n_j \delta_j = 0, \end{cases} \quad (i = 1,2,\cdots,n_j; j = 1,2,\cdots,s), \tag{③}$$

而假设②等价于假设

$$H_0: \delta_1 = \delta_2 = \cdots = \delta_s = 0, \quad H_1: \delta_1, \delta_2, \cdots, \delta_s \text{ 不全为零}. \tag{④}$$

三、平方和分解式

为检验试验因素不同水平的影响是否有显著差异，需要对试验数据的差异进行分析. 下面我们从平方和的分解着手，导出假设检验问题④的检验统计量.

记 $\overline{X} = \dfrac{1}{n}\sum\limits_{j=1}^{s}\sum\limits_{i=1}^{n_j} X_{ij}$，称之为**样本总平均**. 记 $S_T = \sum\limits_{j=1}^{s}\sum\limits_{i=1}^{n_j}(X_{ij} - \overline{X})^2$，称之为**总偏差平**

方和. 它反映了对试验指标的总影响,又称为**总变差**. 记 $\overline{X}_{\cdot j}=\frac{1}{n_j}\sum_{i=1}^{n_j}X_{ij}$,称之为水平 A_j 下的**样本平均值**. 则 S_T 可分解为

$$S_T=\sum_{j=1}^{s}\sum_{i=1}^{n_j}[(X_{ij}-\overline{X}_{\cdot j})+(\overline{X}_{\cdot j}-\overline{X})]^2$$

$$=\sum_{j=1}^{s}\sum_{i=1}^{n_j}(X_{ij}-\overline{X}_{\cdot j})^2+\sum_{j=1}^{s}\sum_{i=1}^{n_j}(\overline{X}_{\cdot j}-\overline{X})^2+2\sum_{j=1}^{s}\sum_{i=1}^{n_j}(X_{ij}-\overline{X}_{\cdot j})(\overline{X}_{\cdot j}-\overline{X}).$$

经计算可知,上式右端第三项(即交叉项)为零,即

$$2\sum_{j=1}^{s}\sum_{i=1}^{n_j}(X_{ij}-\overline{X}_{\cdot j})(\overline{X}_{\cdot j}-\overline{X})=2\sum_{j=1}^{s}(\overline{X}_{\cdot j}-\overline{X})\left(\sum_{i=1}^{n_j}X_{ij}-n_j\overline{X}_{\cdot j}\right)=0.$$

于是可将 S_T 分解成

$$S_T=S_E+S_A, \tag{⑤}$$

其中

$$S_E=\sum_{j=1}^{s}\sum_{i=1}^{n_j}(X_{ij}-\overline{X}_{\cdot j})^2,$$

$$S_A=\sum_{j=1}^{s}\sum_{i=1}^{n_j}(\overline{X}_{\cdot j}-\overline{X})^2=\sum_{j=1}^{s}n_j(\overline{X}_{\cdot j}-\overline{X})^2=\sum_{j=1}^{s}n_j\overline{X}_{\cdot j}^2-n\overline{X}^2.$$

上述 S_E 的各项 $(X_{ij}-\overline{X}_{\cdot j})^2$ 表示在水平 A_j 下样本观测值与样本均值的差异,这是由随机误差所引起的. 我们把 S_E 叫做**误差平方和或组内偏差平方和**. S_A 的各项 $n_j(\overline{X}_{\cdot j}-\overline{X})^2$ 表示水平 A_j 下的样本均值与数据总平均的差异,这是由水平 A_j 的效应的差异以及随机误差引起的. 通常称 S_A 为因素 A 的**效应平方和或组间偏差平方和**. 式⑤就是我们所需要的假设检验问题④的平方和分解式.

四、检验统计量及拒绝域

首先可以证明 S_A 与 S_E 独立,$S_E/\sigma^2\sim\chi^2(n-s)$,且当 H_0 为真时,

$$S_A/\sigma^2\sim\chi^2(s-1).$$

下面我们来确定假设检验问题④的拒绝域.

当 H_0 不真时,各组之间差异较大,组间偏差平方和明显大于组内偏差平方和;反之,若 H_0 为真,则组间差异也是由于随机误差引起的,组间偏差平方和与组内偏差平方和差别不大. 因此,我们可以用组间偏差平方和与组内偏差平方和的比值来检验 H_0 是否为真.

根据上述分析,当 H_0 为真时,$\mathrm{E}\left(\frac{S_A}{s-1}\right)=\sigma^2$ 与 $\mathrm{E}\left(\frac{S_E}{n-s}\right)=\sigma^2$ 同时成立,于是可选用统计量 $F=\frac{S_A/(s-1)}{S_E/(n-s)}$ 来检验假设④. 由于当 H_0 不真时,分子的取值有偏大的趋势,故拒绝域具有形式

$$F=\frac{S_A/(s-1)}{S_E(n-s)}\geqslant k,$$

其中 k 由预先给定的显著性水平 α 确定. 又当 H_0 为真时,

$$\frac{S_A/(s-1)}{S_E(n-s)}=\frac{S_A/\sigma^2}{(s-1)}\bigg/\frac{S_E/\sigma^2}{(n-s)}\sim F(s-1,n-s),$$

故检验问题④的拒绝域为

$$F=\frac{S_A/(s-1)}{S_E(n-s)}\geqslant F_\alpha(s-1,n-s).$$

上述结果可排成表 2 的形式,称为**方差分析表**. 表中的 $\overline{S}_A=\frac{S_A}{s-1}$, $\overline{S}_E=\frac{S_E}{n-s}$ 分别称为 S_A,S_E 的**均方**.

表 2 方差分析表

方差来源	平方和	自由度	均方	F 值
因素 A(组间)	S_A	$s-1$	$\overline{S}_A=\frac{S_A}{s-1}$	$F=\frac{\overline{S}_A}{\overline{S}_E}$
误差(组内)	S_E	$n-s$	$\overline{S}_E=\frac{S_E}{n-s}$	
总和	S_T	$n-1$		

在实际计算时,可按以下简便公式计算 S_T,S_A 和 S_E:

$$\left.\begin{aligned}S_T&=\sum_{j=1}^{s}\sum_{i=1}^{n_j}X_{ij}^2-n\overline{X}^2=\sum_{j=1}^{s}\sum_{i=1}^{n_j}X_{ij}^2-\frac{T_{..}^2}{n},\\S_A&=\sum_{j=1}^{s}n_j\overline{X}_{\cdot j}^2-n\overline{X}^2=\sum_{j=1}^{s}\frac{T_{\cdot j}^2}{n_j}-\frac{T_{..}^2}{n},\\S_E&=S_T-S_A,\end{aligned}\right\}\qquad ⑥$$

其中 $T_{\cdot j}=\sum_{i=1}^{n_j}X_{ij}\,(j=1,2,\cdots,s)$, $\quad T_{..}=\sum_{j=1}^{s}\sum_{i=1}^{n_j}X_{ij}$.

在进行方差计算时,常常要进行大量计算. 如果手算,为简化计算和减少误差,常将 X_{ij} 的观察值加上或减去一个常数(这个数接近总平均 $\overline{X}$ 的值),有时还要再乘以一个常数,使得变换后的数据比较简单,便于计算.

五、未知参数的估计

上面已讲到过,不论 H_0 是否为真, $\hat{\sigma}^2=\frac{S_E}{n-s}$ 均是 σ^2 的无偏估计量. 又由于

$$\mathrm{E}(\overline{X})=\mu,\quad \mathrm{E}(\overline{X}_{\cdot j})=\frac{1}{n_j}\sum_{i=1}^{n_j}\mathrm{E}(X_{ij})=\mu_j\ (j=1,2,\cdots,s),$$

故 $\hat{\mu}=\overline{X}$，$\hat{\mu}_j=\overline{X}_{\cdot j}$ 分别是 μ,μ_j 的无偏估计量. 此外，若拒绝 H_0，则 $\delta_1,\delta_2,\cdots,\delta_s$ 不全为零. 由 $\delta_j=\mu_j-\mu(j=1,2,\cdots,s)$ 知 $\hat{\delta}_j=\overline{X}_{\cdot j}-\overline{X}$ 是 δ_j 的无偏估计量. 此时还有关系式

$$\sum_{j=1}^{s} n_j\hat{\delta}_j=\sum_{j=1}^{s} n_j\overline{X}_{\cdot j}-n\overline{X}=0.$$

当拒绝 H_0 时，常需要做出两总体 $N(\mu_j,\sigma^2)$ 和 $N(\mu_k,\sigma^2)$ $(j\neq k)$ 的均值差 $\mu_j-\mu_k=\delta_j-\delta_k$ 的区间估计. 事实上，可以证明

$$\frac{(\overline{X}_{\cdot j}-\overline{X}_{\cdot k})-(\mu_j-\mu_k)}{\sqrt{\overline{S}_E\left(\dfrac{1}{n_j}+\dfrac{1}{n_k}\right)}}=\frac{(\overline{X}_{\cdot j}-\overline{X}_{\cdot k})-(\mu_j-\mu_k)}{\sigma\sqrt{\dfrac{1}{n_j}+\dfrac{1}{n_k}}}\Bigg/\sqrt{\frac{S_E}{\sigma^2}\Big/(n-s)}\sim t(n-s).$$

据此得均值差 $\mu_j-\mu_k=\delta_j-\delta_k$ 的置信度为 $1-\alpha$ 的置信区间为

$$\left(\overline{X}_{\cdot j}-\overline{X}_{\cdot k}\pm t_{\alpha/2}(n-s)\sqrt{\overline{S}_E(1/n_j+1/n_k)}\right).$$

根据上面的分析，得到解单因素方差分析问题的一般步骤如下：

(1) 计算各水平下数据和 $T_{\cdot j}(j=1,2,\cdots,s)$ 及总和 $T_{\cdot\cdot}$；

(2) 计算各类平方和 $\sum\limits_{j=1}^{s}\sum\limits_{i=1}^{n_j}X_{ij}^2$，$\sum\limits_{j=1}^{s}\dfrac{T_{\cdot j}^2}{n_j}$，$\dfrac{T_{\cdot\cdot}^2}{n}$；

(3) 按公式⑥计算 S_T,S_A 和 S_E；

(4) 填写方差分析表；

(5) 对给定的显著性水平 α，查 F 分布表得 $F_\alpha(s-1,n-s)$，并与 F 值比较大小，然后做出是否拒绝原假设 H_0 的结论.

例 3 设在例 1 中各班成绩服从正态分布，且方差相等，检验假设：

$$H_0:\mu_1=\mu_2=\mu_3,\quad H_1:\mu_1,\mu_2,\mu_3\text{ 不全相等}.$$

解 按题意，$s=3,n_1=n_2=n_3=6,n=18$，计算得

$$T_{\cdot 1}=\sum_{i=1}^{n_1}X_{i1}=474,\quad T_{\cdot 2}=\sum_{i=1}^{n_2}X_{i2}=444,\quad T_{\cdot 3}=\sum_{i=1}^{n_3}X_{i3}=396,$$

$$T_{\cdot\cdot}=\sum_{j=1}^{s}\sum_{i=1}^{n_j}X_{ij}=1314,\quad \sum_{j=1}^{s}\sum_{i=1}^{n_j}X_{ij}^2=96868,$$

$$S_T=\sum_{j=1}^{s}\sum_{i=1}^{n_j}X_{ij}^2-\frac{T_{\cdot\cdot}^2}{n}=96868-\frac{1314^2}{18}=946,$$

$$S_A=\sum_{j=1}^{s}\frac{T_{\cdot j}^2}{n_j}-\frac{T_{\cdot\cdot}^2}{n}=96438-\frac{1314^2}{18}=516,$$

$$S_E=S_T-S_A=946-516=430.$$

将上述计算结果排成如下方差分析表：

方差来源	平方和	自由度	均方	F 值
因素(组间)	516	2	258.00	9.00
误差(组内)	430	15	28.67	
总和	946	17		

对 $\alpha=0.05$,查 F 分布表得 $F_{0.05}(2,15)=3.68$. 由于 $F=9.00>3.68$,所以否定假设 H_0,即认为三个班的平均分数有显著差异.

例 4 求例 3 中的未知参数 $\sigma^2,\mu_j,\delta_j(j=1,2,3)$的点估计及均值差的置信度为 0.95 的置信区间.

解 $\hat{\sigma}^2=\frac{S_E}{n-s}\approx 28.67$, $\hat{\mu}_1=\overline{X}_{\cdot 1}=79$, $\hat{\mu}_2=\overline{X}_{\cdot 2}=74$, $\hat{\mu}_3=\overline{X}_{\cdot 3}=66$,

$\hat{\mu}=\overline{X}=73$, $\hat{\delta}_1=\overline{X}_{\cdot 1}-\overline{X}=6$, $\hat{\delta}_2=\overline{X}_{\cdot 2}-\overline{X}=1$, $\hat{\delta}_3=\overline{X}_{\cdot 3}-\overline{X}=-7$.

由 $t_{\alpha/2}(n-s)=t_{0.025}(15)=2.1315$ 得

$$t_{\alpha/2}(n-s)\sqrt{S_E(1/n_j+1/n_k)}=2.1315\sqrt{28.67(1/6+1/6)}\approx 6.589,$$

故 $\mu_1-\mu_2,\mu_1-\mu_3$ 及 $\mu_2-\mu_3$ 的置信度为 0.95 的置信区间分别为

$$(79-74\pm 6.589)=(-1.589,11.589),\quad (79-66\pm 6.589)=(6.411,19.589),$$

$$(74-66\pm 6.589)=(1.411,14.589).$$

在结束本节之前,需要说明的是:在进行方差分析之前一定要注意该方法对模型做出的假定,尤其是方差相等的假定是一个比较严格的条件,在这些条件不满足的情况下进行方差分析可能会导致错误的结论.

习 题 8.1

1. 某市产品质量检验局对该市某超市销售的某种型号电池进行抽查,各随机抽取了来自 A,B,C 三个工厂的产品,经试验得其寿命(单位: h)如下:

A	B	C
40 42 48 45 38	26 28 34 32 30	39 50 40 50 43

试在显著性水平 0.05 下检验 A,B,C 三个工厂生产的电池平均寿命 μ_A,μ_B,μ_C 有无显著差异. 若差异显著,试求均值差 $\mu_A-\mu_B,\mu_A-\mu_C,\mu_B-\mu_C$ 的置信度为 95%的置信区间.

2. 为了考查三种交通管制措施对交通违章数量的影响,经调查得某月的违章数据如下:

措施 1	65	60	69	79	38	68	54	67	68	43
措施 2	74	71	58	49	58	49	48	68	56	47
措施 3	22	34	24	21	20	36	36	31	28	33

据历史资料，交通违章呈相同方差的正态分布，问：这三种措施对于控制交通违章的效果有无显著差异($\alpha=0.05$)?

3. 某灯泡厂用四种不同的金属材料做灯丝，检验灯丝材料对灯泡寿命的影响，得实验数据(单位：h)如下表所示：

灯丝材料	灯泡寿命							
A_1	1600	1610	1650	1680	1700	1720	1800	
A_2	1580	1640	1640	1700	1750			
A_3	1460	1550	1600	1620	1640	1660	1740	1820
A_4	1510	1520	1530	1570	1600	1680		

由生产经验知灯丝的灯泡寿命服从正态分布，不同种灯丝的灯泡寿命方差相等. 问：灯泡寿命是否因灯丝材料不同而有显著差异($\alpha=0.05$)?

§8.2 双因素方差分析

在一项试验中，若影响试验指标的因素有两个，则称该试验为**双因素试验**. 本节介绍双因素试验的方差分析.

先介绍一个重要的概念——因素间的交互作用. 在同时考虑多个因素对考查指标的影响时，不仅每个因素单独地对指标在起作用，而且有时因素之间联合起来对指标起影响作用，这种作用就叫做**因素间的交互作用**.

进行双因素方差分析，是为了检验两个因素各自对试验结果有无影响，对于两种因素的不同水平的组合，都进行一组试验，以便分析两个因素的影响. 如果这两个因素之间存在交互作用，则对于这两种因素的不同水平的组合，可进行同样次数的多次试验，相应的方差分析称为**双因素等重复试验方差分析**. 如果这两个因素之间不存在交互作用，则对于这两种因素的不同水平的组合，只需进行一次试验，相应的分析称为**双因素无重复试验方差分析**. 双因素方差分析的思想与单因素方差分析的思想相似，关键在于如何将总的误差平方和进行分解，从而利用试验数据对两个因素的影响做出合理的检验推断.

一、双因素方差分析模型

设有两个因素 A,B 作用于试验指标，其中因素 A 有 r 个水平 $A_1,A_2,\cdots,A_r$，因素 B 有 s 个水平 $B_1,B_2,\cdots,B_s$. 现对因素 A,B 的水平的每对组合$(A_i,B_j)(i=1,2,\cdots,r;j=1,2,\cdots,s)$都做 t 次试验，得到如下结果：

因素 B \ 因素 A	B_1	B_2	$\cdots$	B_s
A_1	$X_{111},X_{112},\cdots,X_{11t}$	$X_{121},X_{122},\cdots,X_{12t}$	$\cdots$	$X_{1s1},X_{1s2},\cdots,X_{1st}$
A_2	$X_{211},X_{212},\cdots,X_{21t}$	$X_{221},X_{222},\cdots,X_{22t}$	$\cdots$	$X_{2s1},X_{2s2},\cdots,X_{2st}$
$\vdots$	$\vdots$	$\vdots$	$\vdots$	$\vdots$
A_r	$X_{r11},X_{r12},\cdots,X_{r1t}$	$X_{r21},X_{r22},\cdots,X_{r2t}$	$\cdots$	$X_{rs1},X_{rs2},\cdots,X_{rst}$

假定 $X_{ijk}\sim N(\mu_{ij},\sigma^2)$ $(i=1,2,\cdots,r;j=1,2,\cdots,s;k=1,2,\cdots,t)$，且各 X_{ijk} 相互独立.

令 $\varepsilon_{ijk}=X_{ijk}-\mu_{ij}$，则 $\varepsilon_{ijk}\sim N(0,\sigma^2)$，从而得到**双因素方差分析模型**：

$$\begin{cases} X_{ijk}=\mu_{ij}+\varepsilon_{ijk}, \\ \varepsilon_{ijk}\sim N(0,\sigma^2)\text{，且各 }\varepsilon_{ijk}\text{ 相互独立} \\ (i=1,2,\cdots,r;j=1,2,\cdots,s;k=1,2,\cdots,t), \end{cases}$$

其中 μ_{ij},σ^2 均为未知参数.

引入记号：

$$\mu=\frac{1}{rs}\sum_{i=1}^{r}\sum_{j=1}^{s}\mu_{ij},\quad \mu_{i\cdot}=\frac{1}{s}\sum_{j=1}^{s}\mu_{ij}\,(i=1,2,\cdots,r),\quad \mu_{\cdot j}=\frac{1}{r}\sum_{i=1}^{r}\mu_{ij}\,(j=1,2,\cdots,s),$$

$$\alpha_i=\mu_{i\cdot}-\mu(i=1,2,\cdots,r),\quad \beta_j=\mu_{\cdot j}-\mu(j=1,2,\cdots,s).$$

称 μ 为指标的**总平均**；称 α_i 为因素 A 在水平 A_i 的**效应**，它是因素 A 对指标的影响作用在水平 A_i 上的反映；称 β_j 为因素 B 在水平 B_j 的**效应**，它是因素 B 对指标的影响作用在水平 B_j 上的反映. 容易验证 $\sum_{i=1}^{r}\alpha_i=0,\sum_{j=1}^{s}\beta_j=0$，并且有

$$\mu_{ij}=\mu+\alpha_i+\beta_j+(\mu_{ij}-\mu_{i\cdot}-\mu_{\cdot j}+\mu)\quad (i=1,2,\cdots,r;j=1,2,\cdots,s).$$

记 $\gamma_{ij}=\mu_{ij}-\mu_{i\cdot}-\mu_{\cdot j}+\mu(i=1,2,\cdots,r;j=1,2,\cdots,s)$，显然有

$$\mu_{ij}=\mu+\alpha_i+\beta_j+\gamma_{ij}. \qquad ①$$

称 γ_{ij} 为水平 A_i 和水平 B_j 的**交互效应**，它是因素 A 与因素 B 之间的交互作用对指标的影响在组合水平(A_i,B_j)上的反映. 容易验证

$$\sum_{i=1}^{r}\gamma_{ij}=0\ (j=1,2,\cdots,s),\quad \sum_{j=1}^{s}\gamma_{ij}=0\ (i=1,2,\cdots,r).$$

于是双因素试验方差分析模型为

$$\begin{cases} X_{ijk}=\mu+\alpha_i+\beta_j+\gamma_{ij}+\varepsilon_{ijk}, \\ \varepsilon_{ijk}\sim N(0,\sigma^2)\text{，各 }\varepsilon_{ijk}\text{ 独立} \end{cases}\quad (i=1,2,\cdots,r;j=1,2,\cdots,s,k=1,2,\cdots,t),$$
$$\sum_{i=1}^{r}\alpha_i=0,\sum_{j=1}^{s}\beta_j=0,\sum_{i=1}^{r}\gamma_{ij}=0,\sum_{j=1}^{s}\gamma_{ij}=0,$$

其中 $\mu,\alpha_i,\beta_j,\gamma_{ij}$ 及 σ^2 都是未知参数.

要判断因素 A,B 及交互作用对试验指标的影响相当于要检验以下三个假设：

(1) H_{01}：$\alpha_1=\alpha_2=\cdots=\alpha_r=0$，$H_{11}$：$\alpha_1,\alpha_2,\cdots,\alpha_r$ 不全为零.

(2) H_{02}：$\beta_1=\beta_2=\cdots=\beta_s=0$，$H_{12}$：$\beta_1,\beta_2,\cdots,\beta_s$ 不全为零.

(3) H_{03}：$\gamma_{11}=\gamma_{12}=\cdots=\gamma_{rs}=0$，$H_{13}$：$\gamma_{11},\gamma_{12},\cdots,\gamma_{rs}$不全为零.

如果假设 H_{01}成立,则由式①知单独改变因素 A 的水平时,不影响 μ_{ij} 的值. 因此,如果接受假设 H_{01},则表明因素 A 对所考查指标没有显著影响;如果拒绝 H_{01},则表明因素 A 对所考查指标有显著影响. 同样,如果接受假设 H_{02},则表明因素 B 对所考查指标没有显著影响;如果拒绝 H_{02},则表明因素 B 对所考查指标有显著影响. 类似地,如果接受假设 H_{03},则表明因素 A 与 B 之间交互作用不显著;如果拒绝 H_{03},则表明因素 A 与 B 之间交互作用显著.

下面分别来讨论双因素无重复试验的方差分析和双因素等重复试验的方差分析.

二、双因素无重复试验的方差分析

在处理实际问题时,如果我们已经知道因素 A,B 不存在交互作用,或已知交互作用对试验指标的影响很小,则可以不考虑交互作用,从而所有的交互效应 γ_{ij} 均等于零,于是只需检验假设 H_{01}和 H_{02}是否成立即可. 此时,可以做无重复的试验,即对于两个因素的每一组合 $(A_i,B_j)(i=1,2,\cdots,r,j=1,2,\cdots,s)$只做一次试验,所得结果如下：

因素 B / 因素 A	B_1	B_2	$\cdots$	B_s
A_1	X_{11}	X_{12}	$\cdots$	X_{1s}
A_2	X_{21}	X_{22}	$\cdots$	X_{2s}
$\vdots$	$\vdots$	$\vdots$	$\vdots$	$\vdots$
A_r	X_{r1}	X_{r2}	$\cdots$	X_{rs}

由式①,有

$$\mu_{ij}=\mu+\alpha_i+\beta_j \quad (i=1,2,\cdots,r;j=1,2,\cdots,s).$$

记

$$\overline{X}=\frac{1}{rs}\sum_{i=1}^{r}\sum_{j=1}^{s}X_{ij},\quad \overline{X}_{i\cdot}=\frac{1}{s}\sum_{j=1}^{s}X_{ij}(i=1,2,\cdots,r),\quad \overline{X}_{\cdot j}=\frac{1}{r}\sum_{i=1}^{r}X_{ij}(j=1,2,\cdots,s),$$

则显然有

$$\overline{X}=\frac{1}{r}\sum_{i=1}^{r}\overline{X}_{i\cdot}=\frac{1}{s}\sum_{j=1}^{s}\overline{X}_{\cdot j}.$$

再引入**总偏差平方和**(也称为**总变差**)：

$$S_T=\sum_{i=1}^{r}\sum_{j=1}^{s}(X_{ij}-\overline{X})^2.$$

将 S_T 进行分解得到平方和分解式

$$S_T = S_E + S_A + S_B,$$

其中
$$S_E = \sum_{i=1}^{r}\sum_{j=1}^{s}(X_{ij} - \overline{X}_{i.} - \overline{X}_{.j} + \overline{X})^2$$

$$S_A = \sum_{i=1}^{r}\sum_{j=1}^{s}(\overline{X}_{i.} - \overline{X})^2 = s\sum_{i=1}^{r}(\overline{X}_{i.} - \overline{X})^2, \quad S_B = \sum_{i=1}^{r}\sum_{j=1}^{s}(\overline{X}_{.j} - \overline{X})^2 = r\sum_{j=1}^{s}(\overline{X}_{.j} - \overline{X})^2.$$

这里 S_E 称为**误差平方和**;它反映了随机误差对所考查指标总的影响程度;S_A 和 S_B 分别称为因素 A 和因素 B 的**效应平方和**,它们分别反映了因素 A 及因素 B 水平的改变对所考查指标的影响程度.

如果假设 H_{01},H_{02} 均为真,可以分别证明

$$F_A = \frac{S_A/(r-1)}{S_E/[(r-1)(s-1)]} \sim F(r-1,(r-1)(s-1)),$$

$$F_B = \frac{S_B/(s-1)}{S_E/[(r-1)(s-1)]} \sim F(s-1,(r-1)(s-1)).$$

所以 F_A,F_B 可以分别作为假设 H_{01} 和 H_{02} 的检验统计量. 取显著性水平为 α,得假设 H_{01} 和 H_{02} 的拒绝域分别为

$$F_A = \frac{S_A/(r-1)}{S_E/[(r-1)(s-1)]} \geqslant F_\alpha(r-1,(r-1)(s-1)),$$

$$F_B = \frac{S_B/(s-1)}{S_E/[(r-1)(s-1)]} \geqslant F_\alpha(s-1,(r-1)(s-1)).$$

上述结果可列成如表 1 的方差分析表.

表 1　方差分析表

方差来源	平方和	自由度	均方	F 值
因素 A	S_A	$r-1$	$\overline{S}_A=\frac{S_A}{r-1}$	$F_A=\frac{\overline{S}_A}{\overline{S}_E}$
因素 B	S_B	$s-1$	$\overline{S}_B=\frac{S_B}{s-1}$	$F_B=\frac{\overline{S}_B}{\overline{S}_E}$
误差	S_E	$(r-1)(s-1)$	$\overline{S}_E=\frac{S_E}{(r-1)(s-1)}$	
总和	S_T	$rs-1$		

在实际计算中,表 1 中的平方和可按下述式子来计算:

$$S_A = \frac{1}{s}\sum_{i=1}^{r}T_{i.}^2 - \frac{T_{..}^2}{rs}, \quad S_B = \frac{1}{r}\sum_{j=1}^{s}T_{.j}^2 - \frac{T_{..}^2}{rs},$$

$$S_T = \sum_{i=1}^{r}\sum_{j=1}^{s}X_{ij}^2 - \frac{T_{..}^2}{rs}, \quad S_E = S_T - S_A - S_B,$$

其中 $T_{\cdot\cdot}=\sum_{i=1}^{r}\sum_{j=1}^{s}X_{ij}$， $T_{i\cdot}=\sum_{j=1}^{s}X_{ij}\ (i=1,2,\cdots,r)$， $T_{\cdot j}=\sum_{i=1}^{r}X_{ij}\ (j=1,2,\cdots,s)$.

例 1 在§8.1的例2中，假定符合双因素方差分析模型所需的条件，试问：不同工人或不同机器对日产量是否有显著影响($\alpha=0.05$)？

解 按题意需检验假设

$$H_{01}: \alpha_1=\alpha_2=\alpha_3=0,\quad H_{11}: \alpha_1,\alpha_2,\alpha_3\ \text{不全为零}$$

和

$$H_{02}: \beta_1=\beta_2=\beta_3=\beta_4=0,\quad H_{12}: \beta_1,\beta_2,\beta_3,\beta_4\ \text{不全为零}.$$

计算得

$$T_{\cdot\cdot}=663,\quad T_{1\cdot}=218,\quad T_{2\cdot}=245,\quad T_{3\cdot}=200,$$
$$T_{\cdot 1}=155,\quad T_{\cdot 2}=176,\quad T_{\cdot 3}=162,\quad T_{\cdot 4}=170.$$

$$\sum_{i=1}^{r}\sum_{j=1}^{s}X_{ij}^2=37045,\quad \sum_{i=1}^{3}T_{i\cdot}^2=147549,\quad \sum_{j=1}^{4}T_{\cdot j}^2=110145,$$

于是

$$S_T=\sum_{i=1}^{r}\sum_{j=1}^{s}X_{ij}^2-\frac{T_{\cdot\cdot}^2}{rs}=37045-\frac{663^2}{3\times 4}=414.25,$$

$$S_A=\frac{1}{s}\sum_{i=1}^{r}T_{i\cdot}^2-\frac{T_{\cdot\cdot}^2}{rs}=\frac{1}{4}\times 147549-\frac{663^2}{3\times 4}=256.5,$$

$$S_B=\frac{1}{r}\sum_{j=1}^{s}T_{\cdot j}^2-\frac{T_{\cdot\cdot}^2}{rs}=\frac{1}{3}\times 110145-\frac{663^2}{3\times 4}=84.25,$$

$$S_E=S_T-S_A-S_B=73.5.$$

把上述计算结果列成方差分析表如下：

方差来源	平方和	自由度	均方	F 值
工人 A	256.5	2	128.25	10.47
机器 B	84.25	3	28.08	2.29
误差	73.5	6	12.25	
总和	414.25	11		

查 F 分布表得 $F_{0.05}(2,6)=5.14$，$F_{0.05}(3,6)=4.76$.

由于 $F_A=10.47>F_{0.05}(2,6)=5.14$，故拒绝 H_{01}，即认为不同工人对产量影响显著.

由于 $F_B=2.29<F_{0.05}(3,6)=4.76$，故接受 H_{02}，即认为不同机器对产量无显著影响.

三、双因素等重复试验的方差分析

在需要考虑因素间交互作用的影响时，为检验交互作用对所考查指标的影响是否显著，必须进行重复试验. 下面我们讨论在因素的每一个组合水平上进行相等次数重复试验的情形，即讨论双因素等重复试验的双因素方差分析. 根据前面的分析，即要检验假设 H_{01}，H_{02}

和 H_{03} 是否成立.

引入以下的记号：

$$\overline{X}=\frac{1}{rst}\sum_{i=1}^{r}\sum_{j=1}^{s}\sum_{k=1}^{t}X_{ijk},\quad \overline{X}_{ij}.=\frac{1}{t}\sum_{k=1}^{t}X_{ijk}(i=1,2,\cdots,r;j=1,2,\cdots,s),$$

$$\overline{X}_{i}..=\frac{1}{st}\sum_{j=1}^{s}\sum_{k=1}^{t}X_{ijk}(i=1,2,\cdots,r),\quad \overline{X}_{\cdot j}.=\frac{1}{rt}\sum_{i=1}^{r}\sum_{k=1}^{t}X_{ijk}(j=1,2,\cdots,s).$$

再引入**总偏差平方和**(也称为**总变差**)：

$$S_T=\sum_{i=1}^{r}\sum_{j=1}^{s}\sum_{k=1}^{t}(X_{ijk}-\overline{X})^2.$$

平方和 S_T 可以分解为

$$S_T=S_E+S_A+S_B+S_{A\times B},$$

其中

$$S_E=\sum_{i=1}^{r}\sum_{j=1}^{s}\sum_{k=1}^{t}(X_{ijk}-\overline{X}_{ij}.)^2$$

$$S_A=st\sum_{i=1}^{r}(\overline{X}_{i}..-\overline{X})^2,\quad S_B=rt\sum_{j=1}^{s}(\overline{X}_{\cdot j}.-\overline{X})^2,$$

$$S_{A\times B}=t\sum_{i=1}^{r}\sum_{j=1}^{s}(\overline{X}_{ij}.-\overline{X}_{i}..-\overline{X}_{\cdot j}.+\overline{X})^2.$$

将 S_E 称为**误差平方和**，S_A，S_B 分别称为因素 A、因素 B 的**效应平方和**，$S_{A\times B}$ 称为 A，B **交互效应平方和**.

当 $H_{01}H_{02}$，H_{03} 为真时，可以分别证明

$$F_A=\frac{S_A/(r-1)}{S_E/[rs(t-1)]}\sim F(r-1,rs(t-1)),$$

$$F_B=\frac{S_B/(s-1)}{S_E/[rs(t-1)]}\sim F(s-1,rs(t-1)),$$

$$F_{A\times B}=\frac{S_{A\times B}/[(r-1)(s-1)]}{S_E/[rs(t-1)]}\sim F((r-1)(s-1),rs(t-1)).$$

于是取 F_A，F_B，$F_{A\times B}$ 分别作为假设 H_{01}，H_{02}，H_{03} 的检验统计量. 对给定的显著性水平 α，得假设 H_{01}，H_{02} 和 H_{03} 的拒绝域分别为

$$F_A=\frac{S_A/(r-1)}{S_E/[rs(t-1)]}\geqslant F_\alpha(r-1,rs(t-1)),$$

$$F_B=\frac{S_B/(s-1)}{S_E/[rs(t-1)]}\geqslant F_\alpha(s-1,rs(t-1)),$$

$$F_{A\times B}=\frac{S_{A\times B}/[(r-1)(s-1)]}{S_E/[rs(t-1)]}\geqslant F_\alpha((r-1)(s-1),rs(t-1)).$$

上述结果可汇总成如表 2 的方差分析表.

表 2 方差分析表

方差来源	平方和	自由度	均方	F 值
因素 A	S_A	$r-1$	$\overline{S}_A=\dfrac{S_A}{s-1}$	$F_A=\dfrac{\overline{S}_A}{\overline{S}_E}$
因素 B	S_B	$s-1$	$\overline{S}_B=\dfrac{S_B}{s-1}$	$F_B=\dfrac{\overline{S}_B}{\overline{S}_E}$
交互作用	$S_{A\times B}$	$(r-1)(s-1)$	$\overline{S}_{A\times B}=\dfrac{S_{A\times B}}{(r-1)(s-1)}$	$F_{A\times B}=\dfrac{\overline{S}_{A\times B}}{\overline{S}_E}$
误差	S_E	$rs(t-1)$	$\overline{S}_E=\dfrac{S_E}{rs(t-1)}$	
总和	S_T	$rst-1$		

若记

$$T_{\cdots}=\sum_{i=1}^{r}\sum_{j=1}^{s}\sum_{k=1}^{t}X_{ijk},\quad T_{ij\cdot}=\sum_{k=1}^{t}X_{ijk}\,(i=1,2,\cdots,r;j=1,2,\cdots,s),$$

$$T_{i\cdot\cdot}=\sum_{j=1}^{s}\sum_{k=1}^{t}X_{ijk}\,(i=1,2,\cdots,r),\quad T_{\cdot j\cdot}=\sum_{i=1}^{r}\sum_{k=1}^{t}X_{ijk}\,(j=1,2,\cdots,s),$$

则我们可以按照下述式子来计算表 2 中的各个平方和：

$$S_A=\frac{1}{st}\sum_{i=1}^{r}T_{i\cdot\cdot}^2-\frac{T_{\cdots}^2}{rst},\quad S_B=\frac{1}{rt}\sum_{j=1}^{s}T_{\cdot j\cdot}^2-\frac{T_{\cdots}^2}{rst},$$

$$S_{A\times B}=\left(\frac{1}{t}\sum_{i=1}^{r}\sum_{j=1}^{s}T_{ij\cdot}^2-\frac{T_{\cdots}^2}{rst}\right)-S_A-S_B,$$

$$S_T=\sum_{i=1}^{r}\sum_{j=1}^{s}\sum_{k=1}^{t}X_{ijk}^2-\frac{T_{\cdots}^2}{rst},\quad S_E=S_T-S_A-S_B-S_{A\times B}.$$

例 2 某农科站对三种大麦种子 A_1,A_2,A_3 和四种化肥 B_1,B_2,B_3,B_4 在相同的试验田里做试验，得大麦的亩产量(单位：kg)如表 3 所示. 问：大麦种子和化肥及它们的交互作用对大麦产量有无显著的影响($\alpha=0.01$)？

表 3

农肥 / 种子 / 亩产量	B_1	B_2	B_3	B_4
A_1	173,172	174,176	177,179	172,173
A_2	175,173	178,177	174,175	170,171
A_3	177,175	174,174	174,173	169,169

解 为了简化计算，将表 3 的数据都减去 170，得表 4. 在这种变换下，所有的平方和的

值保持不变. 表 4 中括弧内的数是 $T_{ij\cdot}$.

表 4

B / A	B_1	B_2	B_3	B_4	$T_{i\cdot\cdot}$
A_1	3,2(5)	4,6(10)	7,9(16)	2,3(5)	36
A_2	5,3(8)	8,7(15)	4,5(9)	0,1(1)	33
A_3	7,5(12)	4,4(8)	4,3(7)	−1,−1(−2)	25
$T_{\cdot j\cdot}$	25	33	32	4	94

现在 $r=3,s=4,t=2$,故有

$$\sum_{i=1}^{r}\sum_{j=1}^{s}\sum_{k=1}^{t}X_{ijk}^2=530,\quad S_T=530-\frac{94^2}{24}=161.83,$$

$$S_A=(36^2+33^2+25^2)/8-94^2/24=8.08,$$

$$S_B=(25^2+33^2+32^2+4^2)/6-94^2/24=90.83,$$

$$S_{A\times B}=\frac{1}{t}\sum_{i=1}^{r}\sum_{j=1}^{s}T_{ij\cdot}^2-\frac{T_{\cdots}^2}{rst}-S_A-S_B,$$

$$=1038/2-94^2/24-8.08-90.83=51.92,$$

$$S_E=S_T-S_A-S_B-S_{A\times B}=11.00.$$

于是得到方差分析表如表 5.

表 5

方差来源	平方和	自由度	均方	F 值
A	8.08	2	4.04	4.39
B	90.83	3	30.28	32.91
$A\times B$	51.92	6	8.65	9.40
误差	11.00	12	0.92	
总和	161.83	23		

由于

$$F_{0.01}(2,12)=6.93>4.39,\quad F_{0.01}(3,12)=5.95<32.91,\quad F_{0.01}(6,12)=4.82<9.40,$$

故接受 H_{01},而拒绝 H_{02} 和 H_{03}. 这表明,在此试验中,大麦的种子对产量的影响不显著,而化肥以及化肥与种子的交互作用对产量的影响是显著的.

习 题 8.2

1. 某消防队要考查五种不同型号的冒烟报警器装置 A_1,A_2,A_3,A_4 在五种不同烟道

B_1,B_2,B_3,B_4,B_5 中的反应时间(单位：s)，共做了 40 次试验，得数据如下表所示：

报警器＼烟道	B_1	B_2	B_3	B_4	B_5
A_1	5.1　5.3	6.4　6.2	5.0　4.8	3.1　3.3	6.7　6.9
A_2	7.5　7.3	8.0　8.2	5.7　6.0	6.4　6.6	5.0　4.8
A_3	1.0　3.8	6.5　6.3	7.8　8.0	9.1　9.3	4.2　4.0
A_4	12.2　12.4	9.5　9.3	7.7　7.9	10.7　10.9	8.6　8.1

试问：不同型号的报警器对反应时间是否有显著性影响？不同种类的烟道对反应时间是否有显著性影响($\alpha=0.05$)？

2. 为了解三种不同配比的饲料对仔猪生长效用的差异，对三种不同品种的仔猪各选三头进行试验，分别测得其三个月内体重的增长量(单位：kg)如下表所示：

饲料＼猪品种	B_1	B_2	B_3
A_1	51	56	45
A_2	53	57	49
A_3	52	58	47

假定猪体重的增加量服从正态分布，且各种配比对应的方差相等，试分析不同饲料与不同品种猪的生长有无显著影响($\alpha=0.05$)？

3. 在某种金属材料的生产过程中，对热处理温度(因素 B)与时间(因素 A)各取两个水平，在同一条件下每个实验重复两次，产品强度的测定结果列在下表中：

因素 A＼因素 B	B_1	B_2
A_1	38.0　38.6	47.0　44.8
A_2	45.0　43.8	42.4　40.8

设各水平搭配下强度总体服从正态分布，并且方差相等，各样本独立，问：热处理温度、时间以及这两者的交互作用对产品强度是否有显著影响($\alpha=0.05$)？

§8.3　一元线性回归

在客观世界中普遍存在着变量之间的关系.变量之间的关系一般来说可分为确定性的与非确定性的.确定性关系是指变量之间的关系可以用函数关系来表示.例如，正方形的面

积 S 与边长 x 之间的关系为 $S=x^2$. 另一种非确定性的关系即所谓相关关系，它不是确定的函数关系，但彼此之间却又存在相互影响、相互制约的内在联系. 例如，正常人的身高和体重的关系，虽然一个人的身高并不能确定体重，但总的说来，身材高的人体重也重些，可它们之间却不能用确定的函数关系表示出来. 这是因为我们涉及的变量是随机变量，上面所述的变量关系是非确定性的. 回归分析是研究相关关系的一种数学工具，它能帮助我们从一个变量取得的值去估计另一变量所取得的值. 研究两个变量之间相关关系的回归分析称为**一元回归分析**，研究多个变量之间相关关系的回归分析称为**多元回归分析**. 若回归分析中两个变量之间成线性关系，则称为**一元线性回归分析**；如果两变量之间不具有线性关系，就称为**非线性回归分析**. 这里仅讨论一元线性回归分析.

一、一元线性回归模型

设随机变量 Y 与 x 之间存在着某种相关关系，这里 x 是可以控制或可以精确观察的变量，如试验时的温度、压力、反应时间等. 对 x 的每一个固定的值，Y 有它的分布. 若 Y 的数学期望存在，则可以表为 x 的函数，通常记为 $\mu(x)$. 我们将 $\mu(x)$ 称为 Y 关于 x 的**回归函数**. 这样，我们就将讨论 Y 与 x 的相关关系转换为讨论 $\mathrm{E}(Y)=\mu(x)$ 与 x 的函数关系.

为了对一元线性回归模型有个直观的了解，先看下面的例子.

例 1 随机抽查某地 10 名成年男性的身高 x(单位：m)与体重 Y(单位：kg)，得数据如下所示：

身高 x	1.78	1.69	1.80	1.75	1.84	1.65	1.73	1.70	1.78	1.85
体重 Y	65	58	74	70	73	54	61	64	75	82

试分析这些数据中所隐藏的规律性.

为了更直观地表现身高 x 与体重 Y 的关系，可在直角坐标系中描出每对观测值 (x_i, y_i) 的相应点，这些点构成的图称为**散点图**(见图 1). 散点图可以帮助我们粗略地看出 $\mu(x)$ 的形式.

由图 1 可见，这些点的分布大致呈一直线，但各点不完全在一条直线上. 这是由于 Y 还受到其他一些随机因素的影响. 这样，Y 可以看成是由两部分叠加而成，一部分是 x 的线性函数 $a+bx$，另一部分是随机因素引起的误差 ε，即 $Y=a+bx+\varepsilon$. 这就是所谓的一元线性回归模型.

一般地，假设 Y 与 x 之间的相关关系可表示为

$$Y=a+bx+\varepsilon, \qquad ①$$

其中 a, b 为未知参数，ε 为随机误差，且 $\varepsilon \sim N(0,\sigma^2)$，$\sigma^2$ 未知，Y 与 x 的这种关系称为**一元线性回归模型**. 这时回归函数 $\mu(x)=a+bx$，并称 b 为**回归系数**.

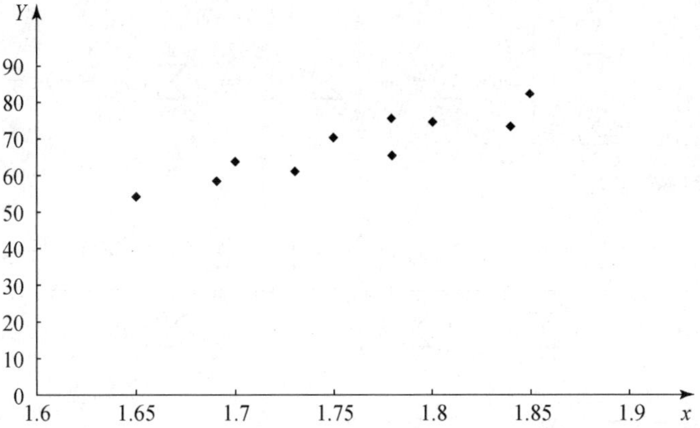

图 1

一元线性回归分析主要解决下列问题：

(1) 利用样本对未知参数 a,b,σ^2 进行估计；

(2) 对回归模型做显著性检验；

(3) 当 $x=x_0$ 时，对 Y 的取值做预测，即对 Y 做区间估计.

二、一元线性回归模型参数的估计

1. 参数 a,b 的估计

取 x 的 n 个不全相同的值 $x_1,x_2,\cdots,x_n$ 做独立试验，得到样本 $(x_1,Y_1),(x_2,Y_2),\cdots,(x_n,Y_n)$，相应地有 n 组独立的观察值 $(x_1,y_1),(x_2,y_2),\cdots,(x_n,y_n)$.

对参数 a,b 进行估计，实际上就是在平面直角坐标系中"估计"一条直线

$$\hat{y}=\hat{a}+\hat{b}x, \quad ②$$

使得它尽可能地接近回归函数 $\mu(x)=a+bx$ 的图形. 一种自然的想法就是使每个样本值 (x_i,y_i) 与估计直线上相应的点 $(x_i,\hat{y}_i)$ 尽可能地接近，即要求直线②，使得以下平方和达到最小值：

$$Q(a,b)=\sum_{i=1}^{n}(y_i-a-bx_i)^2. \quad ③$$

求 Q 分别关于 a,b 的偏导数，并令它们等于零，得方程组

$$\begin{cases}\dfrac{\partial Q}{\partial a}=-2\sum\limits_{i=1}^{n}(y_i-a-bx_i)=0,\\ \dfrac{\partial Q}{\partial b}=-2\sum\limits_{i=1}^{n}(y_i-a-bx_i)x_i=0,\end{cases}\quad \text{即} \quad \begin{cases}na+\left(\sum\limits_{i=1}^{n}x_i\right)b=\sum\limits_{i=1}^{n}y_i,\\ \left(\sum\limits_{i=1}^{n}x_i\right)a+\left(\sum\limits_{i=1}^{n}x_i^2\right)b=\sum\limits_{i=1}^{n}x_iy_i.\end{cases}$$

此方程组称为**正规方程组**. 由于 x_i 不全相同，正规方程组的系数行列式

$$\begin{vmatrix} n & \sum_{i=1}^{n} x_i \\ \sum_{i=1}^{n} x_i & \sum_{i=1}^{n} x_i^2 \end{vmatrix} = n\sum_{i=1}^{n} x_i^2 - \left(\sum_{i=1}^{n} x_i\right)^2 = n\sum_{i=1}^{n}(x_i - \overline{x})^2 \neq 0,$$

故它有唯一的一组解. 解得

$$\begin{cases} \hat{b} = \dfrac{n\sum_{i=1}^{n} x_i y_i - \left(\sum_{i=1}^{n} x_i\right)\left(\sum_{i=1}^{n} y_i\right)}{n\sum_{i=1}^{n} x_i^2 - \left(\sum_{i=1}^{n} x_i\right)^2} = \dfrac{\sum_{i=1}^{n}(x_i - \overline{x})(y_i - \overline{y})}{\sum_{i=1}^{n}(x_i - \overline{x})^2}, \\ \hat{a} = \dfrac{1}{n}\sum_{i=1}^{n} y_i - \dfrac{\hat{b}}{n}\sum_{i=1}^{n} x_i = \overline{y} - \hat{b}\,\overline{x}, \end{cases} \qquad ④$$

其中 $\overline{x} = \frac{1}{n}\sum_{i=1}^{n} x_i, \overline{y} = \frac{1}{n}\sum_{i=1}^{n} y_i$.

容易验证,这样得到的 $\hat{a}$, $\hat{b}$ 的确是式③定义的二元函数 Q 的最小值点. 我们称 $\hat{a}$, $\hat{b}$ 为 a, b 的**最小二乘估计**.

在得到 a, b 的估计 $\hat{a}$, $\hat{b}$ 后,对于给定的 x,我们就取 $\hat{a} + \hat{b}x$ 作为回归函数 $\mu(x) = E(Y) = a + bx$ 的估计,即 $\hat{\mu}(x) = \hat{a} + \hat{b}x$,称为 Y 关于 x 的**经验回归函数**,而式②称为 Y 关于 x 的**经验线性回归方程**(简称**线性回归方程**),其图形称为**回归直线**.

将式④中 $\hat{a}$ 的表达式代入式②,则线性回归方程可写成

$$\hat{y} = \overline{y} + \hat{b}(x - \overline{x}). \qquad ⑤$$

上式表明,对于样本值 $(x_1, y_1), (x_2, y_2), \cdots, (x_n, y_n)$,回归直线通过散点图的几何中心 $(\overline{x}, \overline{y})$.

为了计算上的方便,我们引入下述记号:

$$S_{xx} = \sum_{i=1}^{n}(x_i - \overline{x})^2 = \sum_{i=1}^{n} x_i^2 - \frac{1}{n}\left(\sum_{i=1}^{n} x_i\right)^2, \quad S_{yy} = \sum_{i=1}^{n}(y_i - \overline{y})^2 = \sum_{i=1}^{n} y_i^2 - \frac{1}{n}\left(\sum_{i=1}^{n} y_i\right)^2,$$

$$S_{xy} = \sum_{i=1}^{n}(x_i - \overline{x})(y_i - \overline{y}) = \sum_{i=1}^{n} x_i y_i - \frac{1}{n}\sum_{i=1}^{n} x_i \sum_{i=1}^{n} y_i.$$

这样 a, b 的估计值可写成

$$\hat{b} = \frac{S_{xy}}{S_{xx}}, \quad \hat{a} = \frac{1}{n}\sum_{i=1}^{n} y_i - \left(\frac{1}{n}\sum_{i=1}^{n} x_i\right)\hat{b}. \qquad ⑥$$

对于估计量 $\hat{a}$, $\hat{b}$ 的分布,不加证明地给出以下定理.

定理 1 设 $\hat{a}$, $\hat{b}$ 分别是一元线性回归模型①的参数 a, b 的最小二乘估计量,则

$$\hat{a} \sim N\left(a, \left(\frac{1}{n} + \frac{\overline{x}^2}{S_{xx}}\right)\sigma^2\right), \quad \hat{b} \sim N\left(b, \frac{\sigma^2}{S_{xx}}\right).$$

例 2 在例 1 中,随机变量 Y 符合回归模型①所述的条件,求 Y 关于 x 的线性回归

方程.

解 这里 $n=10$,所需计算结果如表 1 所示.

表 1

序号	身高 x	体重 Y	x_i^2	y_i^2	x_iy_i
1	1.78	65	3.1684	4225	115.7
2	1.69	58	2.8561	3364	98.02
3	1.80	74	3.24	5476	133.2
4	1.75	70	3.0625	4900	122.5
5	1.84	73	3.3856	5329	134.32
6	1.65	54	2.7225	2916	89.1
7	1.73	61	2.9929	3721	105.53
8	1.70	64	2.89	4096	108.8
9	1.78	75	3.1684	5625	133.5
10	1.85	82	3.4225	6724	151.7
$\sum$	17.57	676	30.9089	46376	1192.37

又计算得

$$S_{xx}=\sum_{i=1}^{10}x_i^2-\frac{1}{10}\left(\sum_{i=1}^{10}x_i\right)^2=30.9089-\frac{1}{10}\times 17.57^2=0.0384,$$

$$S_{xy}=\sum_{i=1}^{10}x_iy_i-\frac{1}{10}\sum_{i=1}^{10}x_i\sum_{i=1}^{10}y_i=1192.37-\frac{1}{10}\times 17.57\times 676=4.638,$$

从而

$$\hat{b}=\frac{S_{xy}}{S_{xx}}=\frac{4.638}{0.0384}=120.7498,$$

$$\hat{a}=\frac{1}{10}\sum_{i=1}^{10}y_i-\left(\frac{1}{10}\sum_{i=1}^{10}x_i\right)\hat{b}=\frac{1}{10}\times 676-\frac{1}{10}\times 17.57\times 120.7498=-144.5574.$$

于是所求线性回归方程为

$$\hat{y}=-144.5574+120.7498x.$$

2. 参数 σ^2 的估计

先引入下述残差平方和的概念.

记 $\hat{y}_i=\hat{y}\big|_{x=x_i}=\hat{a}+\hat{b}x_i$,称 $y_i-\hat{y}_i$ 为 x_i 处的**残差**,并称

$$Q_e=\sum_{i=1}^{n}(y_i-\hat{y}_i)^2=\sum_{i=1}^{n}(y_i-\hat{a}-\hat{b}x_i)^2$$

为**残差平方和**. 它是经验回归函数在 x_i 处的函数值 $\hat{\mu}(x_i)=\hat{a}+\hat{b}x_i$ 与 x_i 处的观察值 y_i 的偏差的平方和.

关于残差平方和 Q_e,可以证明有以下结论成立.

定理 2 设 a,b,σ^2 是一元线性回归模型①的参数,$\hat{a}$, $\hat{b}$ 分别是 a,b 的最小二乘估计量,Q_e 是相应的残差平方和,则 Q_e, $\hat{b}$ 相互独立,且

$$Q_e/\sigma^2 \sim \chi^2(n-2).$$

由 $\hat{b}=S_{xy}/S_{xx}$ 可得 Q_e 的一个分解式

$$Q_e = S_{yy} - \hat{b}S_{xy}. \qquad ⑦$$

由式④知,b,a 的估计量分别为

$$\hat{b} = \frac{\sum_{i=1}^{n}(x_i-\overline{x})(Y_i-\overline{Y})}{\sum_{i=1}^{n}(x_i-\overline{x})^2} = \frac{\sum_{i=1}^{n}(x_i-\overline{x})Y_i}{\sum_{i=1}^{n}(x_i-\overline{x})^2}, \quad \hat{a} = \frac{1}{n}\sum_{i=1}^{n}Y_i - \frac{\hat{b}}{n}\sum_{i=1}^{n}x_i = \overline{Y} - \hat{b}\overline{x},$$

其中 $\overline{Y}=\frac{1}{n}\sum_{i=1}^{n}Y_i$,$\overline{x}=\frac{1}{n}\sum_{i=1}^{n}x_i$. 在 S_{yy},S_{xy} 的表达式中,将 y_i 改为 $Y_i(i=1,2,\cdots,n)$,并把它们分别记为 S_{YY},S_{xY},即 $S_{YY}=\sum_{i=1}^{n}(Y_i-\overline{Y})^2$,$S_{xY}=\sum_{i=1}^{n}(x_i-\overline{x})(Y_i-\overline{Y})$,则残差平方和 Q_e 的相应统计量(仍记为 Q_e)为 $Q_e=S_{YY}-\hat{b}S_{xY}$. 由定理 2 知 $\mathrm{E}(Q_e/\sigma^2)=n-2$,于是得到 σ^2 的无偏估计量及相应的估计值:

$$\hat{\sigma^2} = \frac{Q_e}{n-2} = \frac{1}{n-2}(S_{YY}-\hat{b}S_{xY}), \quad \hat{\sigma^2} = \frac{1}{n-2}(S_{yy}-\hat{b}S_{xy}).$$

例 3(续例 2) 求例 2 中 σ^2 的无偏估计.

解 由表 1 得 $S_{yy}=46376-\frac{1}{10}\times 676^2=678.4$,从而 σ^2 的无偏估计为

$$\hat{\sigma^2} = \frac{1}{10-2}(S_{yy}-\hat{b}S_{xy}) = \frac{1}{8}(678.4-120.7498\times 4.638) = 14.7953.$$

三、线性假设的显著性检验

在以上的讨论中,我们假定 Y 与 x 有线性关系. 但是,在实际问题中,事先我们并不能断定 Y 与 x 有线性关系,$Y=a+bx+\varepsilon$ 只是一种假设. 当然,这种假设不是没有根据的,我们可以通过专业知识和散点图来直观判断. 而这仅仅是粗略的判断,因此在求出经验回归方程后,还需根据实际观察得到的数据运用假设检验的方法来判断. 这就是说,求得的线性回归方程是否具有实用价值,需要经过假设检验才能确定. 若线性假设①符合实际,则 b 不应为零,因为若 $b=0$,则 $Y=a+\varepsilon$,意味着 Y 与 x 无关. 所以 $Y=a+bx$ 是否合理,归结为检验假设

$$H_0: b=0, \quad H_1: b\neq 0. \qquad ⑧$$

对于假设检验问题⑧,下面介绍一种常用的检验方法——t 检验法.

由定理 1 知 $\hat{b}\sim N(b,\sigma^2/S_{xx})$,故

$$\frac{\hat{b}-b}{\sigma/\sqrt{S_{xx}}} \sim N(0,1).$$

又由定理 2 知$\frac{(n-2)\hat{\sigma}^2}{\sigma^2}=\frac{Q_e}{\sigma^2}\sim\chi^2(n-2)$,且 $\hat{b}$ 与 Q_e 独立,故有

$$T=\frac{\hat{b}-b}{\sigma/\sqrt{S_{xx}}}\Bigg/\sqrt{\frac{(n-2)\hat{\sigma}^2}{\sigma^2}\Big/(n-2)}=\frac{\hat{b}-b}{\hat{\sigma}}\sqrt{S_{xx}}\sim t(n-2). \tag{⑨}$$

这里$\hat{\sigma}^2=\frac{Q_e}{n-2}=\frac{1}{n-2}(S_{YY}-\hat{b}S_{xY})$.

当 H_0 为真时,$b=0$,此时

$$T=\frac{\hat{b}}{\hat{\sigma}}\sqrt{S_{xx}}\sim t(n-2),$$

且 $E(\hat{b})=b=0$. 于是,对于给定的显著性水平 α,假设⑧的拒绝域为

$$|t|=\frac{|\hat{b}|}{\hat{\sigma}}\sqrt{S_{xx}}\geqslant t_{\alpha/2}(n-2).$$

当假设 H_0: $b=0$ 被拒绝时,就认为 Y 与 x 存在线性关系,即回归效果显著;反之,则认为 Y 与 x 的关系不能用一元线性回归模型来描述,即回归效果不显著. 回归效果不显著的原因可能有如下几种:

(1) x 对 Y 没有显著影响;

(2) x 对 Y 有显著影响,但这种影响不能用线性关系来描述;

(3) 影响 Y 取值的,除 x 及随机误差外还有其他不可忽略的因素.

因此,在接受 H_0 的同时,需要进一步查明原因分别处理,此时,专业知识往往起着重要作用.

例 4(续例 2) 在显著性水平 $\alpha=0.05$ 下,检验 Y 与 x 之间是否存在显著的线性相关关系.

解 提出假设: H_0: $b=0$, H_1: $b\neq 0$.

(1) 当 H_0 为真时,检验统计量 $T=\frac{\hat{b}}{\hat{\sigma}}\sqrt{S_{xx}}\sim t(n-2)=t(8)$.

(2) 求出拒绝域: $|t|\geqslant t_{\alpha/2}(n-2)=t_{0.025}(8)=2.3060$.

(3) 计算检验统计量的值: $|t|=\frac{120.7498\times\sqrt{0.03841}}{\sqrt{14.7953}}=6.1524$.

因为$|t|=6.1524>2.3060$,所以拒绝 H_0,即认为变量 Y 与 x 之间存在显著的线性相关关系.

四、回归系数 b 的置信区间

当线性回归效果显著时,我们常需要对回归系数 b 作区间估计. 事实上,可由式⑨得到 b

的置信度为 $1-\alpha$ 的置信区间

$$\left(\hat{b} \pm t_{\alpha/2}(n-2)\,\hat{\sigma}/\sqrt{S_{xx}}\right).$$

五、回归函数值的点估计和区间估计

设 x_0 是自变量 x 的某一指定值，则可用经验回归函数 $\hat{y}=\hat{\mu}(x)=\hat{a}+\hat{b}x$ 在点 x_0 处的函数值 $\hat{y}_0=\hat{\mu}(x_0)=\hat{a}+\hat{b}x_0$ 作为 $\mu(x_0)=a+bx_0$ 的点估计，即

$$\hat{y}_0=\hat{\mu}(x_0)=\hat{a}+\hat{b}x_0.$$

对于相应的估计量 $\hat{Y}_0=\hat{a}+\hat{b}x_0$，易知 $E(\hat{Y}_0)=a+bx_0$，因此这一估计量是无偏的，且可以求得 $\mu(x_0)=a+bx_0$ 的置信度为 $1-\alpha$ 的置信区间为

$$\left(\hat{Y}_0 \pm t_{\alpha/2}(n-2)\,\hat{\sigma}\sqrt{\frac{1}{n}+\frac{(x_0-\overline{x})^2}{S_{xx}}}\right),\quad \text{即}\quad \left(\hat{a}+\hat{b}x_0 \pm t_{\alpha/2}(n-2)\,\hat{\sigma}\sqrt{\frac{1}{n}+\frac{(x_0-\overline{x})^2}{S_{xx}}}\right).$$

这一置信区间的长度是 x_0 的函数，它随 $|x_0-\overline{x}|$ 的增加而增加，当 $x_0=\overline{x}$ 时为最短.

六、Y 的观察值的点预测和区间预测

回归方程一经求得，并通过检验后，既能用来反映变量之间的联系，也能用来对随机变量 Y 的新观察结果进行点预测或区间预测.

若 Y_0 是在 $x=x_0$ 处对 Y 的观察结果，我们就用 x_0 处的经验回归函数值 $\hat{Y}_0=\hat{\mu}(x_0)=\hat{a}+\hat{b}x_0$ 作为 Y_0 的点预测. 但是这样的预测是不能令人满意的，因为无法知道这个预测的精确程度. 所以，我们希望对于一定的置信度 $1-\alpha$，寻找一个小区间，使得变量值 Y_0 落在该小区间内的概率等于 $1-\alpha$，这个小区间称为**预测区间**. 在一元线性回归模型下，可以证明：

$$\frac{\hat{Y}_0-Y_0}{\hat{\sigma}\sqrt{1+1/n+(x_0-\overline{x})^2/S_{xx}}}\sim t(n-2).$$

这样，对于给定的置信度 $1-\alpha$，可得到 Y_0 的预测区间

$$\left(\hat{Y}_0 \pm t_{\alpha/2}(n-2)\,\hat{\sigma}\sqrt{1+\frac{1}{n}+\frac{(x_0-\overline{x})^2}{S_{xx}}}\right),\quad \text{即}\quad \left(\hat{a}+\hat{b}x_0 \pm t_{\alpha/2}(n-2)\,\hat{\sigma}\sqrt{1+\frac{1}{n}+\frac{(x_0-\overline{x})^2}{S_{xx}}}\right).$$

显然，$\hat{\sigma}$ 的值越小，则由线性回归方程预测 Y_0 的值就越精确. 所以通常用 $\hat{\sigma}$ 的大小来衡量预测的精确程度.

当 n 很大且 x_0 位于 $\overline{x}$ 附近时，有

$$t_{\alpha/2}(n-1)\approx z_{\alpha/2},\quad \sqrt{1+1/n+(x_0-\overline{x})^2/S_{xx}}\approx 1,$$

于是 Y_0 的置信度为 $1-\alpha$ 的预测区间近似为 $(\hat{Y}_0 \pm z_{\alpha/2}\,\hat{\sigma})$.

例 5（续例 2） (1) 求回归函数 $\mu(x)$ 在 $x=1.70$ 处的值 $\mu(1.70)$ 的置信度为 0.95 的置信区间；

(2) 求在 $x=1.70$ 处 Y 的新观察结果 Y_0 的置信度为 0.95 的预测区间；

(3) 求在 $x=x_0$ 处 Y 的新观察值 Y_0 的置信度为 0.95 的预测区间.

解 由例 2、例 3 知 $\hat{b}=120.7498$，$\hat{a}=-144.5574$，$\hat{\sigma}^2=14.7953$，$\overline{x}=1.757$，又查 t 分布表得 $t_{0.05/2}(8)=2.3060$，于是

$$\hat{\mu}(x)\Big|_{x=1.70}=[-144.5574+120.7498x]\Big|_{x=1.70}=60.7173,$$

$$t_{\alpha/2}(n-2)\hat{\sigma}\sqrt{\frac{1}{n}+\frac{(x_0-\overline{x})^2}{S_{xx}}}=2.3060\sqrt{14.7953}\sqrt{\frac{1}{10}+\frac{(1.70-1.757)^2}{0.0384}}\approx 3.8111,$$

$$t_{\alpha/2}(n-2)\hat{\sigma}\sqrt{1+\frac{1}{n}+\frac{(x_0-\overline{x})^2}{S_{xx}}}=2.3060\sqrt{14.7953}\sqrt{1+\frac{1}{10}+\frac{(1.70-1.757)^2}{0.0384}}\approx 9.6540.$$

(1) 回归函数 $\mu(x)$ 在 $x=1.70$ 处的值 $\mu(1.70)$ 的置信度为 0.95 的置信区间为

$$(60.7173\pm 3.8111).$$

(2) 在 $x=1.70$ 处 Y 的新观察结果 Y_0 的置信度为 0.95 的预测区间为

$$(60.7173\pm 9.6540).$$

(3) 在 $x=x_0$ 处 Y 的新观察结果 Y_0 的置信度为 0.95 的预测区间为

$$\left(\hat{\mu}(x)\big|_{x=x_0}\pm t_{0.025}(8)\sqrt{1+\frac{1}{10}+\frac{(x_0-1.757)^2}{0.0384}}\right).$$

习 题 8.3

1. 某工业部门为了分析该部门的产量 x(单位：千件)与生产费用 Y(单位：千元)之间的关系，随机抽取了 10 个企业作样本，得到以下数据：

x	40	42	48	55	65	79	88	100	120	140
Y	150	140	160	170	150	162	185	165	190	185

(1) 做出 x 与 Y 的散点图，并观察它们之间是否具有线性关系；

(2) 假定 x 与 Y 之间存在线性关系，试求 Y 关于 X 的线性回归方程.

2. 某城市去年调查的人均月收入(单位：元)与人均月支出(单位：元)的部分数据如下：

月份	1	2	3	4	5	6
人均收入 x	1569	1834	1638	1712	1695	1773
人均支出 Y	2271	2436	2315	2296	2149	2354

试求人均月支出对人均月收入的线性回归函数，并判断人均月收入对人均月支出是否有显著影响($\alpha=0.05$).

3. 在钢线碳含量对于电阻效应的研究中，得到如下数据：

碳含量 x/%	0.10	0.30	0.40	0.55	0.70	0.80	0.95
电阻 Y/微欧	15	18	19	21	22.6	23.8	26

设电阻 Y 与碳含量 x 之间具有如下形式的关系：$Y=a+bx+\varepsilon$，其中 a,b 为未知常数，$\varepsilon\sim N(0,\sigma^2)$，$\sigma^2$ 未知.

(1) 画出 x 与 Y 的散点图；　　(2) 求 Y 对于 x 的线性回归方程 $\hat{y}=\hat{a}+\hat{b}x$；

(3) 求方差 σ^2 的无偏估计；　　(4) 检验假设 $H_0: b=0; H_1: b\neq 0$；

(5) 若回归效果显著，求 b 的置信度为 0.95 的置信区间；

(6) 求在 $x=0.50$ 处 $\mu(x)$ 的置信度为 0.95 的置信区间；

(7) 求在 $x=0.50$ 处 Y 的新观察值 Y_0 的置信度为 0.95 的预测区间.

4. 有人认为企业的利润水平和其研究经费之间存在线性关系，对一个地区企业的利润水平和其研究经费进行调查，得数据(单位：万元)如下：

研究经费	10	10	8	8	8	12	12	12	11	11
利润	100	150	200	180	250	300	280	310	320	300

问：在置信度 0.95 下，这些调查数据能否证实这一论断？

§8.4 可线性化的一元非线性回归

上一节我们已经提过，在建立线性回归方程之前，可以先从散点图粗略地看出形状像不像一条直线，如果散点的分布与一条直线相差很远，线性相关的显著性检验必然是否定的. 这时散点的分布形态可能近似于其他的已知函数的图形，例如抛物线或双曲线等. 在这种情况下，可以选择与散点图形状拟合的适当曲线去描述变量之间的关系. 这种曲线的方程称为**非线性回归方程**. 为了确定非线性回归方程中的未知参数，有时可以通过变量替换，把非线性回归方程化为线性回归方程，从而利用线性回归分析的方法求出未知参数的值，再代回可得到非线性回归方程.

表 1 给出了一些常见的、可以通过变换线性化的曲线图形及其函数表达式.

表 1

函数名称	函数表达式	图像	线性化方法及模型
双曲线函数	$y=\dfrac{x}{ax+b}$ $(a>0)$	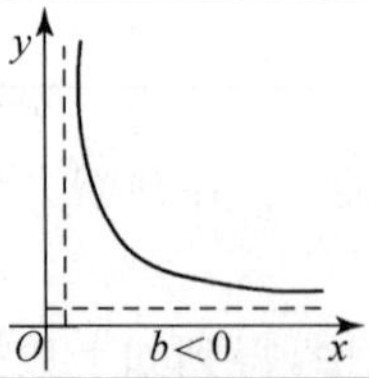 $b<0$ 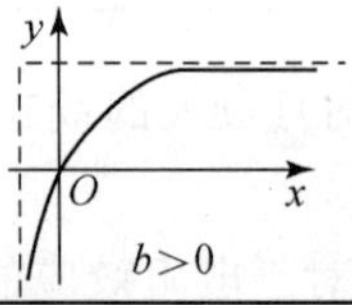 $b>0$	$u=\dfrac{1}{y}, v=\dfrac{1}{x}$ $u=a+bv$

续表

函数名称	函数表达式	图像	线性化方法及模型
幂函数	$y=ax^b$ $(a>0)$	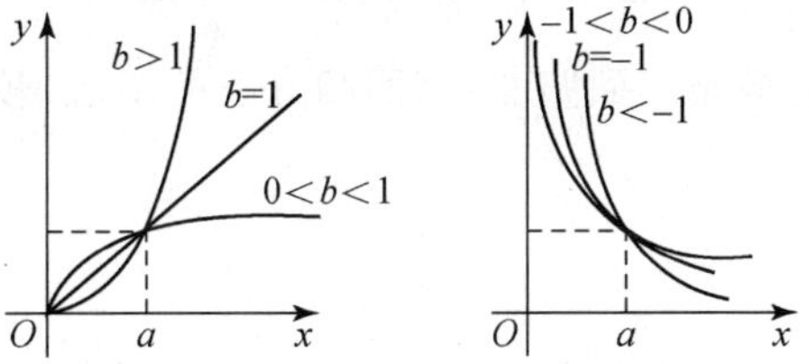	$u=\ln y, v=\ln x$ $u=\ln a+bv$
指数函数	$y=ae^{bx}$ $(a>0)$	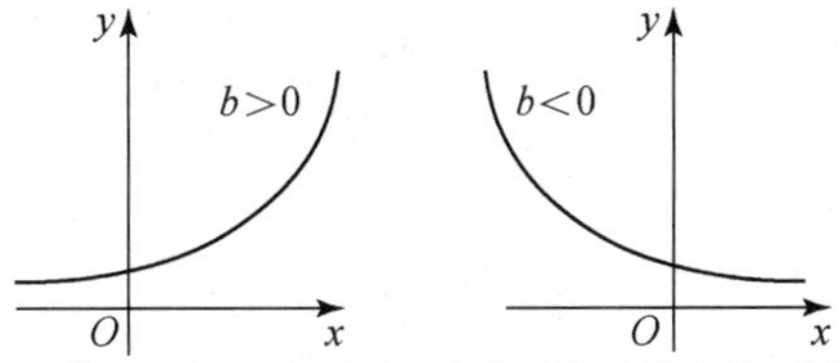	$u=\ln y$ $u=\ln a+bx$
	$y=ae^{\frac{b}{x}}$ $(a>0)$	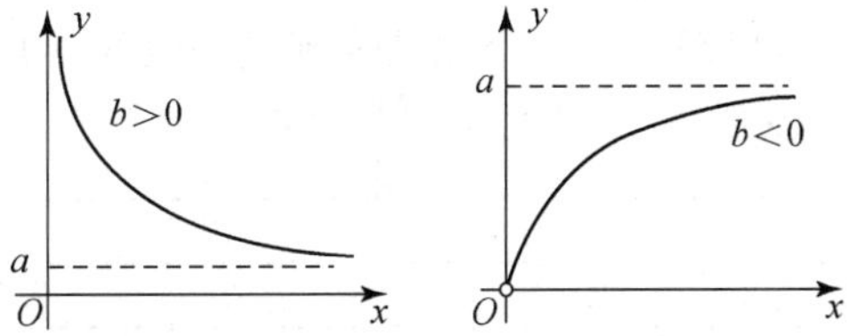	$u=\ln y, v=\frac{1}{x}$ $u=\ln a+bv$
对数函数	$y=a+b\ln x$ $(a>0)$	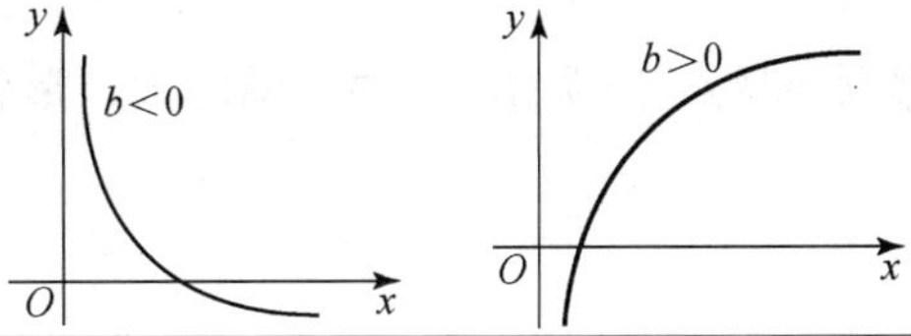	$v=\ln x$ $y=a+bv$
S形曲线	$y=\frac{1}{a+be^{-x}}$ $(a>0, b\neq 0)$	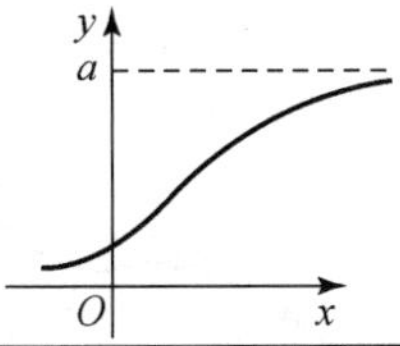	$u=\frac{1}{y}, v=e^{-x}$ $u=a+bv$

当然，对同一散点图所呈现的 Y 与 x 之间的关系，可以选择不同的函数形式来描述回归方程，那么如何判断并比较不同回归方程的拟合的好坏呢？通常使用的比较准则有下面两个：

1. 相关指数

相关指数定义为

$$R^2=1-\frac{\sum_{i=1}^{n}(y_i-\hat{y}_i)^2}{\sum_{i=1}^{n}(y_i-\overline{y})^2}, \qquad ①$$

其中(x_i,y_i) $(i=1,2,\cdots,n)$是(x,Y)的观察值，$\hat{y}_i(i=1,2,\cdots,n)$是回归方程中相应于$x=x_i$的$\hat{y}$的值，$\overline{y}=\frac{1}{n}\sum_{i=1}^{n}y_i$. 显然$R^2$较大表示观测值$y_i$与拟合值$\hat{y}_i$比较靠近，也就意味着从整体上看，$n$个点的散布离回归曲线(回归方程的图形)较近. 因此，选使R^2较大的回归方程为好.

2. 剩余标准差

剩余标准差定义为

$$s=\sqrt{\frac{\sum_{i=1}^{n}(y_i-\hat{y}_i)^2}{n-2}}, \qquad ②$$

其中y_i与$\hat{y}_i(i=1,2,\cdots,n)$同式①. 显然$s$反映了样本点偏离回归曲线的平均大小，自然其值小的回归方程为好.

从式①和②中不难发现上述两个比较准则是一致的，即R越大，s越小，反之亦然.

例 据下列测试数据，求出Y关于x的回归方程：

x	2.5	5.0	7.5	10.0	12.5	15	17.5	20.0	22.5
Y	0.65	1.25	1.70	2.08	2.04	2.54	2.66	2.82	3.00

解 按实测数据画出散点图(见图1)，根据图的大致形状，选用双曲线$\frac{1}{y}=a+\frac{b}{x}$来表示$x$与$Y$的关系.

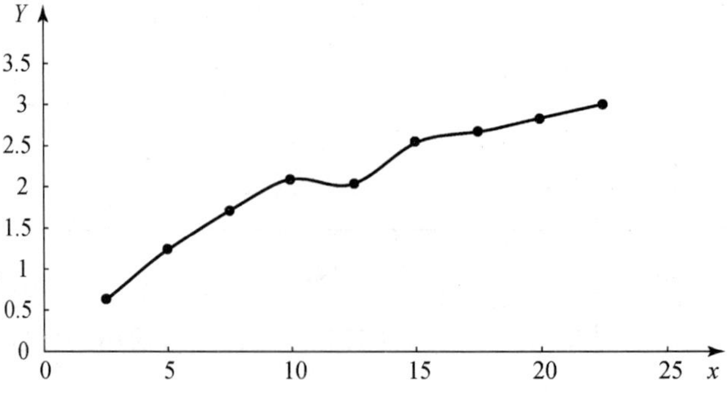

图 1

作变换$Y'=1/y, x'=1/x$，则原问题转换为求Y'关于x'的回归方程，即要估计一元线性回归模型$Y'=a+bx'+\varepsilon$的参数a,b. 计算结果如表2所示.

表 2

序号	x	Y	$x'=1/x$	$y'=1/y$	x'^2	y'^2	$x'y'$
1	2.5	0.65	0.400	1.538	0.160	2.367	0.615
2	5.0	1.25	0.200	0.800	0.040	0.640	0.160
3	7.5	1.70	0.133	0.588	0.018	0.346	0.078
4	10.0	2.08	0.100	0.481	0.010	0.231	0.048
5	12.5	2.40	0.080	0.417	0.006	0.174	0.033
6	15.0	2.54	0.067	0.394	0.004	0.155	0.026
7	17.5	2.66	0.057	0.376	0.003	0.141	0.021
8	20.0	2.82	0.050	0.355	0.003	0.126	0.018
9	22.5	3.00	0.044	0.333	0.002	0.111	0.015
$\sum$			1.132	5.282	0.246	4.291	1.016

根据表 2 分别计算出 $S_{x'x'}=0.104, S_{y'y'}=1.191, S_{x'y'}=0.351$,从而

$$\hat{b} = S_{x'y'}/S_{x'x'} = 3.376, \quad \hat{a} = 0.162,$$

于是 Y' 关于 x' 的回归方程为 $\hat{y}'=0.162+3.376x'$. 代回原来的变量,得到回归方程

$$\frac{1}{\hat{y}} = 0.162 + \frac{3.376}{x}.$$

习 题 8.4

1. 设某商品的需求量 Y(单位:件)与价格 x(单位:元)的统计资料如下表所示:

x	61	54	50	43	38	36	28	23	19	10
Y	543	580	618	695	724	812	887	991	1186	1940

求需求函数的回归方程.

2. 为研究某企业的生产率 x(单位:件/周)与废品率 Y(单位:%)的关系,调查得的数据如下表所示:

x	1000	2000	3000	3500	4000	4500	5000
Y	5.2	6.5	6.8	8.1	10.2	10.3	13.0

试根据数据拟合出合适的曲线模型.

3. 已知混凝土的抗压强度随养护时间的延长而增加. 现将一批混凝土制作成 12 块试验块,记录了养护时间 x(单位:日)及抗压强度 Y(单位:$\mathrm{kg/cm^2}$)的数据如下:

x	2	3	4	5	7	9	12	14	17	21	28	56
Y	35	42	47	53	59	65	68	73	76	82	86	99

求 $y=a+b\ln x$ 型回归方程.

总练习题八

1. 将抗生素注入人体会产生抗生素与血浆蛋白质结合的现象,以致减少了药效.下表列出五种常用的抗生素注入到牛的体内时抗生素与血浆蛋白质结合的百分比:

青霉素	四环素	链霉素	红霉素	氯霉素
29.6	27.3	5.8	21.6	29.2
24.3	32.6	6.2	17.4	32.8
28.5	30.8	11.0	18.3	25.0
32.0	34.8	8.3	19.0	24.2

试在显著性水平 $\alpha=0.05$ 下检验这些百分比的均值有无显著差异.

2. 为了研究金属管的防腐蚀功能,考虑四种不同的涂料涂层.将金属管埋设在三种不同性质的土壤中,经过一定时间,测得金属管腐蚀的最大深度(单位:mm)如下表所示:

涂层 \ 土壤	B_1	B_2	B_3
A_1	1.63	1.35	1.27
A_2	1.34	1.30	1.22
A_3	1.19	1.14	1.27
A_4	1.30	1.09	1.32

设两因素之间没有交互作用效应.试取显著性水平 $\alpha=0.05$,检验在不同涂层下腐蚀的最大深度平均值有无显著差异,在不同土壤下腐蚀的最大深度平均值有无显著差异.

3. 在某橡胶产品的配方中,考虑三种不同的促进剂,四种不同份量的氧化锌.同样的配方重复一次试验,测得 300%定强指标如下:

促进剂 \ 氧化锌	B_1	B_2	B_3	B_4
A_1	31　33	34　36	35　36	39　38
A_2	33　34	36　37	37　39	38　41
A_3	35　37	37　38	39　40	42　44

假设在诸水平搭配下胶料的定强指标服从正态分布,且方差相等,问:氧化锌份量、促进剂以及它们的交互作用对定强指标有无显著影响?

4. 下表给出某种化工过程在三种浓度、四种温度水平下同样的试验重复一次得率的数据：

浓度/% \ 温度/℃	10	24	38	52
2	14 10	11 11	13 9	10 12
4	9 7	10 8	7 11	6 10
6	5 11	13 14	12 13	14 10

设在诸水平搭配下得率的总体服从正态分布，且方差相等，试在显著性水平 $\alpha=0.05$ 下检验：

(1) 在不同浓度下得率有无显著差异；　(2) 在不同温度下得率是否有显著差异；

(3) 交互作用是否显著.

5. 某种合金钢的抗拉强度 Y(单位：MPa)与钢中含碳量 x 有一定关系，它们的试验数据如下：

x	0.05	0.07	0.08	0.09	0.10	0.11	0.12
Y	408	417	419	428	420	436	448
x	0.13	0.14	0.16	0.18	0.20	0.21	0.23
Y	456	451	489	500	550	548	600

(1) 求 Y 关于 x 的线性回归方程；

(2) 对 Y 与 x 的线性相关性进行检验；

(3) 求当 $x=0.15$ 时，Y 的相应值 y_0 的置信度为 95%的预测区间.

6. 为了研究商品的价格与销售量之间的关系，通过市场调查，获得某种商品在一个地区 25 个时段内的平均价格 X(单位：元)和销售总额 Y(单位：万元)的数据如下表：

序号	价格 X	销售额 Y	序号	价格 X	销售额 Y	序号	价格 X	销售额 Y
1	36.3	10.98	10	57.5	9.14	19	70.0	6.83
2	29.7	11.13	11	46.4	8.24	20	74.5	8.88
3	30.8	12.51	12	28.9	12.19	21	72.1	7.68
4	58.8	8.40	13	28.1	11.88	22	58.1	8.47
5	61.4	9.27	14	39.1	9.57	23	44.6	8.86
6	71.3	8.73	15	46.8	10.94	24	33.4	10.36
7	74.4	6.36	16	48.5	9.58	25	28.6	11.08
8	76.7	8.5	17	59.3	10.09			
9	70.7	7.82	18	70.0	8.11			

(1) 画出散点图；　(2) 建立一元线性回归方程；

(3) 求随机误差的方差 σ^2 的无偏估计；　(4) 检验回归方程的显著性($\alpha=0.05$)；

(5) 若回归效果显著，求回归系数 b 的置信度为 0.95 的置信区间；

(6) 求商品的价格定在 $x_0=28.6$ 元时，该商品在单位时间段内的销售总额 Y_0 的预测值和置信度为 95%的预测区间.

7. 已知鱼的体重 Y(单位：g)与体长 x(单位：mm)近似有关系式 $y=\alpha x^{\beta}$，其中 α,β 为未知常数. 测得尼罗罗非鱼的生长数据如下表所示：

x/mm	29	60	124	155	170	185	190
Y/g	0.5	34	75	122.5	170	192	195

求尼罗罗非鱼体重 Y 关于体长 x 的回归方程.

习题答案与提示

习 题 1.1

1. (1) $\Omega=\{2,3,\cdots,12\}$； (2) $\Omega=\{1,2,3,\cdots\}$； (3) $\Omega=\{4,5,6,\cdots,10\}$； (4) $\Omega=\{d\mid d\geqslant 0\}$.
2. (1) $\{1,6,7,8,9,10\}$； (2) $\{2,3,4,5\}$； (3) $\{2,3,4,5\}$； (4) $\{2,3,4\}$.
3. $A+\overline{A}B+\overline{A}\,\overline{B}C$ 或 $A\cup(B-A)\cup(C-A-B)$.

习 题 1.2

1. 0.4,0.7,0.1. **2.** 0.3. **3.** 0.6. **4.** 5/8. **5.** 0.4.

习 题 1.3

1. 1/8. **2.** 1/12. **3.** 0.25.
4. 有放回抽样：0.288;无放回抽样：0.289. **5.** (1) 0.0605； (2) 0.2097； (3) 0.1240.
6. (1) $\dfrac{n!}{N^n}$； (2) $\dfrac{C_N^n\cdot n!}{N^n}$； (3) $\dfrac{C_n^m\cdot(N-1)^{n-m}}{N^n}$. **7.** $\dfrac{11}{36}$. **8.** $\dfrac{1}{4}+\dfrac{1}{2}\ln 2$.

习 题 1.4

1. $\dfrac{1}{4}$. **2.** $\dfrac{1}{3}$. **3.** 0.00835. **4.** $\dfrac{t+a}{r+t+3a}\cdot\dfrac{t}{r+t+2a}\cdot\dfrac{r+a}{r+t+a}\cdot\dfrac{r}{r+t}$.
5. 0.865. **6.** (1) 0.218； (2) 0.5.

习 题 1.5

1. 0.35,0.15,0.7. **2.** 0.5. **3.** 5/6,1/3. **4.** 0.832.
5. (1) $P(\overline{A_1}\,\overline{A_2}\cdots\overline{A_n})=\prod\limits_{i=1}^{n}(1-p_i)$； (2) $P(\overline{A_1}\cup\overline{A_2}\cup\cdots\cup\overline{A_n})=1-p_1p_2\cdots p_n$；

   (3) $P(A_1\overline{A_2}\,\overline{A_3}\cdots\overline{A_n}\cup\overline{A_1}A_2\overline{A_3}\cdots\overline{A_n}\cup\cdots\cup\overline{A_1}\,\overline{A_2}\cdots\overline{A_{n-1}}A_n)=\sum\limits_{i=1}^{n}\Big[p_i\prod\limits_{\substack{j=1\\ j\neq i}}^{n}(1-p_j)\Big]$.
6. 0.998.

总练习题一

1. $A_1\cup(A_2-A_1)\cup(A_3-A_1-A_2)\cup\cdots\cup(A_n-A_1-A_2-\cdots-A_{n-1})$.
2. (1) 若 $P(A\cup B)=P(B)=0.7$,则 $P(AB)$取到最大值,最大值为 0.6；

   (2) 若 $P(A\cup B)=P(\Omega)=1$,则 $P(AB)$取到最小值,最小值为 0.3.

3. 利用德·摩根对偶律、概率的性质和概率的加法公式. **4.** 2/9. **5.** 3/4.

6. $\frac{13}{21}$. **7.** $\frac{20}{21}$. **8.** (1) $\frac{528}{5915}$; (2) $\frac{9}{22}$. **9.** $\frac{3}{5}$. **10.** (1) 0.36; (2) 0.91.

11. 0.92, 0.275. **12.** 0.51, 0.475. **13.** 4/5. **14.** 0.458.

习 题 2.1

1. (1) $\{0\leqslant X<30\}$; (2) $\{60\leqslant X\leqslant 100\}$; (3) $\{X>200\}$.

2. (1) 是; (2) 不是. **3.** (1) 1/6; (2) 1/3; (3) 1/6; (4) 5/12; (5) 1/2.

4. $F(x)=\begin{cases}0, & x<a,\\ \dfrac{x-a}{b-a}, & a\leqslant x<b,\\ 1, & x\geqslant b.\end{cases}$ **5.** (1) $A=\frac{1}{2}, B=\frac{1}{\pi}$; (2) $\frac{1}{\pi}\arctan 2$.

习 题 2.2

1. $F(x)=\begin{cases}0, & x<0,\\ 1-p, & 0\leqslant x<1,\\ 1, & x\geqslant 1.\end{cases}$ **2.** $F(x)=\begin{cases}0, & x<1,\\ 1/4, & 1\leqslant x<2,\\ 3/4, & 2\leqslant x<3,\\ 7/8, & 3\leqslant x<4,\\ 1, & x\geqslant 4.\end{cases}$

3.

X	0	1	2	3
P	7/10	7/30	7/120	1/120

4. (1)

X	0	1	2	3
P	1/30	9/30	15/30	5/30

(2) $\frac{2}{3}$.

5. (1) $P\{X=k\}=(1-p)^{k-1}p\,(k=1,2,\cdots)$; (2) $P\{Y=k\}=C_{k-1}^{r-1}p^r q^{k-r}\,(k=r,r+1,\cdots)$.

6. $P\{X=k\}=0.55^{k-1}\times 0.45\ (k=1,2,\cdots)$; 11/31.

7. (1)

X	0	1	2	3
P	$\frac{27}{125}$	$\frac{54}{125}$	$\frac{36}{125}$	$\frac{8}{125}$

(2) $F(x)=\begin{cases}0, & x<0,\\ 27/125, & 0\leqslant x<1,\\ 81/125, & 1\leqslant x<2,\\ 117/125, & 2\leqslant x<3,\\ 1, & x\geqslant 3.\end{cases}$

8. (1) 0.0729; (2) 0.0086; (3) 0.9995. **9.** 19/27.

10. (1) 5, 0.1756; (2) 0.9596. **11.** $k=\begin{cases}\lambda-1,\lambda, & \text{当}\,\lambda\,\text{是整数时},\\ [\lambda], & \text{当}\,\lambda\,\text{不是整数时}.\end{cases}$

12. 0.9197.　　**13.** 8.

14. (1) $\frac{(\lambda p)^k}{k!}e^{-\lambda p}(k=0,1,2,\cdots)$； (2) $\frac{[\lambda(1-p)]^{n-k}e^{-\lambda(1-p)}}{(n-k)!}(k=0,1,2,\cdots;n\geqslant k)$.

15.

X	-1	1	3
P	0.4	0.4	0.2

习　题　2.3

1. $F(x)=\begin{cases}0, & x<0,\\ x^2, & 0\leqslant x<\frac{1}{2},\\ 6x-3x^2-2, & \frac{1}{2}\leqslant x<1,\\ 1, & x\geqslant 1.\end{cases}$　**2.** (1) $\frac{6}{31}$； (2) $F(x)=\begin{cases}0, & x<0,\\ \frac{2}{31}x^3, & 0\leqslant x<2,\\ \frac{3}{31}x^2+\frac{4}{31}, & 2\leqslant x<3,\\ 1, & x\geqslant 3;\end{cases}$ (3) $\frac{83}{124}$.

3. (1) 1； (2) $f(x)=\begin{cases}2x, & 0<x\leqslant 1,\\ 0, & 其他;\end{cases}$ (3) 0.4.

4. (1) $A=\frac{1}{2},B=\frac{1}{\pi}$； (2) $\frac{2}{3}$； (3) $f(x)=\begin{cases}1/(\pi\sqrt{a^2-x^2}), & -a<x<a,\\ 0, & 其他.\end{cases}$

5. (1) $\left(\frac{2}{3}\right)^5$； (2) 0.4609.　　**6.** $\frac{3}{7}$.　　**7.** $\frac{4}{5}$.　　**8.** 0.9999.　　**9.** $\frac{1}{16}$.

10. (1) 0.9861； (2) 0.6954； (3) 0.8788； (4) 0.0124.

11. (1) 0.5987； (2) 0.7143； (3) 0.3721.

12. 2.　　**13.** 至少为 184.　　**14.** 20/27.　　**15.** 3.

习　题　2.4

1. (1) $A=\frac{1}{\pi^2},B=\frac{\pi}{2},C=\frac{\pi}{2}$； (2) $F_X(x)=\frac{1}{2}+\frac{1}{\pi}\arctan\frac{x}{2},F_Y(y)=\frac{1}{2}+\frac{1}{\pi}\arctan\frac{y}{2}$； (3) $\frac{1}{4}$.

2. 0.0907.　　**3.** 不能.

4. (1) $F(b,y)-F(a-0,y)$； (2) $F(a,y-0)-F(a-0,y-0)$；
(3) $F(b-0,d)-F(a-0,d)-F(b-0,c)+F(a-0,c)$.

5. (1) $a=b=1$； (2) 0.

6.

Y \ X	1	2	3	4	$p_{\cdot j}$
0	0	0	0	5/42	5/42
1	0	0	10/21	0	10/21
2	0	5/14	0	0	5/14
3	1/21	0	0	0	1/21
$p_{i\cdot}$	1/21	5/14	10/21	5/42	1

7.

Y \ X	0	1	2	3	$p_{\cdot j}$
1	0	3/8	3/8	0	3/4
3	1/8	0	0	1/8	1/4
$p_{i\cdot}$	1/8	3/8	3/8	1/8	

8.

Y \ X	1	2	3	4
1	1/4	1/8	1/12	1/16
2	0	1/8	1/12	1/16
3	0	0	1/12	1/16
4	0	0	0	1/16

9. $-h(x,y)\leqslant f_1(x)f_2(y)$；$\int_{-\infty}^{+\infty}\int_{-\infty}^{+\infty}h(x,y)\mathrm{d}x\mathrm{d}y=0$.

10. (1) $\dfrac{3}{\pi R^3}$； (2) $\dfrac{3r^2}{R^2}\left(1-\dfrac{2r}{3R}\right)$.

11. $f_X(x)=\begin{cases}1, & 0\leqslant x\leqslant 1,\\ 0, & 其他,\end{cases}$ $f_Y(y)=\begin{cases}1, & 0\leqslant y\leqslant 1,\\ 0, & 其他.\end{cases}$

12. (1) $f_X(x)=\begin{cases}3x^2, & 0\leqslant x\leqslant 1,\\ 0, & 其他,\end{cases}$ $f_Y(y)=\begin{cases}3(1-y^2)/4, & -1<y<1,\\ 0, & 其他；\end{cases}$ (2) $\dfrac{27}{32}$.

13. $f(x,y)=\begin{cases}6, & x^2\leqslant y\leqslant x,\\ 0, & 其他,\end{cases}$ $f_X(x)=\begin{cases}6(x-x^2), & 0\leqslant x\leqslant 1,\\ 0, & 其他,\end{cases}$ $f_Y(y)=\begin{cases}6(\sqrt{y}-y), & 0\leqslant y\leqslant 1,\\ 0, & 其他.\end{cases}$

14. (1) $f(x,y)=\begin{cases}2, & 0\leqslant y\leqslant x, 0\leqslant x\leqslant 1,\\ 0, & 其他；\end{cases}$ (2) $\dfrac{1}{3}$； (3) 0.09.

习　题　2.5

1. (1)

Y	1	2	3
$P\{Y=y_j \mid X=1\}$	1/6	1/2	1/3

(2)

X	1	2
$P\{X=x_i \mid Y=1\}$	6/7	1/7

2. (1) $f_{X|Y}(x|y)=\begin{cases}\dfrac{1}{y}, & 0<x<y,\\ 0, & 其他,\end{cases}$ $f_{Y|X}(y|x)=\begin{cases}e^{x-y}, & 0<x<y,\\ 0, & 其他；\end{cases}$

(2) $f_{X|Y}(x|1)=\begin{cases}1, & 0<x<1,\\ 0, & 其他,\end{cases}$ $f_{Y|X}(y|1)=\begin{cases}e^{1-y}, & 1<y<+\infty,\\ 0, & 其他；\end{cases}$ (3) $\dfrac{e^{-2}-3e^{-4}}{1-5e^{-4}}$.

3. (1) 0.5； (2) 7/15.

4. $f(x,y)=\begin{cases}\dfrac{1}{1-x}, & 0<x<y<1,\\ 0, & 其他,\end{cases}$ $f_Y(y)=\begin{cases}-\ln(1-y), & 0<y<1,\\ 0, & 其他.\end{cases}$

5. $a=2/9$, $b=1/9$.

6.

Y \ X	0	1	2
0	0.16	0.08	0.01
1	0.32	0.16	0.02
2	0.16	0.08	0.01

7. 不独立,独立.

8. (1)

X \ Y	3	4	5	$p_{i\cdot}$
1	1/10	2/10	3/10	6/10
2	0	1/10	2/10	3/10
3	0	0	1/10	1/10
$p_{\cdot j}$	1/10	3/10	6/10	

(2) 不独立.

9. (1) 独立； (2) 不独立.

10. (1) $f_X(x)=\begin{cases}2x, & 0<x<1,\\ 0, & \text{其他},\end{cases}$ $f_Y(y)=\begin{cases}1-|y|, & |y|<1,\\ 0, & \text{其他};\end{cases}$ (2) 不独立.

11. (1) 独立； (2) $e^{-0.1}$.

12.

Z	0	1
P	$\dfrac{\mu}{\lambda+\mu}$	$\dfrac{\lambda}{\lambda+\mu}$

13. 17/25.

习 题 2.6

1.

Y_1	−3	−1	1	3
P	1/8	1/8	1/4	1/2

Y_2	0	1	4
P	1/8	3/8	1/2

2. $P\{Y=k\}=\dfrac{\lambda^{(k-1)/2}}{[(k-1)/2]!}e^{-\lambda}\,(k=1,3,5,\cdots)$.

3. $f_Y(y)=\begin{cases}2(y-1)/9, & 1<y<4,\\ 0, & \text{其他}.\end{cases}$

4. $f_Y(y)=\dfrac{1}{\pi(1+y^2)}\ (-\infty<y<+\infty)$.

5. $f_Y(y)=\begin{cases}\dfrac{1}{\sqrt{2\pi}\sigma y}\exp\left\{-\dfrac{(\ln y-\mu)^2}{2\sigma^2}\right\}, & y>0,\\ 0, & y\leqslant 0.\end{cases}$

6. $f_Y(y)=\begin{cases}\dfrac{2}{\pi\sqrt{1-y^2}}, & 0<y<1,\\ 0, & \text{其他}.\end{cases}$

7. (1)

Z_1	-2	0	1	3	4
P	5/20	2/20	9/20	1/20	3/20

(2)

Z_2	-2	-1	1	2	4
P	9/20	2/20	5/20	1/20	3/20

(3)

Z_3	-1	1	2
P	5/20	2/20	13/20

8. $P\{Z=n\}=\dfrac{(\lambda_1+\lambda_2)^n}{n!}e^{-(\lambda_1+\lambda_2)}(n=0,1,2,\cdots)$.

9. $f_Z(z)=\begin{cases}1-e^{-z}, & 0\leqslant z\leqslant 1,\\ (e-1)e^{-z}, & z>1,\\ 0, & \text{其他}.\end{cases}$

10. $f_Z(z)=\begin{cases}\dfrac{1}{2}z^2, & 0\leqslant z<1,\\ -z^2+3z-\dfrac{3}{2}, & 1\leqslant z<2,\\ \dfrac{1}{2}z^2-3z+\dfrac{9}{2}, & 2\leqslant z<3,\\ 0, & \text{其他}.\end{cases}$

11. $f_Z(z)=\begin{cases}\dfrac{1}{2}z^2e^{-z}, & z\geqslant 0,\\ 0, & \text{其他}.\end{cases}$

12. $f_{Z_1}(z)=\begin{cases}\dfrac{z}{2}e^{-z^2/8}(1-e^{-z^2/8}), & z\geqslant 0,\\ 0, & z<0,\end{cases}$ $f_{Z_2}(z)=\begin{cases}\dfrac{z}{2}e^{-z^2/4}, & z\geqslant 0,\\ 0, & z<0.\end{cases}$

13. 0.00063.

总练习题二

1. $F(x)=\begin{cases}0, & x<-1,\\ \dfrac{5}{16}(x+1)+\dfrac{1}{8}, & -1\leqslant x<1,\\ 1, & x\geqslant 1.\end{cases}$

2. $1\leqslant k\leqslant 3$.

3. $\sigma_1<\sigma_2$.

4. $F_T(t)=\begin{cases}1-e^{-\lambda t}, & t\geqslant 0,\\ 0, & t<0.\end{cases}$

5. (1) $\alpha=0.0642$; (2) $\beta\approx 0.009$.

6. $F(x,y)=\begin{cases}0, & x<0 \text{ 或 } y<0,\\ [\sin x+\sin y-\sin(x+y)]/2, & 0\leqslant x\leqslant \pi/2, 0\leqslant y\leqslant \pi/2,\\ (\sin x+1-\cos x)/2, & 0\leqslant x\leqslant \pi/2, y>\pi/2,\\ (1+\sin y-\cos y)/2, & x>\pi/2, 0\leqslant y\leqslant \pi/2,\\ 1, & x>\pi/2, y>\pi/2.\end{cases}$

7.

X_1 \ X_2	0	1
0	$1-e^{-1}$	0
1	$e^{-1}-e^{-2}$	e^{-2}

8. (1) $P\{Y=m|X=n\}=C_n^m p^m(1-p)^{n-m}, 0\leqslant m\leqslant n, n=0,1,2,\cdots$;

(2) $P\{X=n,Y=m\}=C_n^m p^m(1-p)^{n-m}\dfrac{e^{-\lambda}}{n!}\lambda^n, 0\leqslant m\leqslant n, n=0,1,2,\cdots$.

9. (1) $P\{X=m,Y=n\}=p^2q^{n-2}, q=1-p, n=2,3,\cdots, m=1,2,\cdots,n-1$;

(2) 当 $n=2,3,\cdots$时, $P\{X=m|Y=n\}=\dfrac{1}{n-1}, m=1,2,\cdots,n-1$;

当 $m=1,2,\cdots$时, $P\{Y=n|X=m\}=pq^{n-m-1}, n=m+1,m+2,\cdots$.

10. (1)

Y \ X	-1	0	1
0	1/4	0	1/4
1	0	1/2	0

(2) 不独立.

14. (1) $f(x,y)=\begin{cases}\dfrac{1}{2}e^{-y/2}, & 0<x<1, y>0,\\ 0, & \text{其他};\end{cases}$ (2) 0.1445.

15.

Y	-1	0	1
P	$\dfrac{pq^3}{1-q^4}$	$\dfrac{p}{1-q^2}$	$\dfrac{pq}{1-q^4}$

16. $f_Y(y)=\dfrac{3}{\pi}\cdot\dfrac{(1-y)^2}{1+(1-y)^6}$. **18.** $f_X(x)=\begin{cases}0, & z<0,\\ (1-e^{-z})/2, & 0\leqslant z\leqslant 2,\\ (e^2-1)e^{-z}/2, & z>2.\end{cases}$

19. $f_Z(z)=\begin{cases}\dfrac{z}{\sigma^2}e^{-\frac{z^2}{2\sigma^2}}, & z\geqslant 0,\\ 0, & z<0.\end{cases}$ **20.** $f_Z(z)=0.3f_Y(z-1)+0.7f_Y(z-2)$.

习 题 3.1

1. 1.06. **2.** 13.4. **3.** 0. **4.** $\alpha, \alpha(1+2\alpha)$. **5.** $1/2, 1/\pi, 0$.

6. $\dfrac{n+2}{3}$. **7.** $E(X^n)=\begin{cases}0, & n\text{是奇数},\\ \sigma^n(n-1)!!, & n\text{是偶数}.\end{cases}$ **8.** (1) 2; (2) $\dfrac{1}{3}$.

习 题 3.2

1. 2.76,27.6. **2.** 2,4/3. **3.** 2. **4.** 0,1/2,1/2. **5.** 12,−12,3. **6.** 1/2.

习 题 3.3

1. 2,0,−1/15,5. **2.** 4/5,3/5,1/2,16/15. **3.** $a/3, a^2/18$.

4. 2/3,1/18. **5.** $\pi/2-1$, $\pi-3$, $\pi/2-1$, $\pi-3$.

习 题 3.4

1. (1) 0，0； (2) 不相关，不相互独立. **3.** 0，0，不相关. **4.** 0.

5. 7/6，7/6，−1/36，−1/11，5/9. **6.** 48，1. **7.** 3/5.

习 题 3.5

1. $\boldsymbol{C}=(C_{ij})_{n\times n}$，其中 $C_{ij}=\mathrm{E}\{[X_i-\mathrm{E}(X_i)][X_j-\mathrm{E}(X_j)]\}$.

2. $\boldsymbol{C}=\begin{bmatrix}\sigma_1^2 & \rho\sigma_1\sigma_2\\ \rho\sigma_1\sigma_2 & \sigma_2^2\end{bmatrix}$.

总练习题三

1. (1) $\dfrac{n+1}{2},\dfrac{n^2-1}{12}$； (2) $n,n(n-1)$. **2.** $20-2\pi^2$. **3.** $\dfrac{\ln 2}{\pi}+\dfrac{1}{2}$.

4. (1) 不相互独立，相关； (2) $\dfrac{1}{6},\dfrac{5}{36}$. **5.** $1-\dfrac{2}{\pi}$. **7.** 1，3. **8.** 49.

习 题 4.2

1. 0.49，0.2. **2.** $b=3$，$\varepsilon=2$. **3.** 18750.

习 题 4.3

1. $Z_n\sim N\left(\dfrac{1}{3},\dfrac{4}{45n}\right)$. **2.** 0.348. **3.** 117. **4.** 26.

总练习题四

2. $P\{|\overline{X}-\mu|\geqslant\varepsilon\}\leqslant\dfrac{8}{n\varepsilon^2}$，$1-\dfrac{1}{2n}$. **3.** 250，68. **4.** 0.927. **5.** 0.9156.

6. (1) 0.8968； (2) 0.7498. **7.** (1) 0.1802； (2) 443.

8. 9612. **9.** (1) 0.1257； (2) 0.9938.

习 题 5.1

1. $P\{X_1=x_1,X_2=x_2,\cdots,X_n=x_n\}=\left(\dfrac{M}{N}\right)^{\sum\limits_{i=1}^{n}x_i}\left(1-\dfrac{M}{N}\right)^{n-\sum\limits_{i=1}^{n}x_i}$.

2. $f(x_1,x_2,\cdots,x_n)=\begin{cases}1/(b-a)^n, & a<x_k<b,k=1,2,\cdots,n,\\ 0, & \text{其他}.\end{cases}$

3. (1) 0.2923； (2) 0.4215. **4.** $F_8(x)=\begin{cases}0, & x<1,\\ 1/4, & 1\leqslant x<2,\\ 5/8, & 2\leqslant x<3,\\ 7/8, & 3\leqslant x<4,\\ 1, & x\geqslant 4.\end{cases}$

习 题 5.2

1. $a=1/20, b=1/100, n=2$.

习 题 5.3

1. 0.8293. **2.** 167. **4.** $0.99, \frac{2\sigma^4}{15}$.

总练习题五

1. 0.2628,16. **2.** 0.6744. **3.** 27. **4.** $t(n-1)$. **5.** 0.004. **6.** (1) 0.8904； (2) 0.90.

习 题 6.1

1. $\overline{X}$. **2.** $\hat{p}=1-\frac{B_2}{\overline{X}}, \hat{N}=\frac{\overline{X}^2}{\overline{X}-B_2}$. **3.** $\hat{\theta}=\frac{A_1}{1-A_1}=\frac{\overline{X}}{1-\overline{X}}$.

习 题 6.2

1. $\overline{X}$. **2.** $\hat{\theta}=-\frac{n}{\sum\limits_{i=1}^{n}\ln X_i}$. **3.** $\hat{\theta}=\min\{x_1, x_2, \cdots, x_n\}$.

习 题 6.4

1. (1) (1498,1502)； (2) 123； (3) 0.9954.

习 题 6.5

1. 1065.

2. (1) (21.4 ± 0.098)； (2) (21.4 ± 0.1386)； (3) (0.0139,0.0976)； (4) (0.0148,0.1193).

3. $(-4.15, 0.11)$.

习 题 6.6

1. (0.332,0.468). **2.** 52.

总练习题六

1. 矩估计值：$\frac{1}{4}$；最大似然估计值：$\frac{7-\sqrt{13}}{4}$.　　2. 矩估计值与极大似然估计量都为 $\overline{X}$.

3. 矩与极大然估计值均为$\frac{1}{\overline{X}}$.

4. 矩估计量与最大似然估计量：$\hat{\sigma}^2 = \frac{1}{n}\sum_{i=1}^{n} X_i^2$；无偏估计量.

5. 最大似然估计量：$\hat{\lambda} = n\Big/\sum_{i=1}^{n} X_i^{\alpha}$.

6. $\hat{\mu}=\min\{X_1, X_2, \cdots, X_n\}$, $\hat{\theta}=\overline{X}-\min\{X_1, X_2, \cdots, X_n\}$.

7. $c=\frac{1}{2(n-1)}$.　　8. $\frac{4}{n}[t_{\alpha/2}(n-1)]^2\sigma^2$.

9. μ 的置信区间：(1485.7,1514.3)；σ^2 的置信区间：(189.47,1333.33).

10. (−0.899,0.019).　　11. $\left(\frac{1-z_{\alpha/2}/\sqrt{n}}{\overline{x}}, \frac{1+z_{\alpha/2}/\sqrt{n}}{\overline{x}}\right)$.

习　题　7.1

1. 第二类(取伪)错误；第一类(弃真)错误.　　2. (1) 0.049；(2) 不可以出厂.

3. 有显著差异.　　4. (1) 无显著差异；(2) 无显著差异.

习　题　7.2

1. 商店经理的观点不正确.　　2. 有显著提高.　　3. 可以认为这次考试全体考生的平均成绩为 70 分.

4. 新系统减少了现行系统试通一个程序的时间.　　5. 不能认为该厂广告有欺骗消费者之嫌疑.

6. 这批电池寿命的波动性较以往有显著变化.　　7. 该天生产的钢板符合规格.

8. (1) 不能认为这批保险丝的平均熔化时间少于 65 s；(2) 可以认为熔化时间的方差不超过 80 s^2.

习　题　7.3

1. 两机床加工的零件外径无显著差异.　　2. 由此数据可以认为男生的身高高于女生.

3. 有显著差异.　　4. 拒绝 H_0，接受 H_1，即认为 $\mu_x-\mu_y>2$.

5. 甲、乙两个试验员的试验分析之间无显著差异.

6. 可以认为早晨的身高比晚上的身高要高.　　7. 是来自于具有相同方差的正态总体.

8. 新技术能提高零件生产的稳定性.

9. (1) 样本数据能够验证湿路上刹车距离的方差比干路上刹车距离的方差大的结论.

10. (1) 可以认为甲、乙两个厂家生产的产品的方差相等；
　(2) 可以认为甲、乙两个厂家生产的产品的均值相等.

11. 这两个班的成绩没有显著差异.

习　题　7.4

1. 采取新工艺对产品质量没有显著影响.

2. 硬币不均匀.　　**3.** 该药品的广告不真实.

4. 在第一种情况下,可以认为废品率与制造方法有关;在第二种情况下,不能认为废品率与制造方法有关.

5. 可以认为使用原料 B 生产的产品平均重量较使用原料 A 生产的产品平均重量大.

习　题　7.5

1. 可以认为摇奖机合格.　　**2.** 顾客对这些颜色有偏爱.　　**3.** 接受 H_0.

4. 接受 H_0.　　**5.** 可以认为服从泊松分布.　　**6.** 可以认为尺寸的偏差服从正态分布.

总练习题七

1. 接受 H_0.　　**2.** 可以认为以材料 A 制成的后跟比材料 B 制成的后跟耐穿.

3. 波动有显著差异.

4. 先后检验假设 $H_0: \mu=18$ 和 $H'_0: \sigma^2 \leqslant 0.3^2$. 经过检验,$H_0$ 成立,而 H'_0 不成立,故认为该金店出售的产品存在质量问题.

5. 可以认为具有同一分布.　　**6.** 这两个厂家生产的灯泡平均使用寿命有显著差异.

7. 不真实.　　**8.** 养猫与不养猫对大城市家庭灭鼠没有显著差异.

9. Ⅰ,Ⅱ期矽肺患者的肺活量有显著差异.

10. 可以认为一页的印刷错误个数服从泊松分布.

11. 可以认为该厂生产的汽缸螺栓口径服从正态分布.

12. 服从指数分布.

习　题　8.1

1. 各总体均值间有显著差异;(6.75,18.45),(−7.65,4.05),(−20.25,−8.55).

2. 这三种措施对于控制交通违章的效果有显著差异.

3. 灯丝材料对灯泡寿命没有显著影响.

习　题　8.2

1. 不同型号的报警器对反应时间有显著性影响,而不同种类烟道对反应时间无显著性影响.

2. 不同饲料对猪体重的增长没有显著影响,品种的差异对猪体重的增长有显著影响.

3. 时间对强度的影响不显著,而温度对强度的影响显著,且交互作用影响显著.

习　题　8.3

1. (1) 散点图略,有线性关系;　(2) $\hat{y}=134.78+0.398x$.

2. $\hat{y}=359.994+0.568x$,人均月支出对人均月收入没有显著影响.

3. (1) 散点图略； (2) $\hat{y}=13.9584+12.5503x$； (3) $\hat{\sigma}^2=0.0432$； (4) 回归效果显著；
(5) (11.82,13.28)； (6) (20.03,20.44)； (7) (19.66,20.81).

4. 表中提供的数据不能证实企业的利润水平与研究经费之间存在线性关系.

习　题　8.4

1. 需求函数的回归方程为 $\hat{y}=9141.685x^{-0.6902}$.

2. 设 $y=ax+b$,则线性回归方程为 $\hat{y}=2.6386+0.00181x$；
设 $y=ae^{bx}$,则非线性回归方程为 $\hat{y}=4.05e^{0.002x}$.
比较可知,线性回归模型拟合程度更好.

3. $\hat{y}=21.0057+19.5282\ln x$.

总练习题八

1. 有显著差异.

2. 涂层和土壤的影响均不显著.

3. 认为促进剂种类和氧化锌含量对定强都有显著的影响,而认为它们没有交互作用.

4. 只有浓度的影响显著.

5. (1) $\hat{y}=330.9357+1035.5536x$； (2) $|r|=0.9632>0.661=r_{0.01}$,显著； (3) (453.55,519.0).

6. (1) 散点图略； (2) $\hat{y}=13.623-0.0798x$； (3) $\hat{\sigma}^2=0.792$； (4) 回归方程显著；
(5) (−0.1015,−0.0581)； (6) $\hat{y}_0=11.34$,(9.39,13.29).

7. $\hat{y}=7.16\times10^{-5}x^{2.8679}$.

附表 1　标准正态分布表

$$\Phi(x)=\int_{-\infty}^{x}\frac{1}{\sqrt{2\pi}}e^{-t^2/2}\,dt=P\{Z\leqslant x\}$$

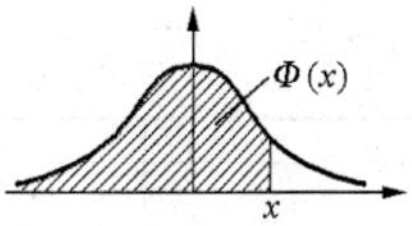

x	0	1	2	3	4	5	6	7	8	9
0.0	0.500 0	0.504 0	0.508 0	0.512 0	0.516 0	0.519 9	0.523 9	0.527 9	0.531 9	0.535 9
0.1	0.539 8	0.543 8	0.547 8	0.551 7	0.555 7	0.559 6	0.563 6	0.567 5	0.571 4	0.575 3
0.2	0.579 3	0.583 2	0.587 1	0.591 0	0.594 8	0.598 7	0.602 6	0.606 4	0.610 3	0.614 1
0.3	0.617 9	0.621 7	0.625 5	0.629 3	0.633 1	0.636 8	0.640 6	0.644 3	0.648 0	0.651 7
0.4	0.655 4	0.659 1	0.662 8	0.666 4	0.670 0	0.673 6	0.677 2	0.680 8	0.684 4	0.687 9
0.5	0.691 5	0.695 0	0.698 5	0.701 9	0.705 4	0.708 8	0.712 3	0.715 7	0.719 0	0.722 4
0.6	0.725 7	0.729 1	0.732 4	0.735 7	0.738 9	0.742 2	0.745 4	0.748 6	0.751 7	0.754 9
0.7	0.758 0	0.761 1	0.764 2	0.767 3	0.770 3	0.773 4	0.776 4	0.779 4	0.782 3	0.785 2
0.8	0.788 1	0.791 0	0.793 9	0.796 7	0.799 5	0.802 3	0.805 1	0.807 8	0.810 6	0.813 3
0.9	0.815 9	0.818 6	0.821 2	0.823 8	0.826 4	0.828 9	0.831 5	0.834 0	0.836 5	0.838 9
1.0	0.841 3	0.843 8	0.846 1	0.848 5	0.850 8	0.853 1	0.855 4	0.857 7	0.859 9	0.862 1
1.1	0.864 3	0.866 5	0.868 6	0.870 8	0.872 9	0.874 9	0.877 0	0.879 0	0.881 0	0.883 0
1.2	0.884 9	0.886 9	0.888 8	0.890 7	0.892 5	0.894 4	0.896 2	0.898 0	0.899 7	0.901 5
1.3	0.903 2	0.904 9	0.906 6	0.908 2	0.909 9	0.911 5	0.913 1	0.914 7	0.916 2	0.917 7
1.4	0.919 2	0.920 7	0.922 2	0.923 6	0.925 1	0.926 5	0.927 8	0.929 2	0.930 6	0.931 9
1.5	0.933 2	0.934 5	0.935 7	0.937 0	0.938 2	0.939 4	0.940 6	0.941 8	0.943 0	0.944 1
1.6	0.945 2	0.946 3	0.947 4	0.948 4	0.949 5	0.950 5	0.951 5	0.952 5	0.953 5	0.954 5
1.7	0.955 4	0.956 4	0.957 3	0.958 2	0.959 1	0.959 9	0.960 8	0.961 6	0.962 5	0.963 3
1.8	0.964 1	0.964 8	0.965 6	0.966 4	0.967 1	0.967 8	0.968 6	0.969 3	0.970 0	0.970 6
1.9	0.971 3	0.971 9	0.972 6	0.973 2	0.973 8	0.974 4	0.975 0	0.975 6	0.976 2	0.976 7
2.0	0.977 2	0.977 8	0.978 3	0.978 8	0.979 3	0.979 8	0.980 3	0.980 8	0.981 2	0.981 7
2.1	0.982 1	0.982 6	0.983 0	0.983 4	0.983 8	0.984 2	0.984 6	0.985 0	0.985 4	0.985 7
2.2	0.986 1	0.986 4	0.986 8	0.987 1	0.987 4	0.987 8	0.988 1	0.988 4	0.988 7	0.989 0
2.3	0.989 3	0.989 6	0.989 8	0.990 1	0.990 4	0.990 6	0.990 9	0.991 1	0.991 3	0.991 6
2.4	0.991 8	0.992 0	0.992 2	0.992 5	0.992 7	0.992 9	0.993 1	0.993 2	0.993 4	0.993 6
2.5	0.993 8	0.994 0	0.994 1	0.994 3	0.994 5	0.994 6	0.994 8	0.994 9	0.995 1	0.995 2
2.6	0.995 3	0.995 5	0.995 6	0.995 7	0.995 9	0.996 0	0.996 1	0.996 2	0.996 3	0.996 4
2.7	0.996 5	0.996 6	0.996 7	0.996 8	0.996 9	0.997 0	0.997 1	0.997 2	0.997 3	0.997 4
2.8	0.997 4	0.997 5	0.997 6	0.997 7	0.997 7	0.997 8	0.997 9	0.997 9	0.998 0	0.998 1
2.9	0.998 1	0.998 2	0.998 2	0.998 3	0.998 4	0.998 4	0.998 5	0.998 5	0.998 6	0.998 6
3.0	0.998 7	0.999 0	0.999 3	0.999 5	0.999 7	0.999 8	0.999 8	0.999 9	0.999 9	1.000 0

注：表中末行系函数值 $\Phi(3.0),\Phi(3.1),\cdots,\Phi(3.9)$.

附表 2 泊松分布表

$$1-F(x-1)=\sum_{r=x}^{+\infty}\frac{\mathrm{e}^{-\lambda}\lambda^{r}}{r!}\quad\left(F(x)=\sum_{r=0}^{x}\frac{\mathrm{e}^{-\lambda}\lambda^{r}}{r!}\right)$$

x	$\lambda=0.2$	$\lambda=0.3$	$\lambda=0.4$	$\lambda=0.5$	$\lambda=0.6$
0	1.000 000 0	1.000 000 0	1.000 000 0	1.000 000 0	1.000 000 0
1	0.181 269 2	0.259 181 8	0.329 680 0	0.323 469	0.451 188
2	0.017 523 1	0.036 936 3	0.061 551 9	0.090 204	0.121 901
3	0.001 148 5	0.003 599 5	0.007 926 3	0.014 388	0.023 115
4	0.000 056 8	0.000 265 8	0.000 776 3	0.001 752	0.003 358
5	0.000 002 3	0.000 015 8	0.000 061 2	0.000 172	0.000 394
6	0.000 000 1	0.000 000 8	0.000 004 0	0.000 014	0.000 039
7			0.000 000 2	0.000 001	0.000 003

x	$\lambda=0.7$	$\lambda=0.8$	$\lambda=0.9$	$\lambda=1.0$	$\lambda=1.2$
0	1.000 000	1.000 000	1.000 000	1.000 000	1.000 000
1	0.503 415	0.550 671	0.593 430	0.632 121	0.698 806
2	0.155 805	0.191 208	0.227 518	0.264 241	0.337 373
3	0.034 142	0.047 423	0.062 857	0.080 301	0.120 513
4	0.005 753	0.009 080	0.013 459	0.018 988	0.033 769
5	0.000 786	0.001 411	0.002 344	0.003 660	0.007 746
6	0.000 090	0.000 184	0.000 343	0.000 594	0.001 500
7	0.000 009	0.000 021	0.000 043	0.000 083	0.000 251
8	0.000 001	0.000 002	0.000 005	0.000 010	0.000 037
9				0.000 001	0.000 005
10					0.000 001

x	$\lambda=1.4$	$\lambda=1.6$	$\lambda=1.8$	$\lambda=2.0$	$\lambda=2.2$
0	1.000 000	1.000 000	1.000 000	1.000 000	1.000 000
1	0.753 403	0.798 103	0.834 701	0.864 665	0.889 197
2	0.408 167	0.475 069	0.537 163	0.593 994	0.645 430
3	0.166 502	0.216 642	0.269 379	0.323 324	0.377 286
4	0.053 725	0.078 813	0.108 708	0.142 877	0.180 648
5	0.014 253	0.023 682	0.036 407	0.052 653	0.072 496
6	0.003 201	0.006 040	0.010 378	0.016 564	0.024 910
7	0.000 622	0.001 336	0.002 569	0.004 534	0.007 461
8	0.000 107	0.000 260	0.000 562	0.001 097	0.001 978
9	0.000 016	0.000 045	0.000 110	0.000 237	0.000 470
10	0.000 002	0.000 007	0.000 019	0.000 046	0.000 101
11		0.000 001	0.000 003	0.000 008	0.000 020

x	$\lambda=2.5$	$\lambda=3.0$	$\lambda=3.5$	$\lambda=4.0$	$\lambda=4.5$	$\lambda=5.0$
0	1.000 000	1.000 000	1.000 000	1.000 000	1.000 000	1.000 000
1	0.917 915	0.950 213	0.969 803	0.981 684	0.988 891	0.993 262
2	0.712 703	0.800 852	0.864 112	0.908 422	0.938 901	0.959 572
3	0.456 187	0.576 810	0.679 153	0.761 897	0.826 422	0.875 348
4	0.242 424	0.352 768	0.463 367	0.566 530	0.657 704	0.734 974
5	0.108 822	0.184 737	0.274 555	0.371 163	0.467 896	0.559 507
6	0.042 021	0.083 918	0.142 386	0.214 870	0.297 070	0.384 039
7	0.014 187	0.033 509	0.065 288	0.110 674	0.168 949	0.237 817
8	0.004 247	0.011 905	0.026 739	0.051 134	0.086 586	0.133 372
9	0.001 140	0.003 803	0.009 874	0.021 363	0.040 257	0.068 094
10	0.000 277	0.001 102	0.003 315	0.008 132	0.017 093	0.031 828
11	0.000 062	0.000 292	0.001 019	0.002 840	0.006 669	0.013 695
12	0.000 013	0.000 071	0.000 289	0.000 915	0.002 404	0.005 453
13	0.000 002	0.000 016	0.000 076	0.000 274	0.000 805	0.002 019
14		0.000 003	0.000 019	0.000 076	0.000 252	0.000 698
15		0.000 001	0.000 004	0.000 020	0.000 074	0.000 226
16			0.000 001	0.000 005	0.000 020	0.000 069
17				0.000 001	0.000 005	0.000 020
18					0.000 001	0.000 005
19						0.000 001

附表 3　t 分布表

$$P\{t(n)\geqslant t_\alpha(n)\}=\alpha$$

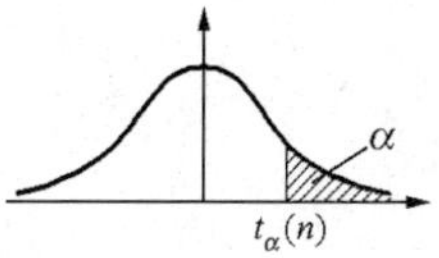

n \ α	0.25	0.10	0.05	0.025	0.01	0.005
1	1.000 0	3.077 7	6.313 8	12.706 2	31.820 7	63.657 4
2	0.816 5	1.885 6	2.920 0	4.302 7	6.964 6	9.924 8
3	0.764 9	1.637 7	2.353 4	3.182 4	4.540 7	5.840 9
4	0.740 7	1.533 2	2.131 8	2.776 4	3.746 9	4.604 1
5	0.726 7	1.475 9	2.015 0	2.570 6	3.364 9	4.032 2
6	0.717 6	1.439 8	1.943 2	2.446 9	3.142 7	3.707 4
7	0.711 1	1.414 9	1.894 6	2.364 6	2.998 0	3.499 5
8	0.706 4	1.396 8	1.859 5	2.306 0	2.896 5	3.355 4
9	0.702 7	1.383 0	1.833 1	2.262 2	2.821 4	3.249 8
10	0.699 8	1.372 2	1.812 5	2.228 1	2.763 8	3.169 3
11	0.697 4	1.363 4	1.795 9	2.201 0	2.718 1	3.105 8
12	0.695 5	1.356 2	1.782 3	2.178 8	2.681 0	3.054 5
13	0.693 8	1.350 2	1.770 9	2.160 4	2.650 3	3.012 3
14	0.692 4	1.345 0	1.761 3	2.144 8	2.624 5	2.976 8
15	0.691 2	1.340 6	1.753 1	2.131 5	2.602 5	2.946 7
16	0.690 1	1.336 8	1.745 9	2.119 9	2.583 5	2.920 8
17	0.689 2	1.333 4	1.739 6	2.109 8	2.566 9	2.898 2
18	0.688 4	1.330 4	1.734 1	2.100 9	2.552 4	2.878 4
19	0.687 6	1.327 7	1.729 1	2.093 0	2.539 5	2.860 9
20	0.687 0	1.325 3	1.724 7	2.086 0	2.528 0	2.845 3
21	0.686 4	1.323 2	1.720 7	2.079 6	2.517 7	2.831 4
22	0.685 8	1.321 2	1.717 1	2.073 9	2.508 3	2.818 8
23	0.685 3	1.319 5	1.713 9	2.068 7	2.499 9	2.807 3
24	0.684 8	1.317 8	1.710 9	2.063 9	2.492 2	2.796 9
25	0.684 4	1.316 3	1.708 1	2.059 5	2.485 1	2.787 4
26	0.684 0	1.315 0	1.705 6	2.055 5	2.478 6	2.778 7
27	0.683 7	1.313 7	1.703 3	2.051 8	2.472 7	2.770 7
28	0.683 4	1.312 5	1.701 1	2.048 4	2.467 1	2.763 3
29	0.683 0	1.311 4	1.699 1	2.045 2	2.462 0	2.756 4
30	0.682 8	1.310 4	1.697 3	2.042 3	2.457 3	2.750 0
31	0.682 5	1.309 5	1.695 5	2.039 5	2.452 8	2.744 0
32	0.682 2	1.308 6	1.693 9	2.036 9	2.448 7	2.738 5
33	0.682 0	1.307 7	1.692 4	2.034 5	2.444 8	2.733 3
34	0.681 8	1.307 0	1.690 9	2.032 2	2.441 1	2.728 4
35	0.681 6	1.306 2	1.689 6	2.030 1	2.437 7	2.723 8
36	0.681 4	1.305 5	1.688 3	2.028 1	2.434 5	2.719 5
37	0.681 2	1.304 9	1.687 1	2.026 2	2.431 4	2.715 4
38	0.681 0	1.304 2	1.686 0	2.024 4	2.428 6	2.711 6
39	0.680 8	1.303 6	1.684 9	2.022 7	2.425 8	2.707 9
40	0.680 7	1.303 1	1.683 9	2.021 1	2.423 3	2.704 5
41	0.680 5	1.302 5	1.682 9	2.019 5	2.420 8	2.701 2
42	0.680 4	1.302 0	1.682 0	2.018 1	2.418 5	2.698 1
43	0.680 2	1.301 6	1.681 1	2.016 7	2.416 3	2.695 1
44	0.680 1	1.301 1	1.680 2	2.015 4	2.414 1	2.692 3
45	0.680 0	1.300 6	1.679 4	2.014 1	2.412 1	2.689 6

附表 4　χ^2 分布表

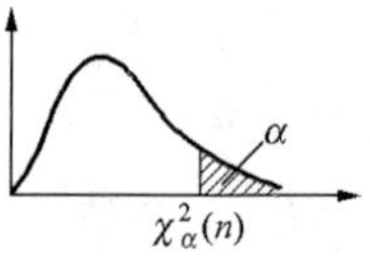

$$P\{\chi^2(n) \geqslant \chi^2_\alpha(n)\} = \alpha$$

n \ α	0.995	0.99	0.975	0.95	0.90	0.75
1	—	—	0.001	0.004	0.016	0.102
2	0.010	0.020	0.051	0.103	0.211	0.575
3	0.072	0.115	0.216	0.352	0.584	1.213
4	0.207	0.297	0.484	0.711	1.064	1.923
5	0.412	0.554	0.831	1.145	1.610	2.675
6	0.676	0.872	1.237	1.635	2.204	3.455
7	0.989	1.239	1.690	2.167	2.833	4.255
8	1.344	1.646	2.180	2.733	3.490	5.071
9	1.735	2.088	2.700	3.325	4.168	5.899
10	2.156	2.558	3.247	3.940	4.865	6.737
11	2.603	3.053	3.816	4.575	5.578	7.584
12	3.074	3.571	4.404	5.226	6.304	8.438
13	3.565	4.107	5.009	5.892	7.042	9.299
14	4.075	4.660	5.629	6.571	7.790	10.165
15	4.601	5.229	6.262	7.261	8.547	11.037
16	5.142	5.812	6.908	7.962	9.312	11.912
17	5.697	6.408	7.564	8.672	10.085	12.792
18	6.265	7.015	8.231	9.390	10.865	13.675
19	6.844	7.633	8.907	10.117	11.651	14.562
20	7.434	8.260	9.591	10.851	12.443	15.452
21	8.034	8.897	10.283	11.591	13.240	16.344
22	8.643	9.542	10.982	12.338	14.042	17.240
23	9.260	10.196	11.689	13.091	14.848	18.137
24	9.886	10.856	12.401	13.848	15.659	19.037
25	10.520	11.524	13.120	14.611	16.473	19.939
26	11.160	12.198	13.844	15.379	17.292	20.843
27	11.808	12.879	14.573	16.151	18.114	21.749
28	12.461	13.565	15.308	16.928	18.939	22.657
29	13.121	14.257	16.047	17.708	19.768	23.567
30	13.787	14.954	16.791	18.493	20.599	24.478
31	14.458	15.655	17.539	19.281	21.434	25.390
32	15.134	16.362	18.291	20.072	22.271	26.304
33	15.815	17.074	19.047	20.867	23.110	27.219
34	16.501	17.789	19.806	21.664	23.952	28.136
35	17.192	18.509	20.569	22.465	24.797	29.054
36	17.887	19.233	21.336	23.269	25.643	29.973
37	18.586	19.960	22.106	24.075	26.492	30.893
38	19.289	20.691	22.878	24.884	27.343	31.815
39	19.996	21.426	23.654	25.695	28.196	32.737
40	20.707	22.164	24.433	26.509	29.051	33.660
41	21.421	22.906	25.215	27.326	29.907	34.585
42	22.138	23.650	25.999	28.144	30.765	35.510
43	22.859	24.398	26.785	28.965	31.625	36.436
44	23.584	25.148	27.575	29.787	32.487	37.363
45	24.311	25.901	28.366	30.612	33.350	38.291

附表 4 χ^2 分布表

$$P\{\chi^2(n) \geqslant \chi_\alpha^2(n)\} = \alpha$$

续表 4

n \ α	0.25	0.10	0.05	0.025	0.01	0.005
1	1.323	2.706	3.841	5.024	6.635	7.879
2	2.773	4.605	5.991	7.378	9.210	10.597
3	4.108	6.251	7.815	9.348	11.345	12.838
4	5.385	7.779	9.488	11.143	13.277	14.860
5	6.626	9.236	11.071	12.833	15.086	16.750
6	7.841	10.645	12.592	14.449	16.812	18.548
7	9.037	12.017	14.067	16.013	18.475	20.278
8	10.219	13.362	15.507	17.535	20.090	21.955
9	11.389	14.684	16.919	19.023	21.666	23.589
10	12.549	15.987	18.307	20.483	23.209	25.188
11	13.701	17.275	19.675	21.920	24.725	26.757
12	14.845	18.549	21.026	23.337	26.217	28.299
13	15.984	19.812	22.362	24.736	27.688	29.819
14	17.117	21.064	23.685	26.119	29.141	31.319
15	18.245	22.307	24.996	27.488	30.578	32.801
16	19.369	23.542	26.296	28.845	32.000	34.267
17	20.489	24.769	27.587	30.191	33.409	35.718
18	21.605	25.989	28.869	31.526	34.805	37.156
19	22.718	27.204	30.144	32.852	36.191	38.582
20	23.828	28.412	31.410	34.170	37.566	39.997
21	24.935	29.615	32.671	35.479	38.932	41.401
22	26.039	30.813	33.924	36.781	40.289	42.796
23	27.141	32.007	35.172	38.076	41.638	44.181
24	28.241	33.196	36.415	39.364	42.980	45.559
25	29.339	34.382	37.652	40.646	44.314	46.928
26	30.435	35.563	38.885	41.923	45.642	48.290
27	31.528	36.741	40.113	43.194	46.963	49.645
28	32.620	37.916	41.337	44.461	48.278	50.993
29	33.711	39.087	42.557	45.722	49.588	52.336
30	34.800	40.256	43.773	46.979	50.892	53.672
31	35.887	41.422	44.985	48.232	52.191	55.003
32	36.973	42.585	46.194	49.480	53.486	56.328
33	38.058	43.745	47.400	50.725	54.776	57.648
34	39.141	44.903	48.602	51.966	56.061	58.964
35	40.223	46.059	49.802	53.203	57.342	60.275
36	41.304	47.212	50.998	54.437	58.619	61.581
37	42.383	48.363	52.192	55.668	59.892	62.883
38	43.462	49.513	53.384	56.896	61.162	64.181
39	44.539	50.660	54.572	58.120	62.428	65.476
40	45.616	51.805	55.758	59.342	63.691	66.766
41	46.692	52.949	56.942	60.561	64.950	68.053
42	47.766	54.090	58.124	61.777	66.206	69.336
43	48.840	55.230	59.304	62.990	67.459	70.616
44	49.913	56.369	60.481	64.201	68.710	71.893
45	50.985	57.505	61.656	65.410	69.957	73.166

附表5　F 分布表

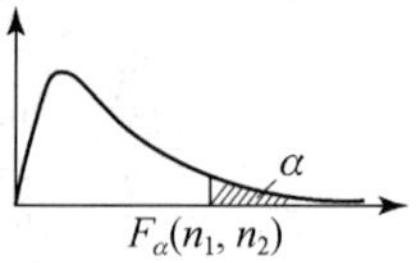

$$P\{F(n_1,n_2)>F_\alpha(n_1,n_2)\}=\alpha$$

$\alpha=0.10$

n_2 \ n_1	1	2	3	4	5	6	7	8	9	10	12	15	20	24	30	40	60	120	∞
1	39.86	49.50	53.59	55.83	57.24	58.20	58.91	59.44	59.86	60.19	60.71	61.22	61.74	62.00	62.26	62.53	62.79	63.00	63.33
2	8.53	9.00	9.16	9.24	9.29	9.33	9.35	9.37	9.38	9.39	9.41	9.42	9.44	9.45	9.46	9.47	9.47	9.48	9.49
3	5.54	5.46	5.39	5.34	5.31	5.28	5.27	5.25	5.24	5.23	5.22	5.20	5.18	5.18	5.17	5.16	5.15	5.14	5.13
4	4.54	4.32	4.19	4.11	4.05	4.01	3.98	3.95	3.94	3.92	3.90	3.87	3.84	3.83	3.82	3.80	3.79	3.78	3.76
5	4.06	3.78	3.62	3.52	3.45	3.40	3.37	3.34	3.32	3.30	3.27	3.24	3.21	3.19	3.17	3.16	3.14	3.12	3.10
6	3.78	3.46	3.29	3.18	3.11	3.05	3.01	2.98	2.96	2.94	2.90	2.87	2.84	2.82	2.80	2.78	2.76	2.74	2.72
7	3.59	3.26	3.07	2.96	2.88	2.83	2.78	2.75	2.72	2.70	2.67	2.63	2.59	2.58	2.56	2.54	2.51	2.49	2.47
8	3.46	3.11	2.92	2.81	2.73	2.67	2.62	2.59	2.56	2.54	2.50	2.46	2.42	2.40	2.38	2.36	2.34	2.32	2.29
9	3.36	3.01	2.81	2.69	2.61	2.55	2.51	2.47	2.44	2.42	2.38	2.34	2.30	2.28	2.25	2.23	2.21	2.18	2.16
10	3.29	2.92	2.73	2.61	2.52	2.46	2.41	2.38	2.35	2.32	2.28	2.24	2.20	2.18	2.16	2.13	2.11	2.08	2.06
11	3.23	2.86	2.66	2.54	2.45	2.39	2.34	2.30	2.27	2.25	2.21	2.17	2.12	2.10	2.08	2.05	2.03	2.00	1.97
12	3.18	2.81	2.61	2.48	2.39	2.33	2.28	2.24	2.21	2.19	2.15	2.10	2.06	2.04	2.01	1.99	1.96	1.93	1.90
13	3.14	2.76	2.56	2.43	2.35	2.28	2.23	2.20	2.16	2.14	2.10	2.05	2.01	1.98	1.96	1.93	1.90	1.88	1.85
14	3.10	2.73	2.52	2.39	2.31	2.24	2.19	2.15	2.12	2.10	2.05	2.01	1.96	1.94	1.91	1.89	1.86	1.83	1.80
15	3.07	2.70	2.49	2.36	2.27	2.21	2.16	2.12	2.09	2.06	2.02	1.97	1.92	1.90	1.87	1.85	1.82	1.79	1.76
16	3.05	2.67	2.46	2.33	2.24	2.18	2.13	2.09	2.06	2.03	1.99	1.94	1.89	1.87	1.84	1.81	1.78	1.75	1.72
17	3.03	2.64	2.44	2.31	2.22	2.15	2.10	2.06	2.03	2.00	1.96	1.91	1.86	1.84	1.81	1.78	1.75	1.72	1.69
18	3.01	2.62	2.42	2.29	2.20	2.13	2.08	2.04	2.00	1.98	1.93	1.89	1.84	1.81	1.78	1.75	1.72	1.69	1.66
19	2.99	2.61	2.40	2.27	2.18	2.11	2.06	2.02	1.98	1.90	1.91	1.86	1.81	1.79	1.76	1.73	1.70	1.67	1.63
20	2.97	2.59	2.38	2.25	2.16	2.09	2.04	2.00	1.96	1.94	1.89	1.84	1.79	1.77	1.74	1.71	1.68	1.64	1.61
21	2.96	2.57	2.36	2.23	2.14	2.08	2.02	1.98	1.95	1.92	1.87	1.83	1.78	1.75	1.72	1.69	1.66	1.62	1.59
22	2.95	2.56	2.35	2.22	2.13	2.06	2.01	1.97	1.93	1.90	1.86	1.81	1.76	1.73	1.70	1.67	1.64	1.60	1.57
23	2.94	2.55	2.34	2.21	2.11	2.05	1.99	1.95	1.92	1.89	1.84	1.80	1.74	1.72	1.69	1.66	1.62	1.59	1.55
24	2.93	2.54	2.33	2.19	2.10	2.04	1.98	1.94	1.91	1.88	1.83	1.78	1.73	1.70	1.67	1.64	1.61	1.57	1.53
25	2.92	2.53	2.32	2.18	2.09	2.02	1.97	1.93	1.89	1.87	1.82	1.77	1.72	1.69	1.66	1.63	1.59	1.56	1.52
26	2.91	2.52	2.31	2.17	2.08	2.01	1.96	1.92	1.88	1.86	1.81	1.76	1.71	1.68	1.65	1.61	1.58	1.54	1.50
27	2.90	2.51	2.30	2.17	2.07	2.00	1.95	1.91	1.87	1.85	1.80	1.75	1.70	1.67	1.64	1.60	1.57	1.53	1.49
28	2.89	2.50	2.29	2.16	2.06	2.00	1.94	1.90	1.87	1.84	1.79	1.74	1.69	1.66	1.63	1.59	1.56	1.52	1.48
29	2.89	2.50	2.28	2.15	2.06	1.99	1.93	1.89	1.86	1.83	1.78	1.73	1.68	1.65	1.62	1.58	1.55	1.51	1.47
30	2.88	2.49	2.28	2.14	2.05	1.98	1.93	1.88	1.85	1.82	1.77	1.72	1.67	1.64	1.61	1.57	1.54	1.50	1.46
40	2.84	2.44	2.23	2.09	2.00	1.93	1.87	1.83	1.79	1.76	1.71	1.66	1.61	1.57	1.54	1.51	1.47	1.42	1.38
60	2.79	2.39	2.18	2.04	1.95	1.87	1.82	1.77	1.74	1.71	1.66	1.60	1.54	1.51	1.48	1.44	1.40	1.35	1.29
120	2.75	2.35	2.13	1.99	1.90	1.82	1.77	1.72	1.68	1.65	1.60	1.55	1.48	1.45	1.41	1.37	1.32	1.26	1.19
∞	2.71	2.30	2.08	1.94	1.85	1.77	1.72	1.67	1.63	1.60	1.55	1.49	1.42	1.38	1.34	1.30	1.24	1.17	1.00

$\alpha=0.05$　　　　续表 5

n_2 \ n_1	1	2	3	4	5	6	7	8	9	10	12	15	20	24	30	40	60	120	∞
1	161.4	199.5	215.7	224.6	230.2	234.0	236.8	238.9	240.5	241.9	243.9	245.9	248.0	249.1	250.1	251.1	252.2	253.3	254.3
2	18.51	19.00	19.16	19.25	19.30	19.33	19.35	19.37	19.38	19.40	19.41	19.43	19.45	19.45	19.46	19.47	19.48	19.49	19.50
3	10.13	9.55	9.28	9.12	9.01	8.94	8.89	8.85	8.81	8.79	8.74	8.70	8.66	8.64	8.62	8.59	8.57	8.55	8.53
4	7.71	6.94	6.59	6.39	6.26	6.16	6.09	6.04	6.00	5.96	5.91	5.86	5.80	5.77	5.75	5.72	5.69	5.66	5.63
5	6.61	5.79	5.41	5.19	5.05	4.95	4.88	4.82	4.77	4.74	4.68	4.62	4.56	4.53	4.50	4.46	4.43	4.40	4.36
6	5.99	5.14	4.76	4.53	4.39	4.28	4.21	4.15	4.10	4.06	4.00	3.94	3.87	3.84	3.81	3.77	3.74	3.70	3.67
7	5.59	4.74	4.35	4.12	3.97	3.87	3.79	3.73	3.68	3.64	3.57	3.51	3.44	3.41	3.38	3.34	3.30	3.27	3.23
8	5.32	4.46	4.07	3.84	3.69	3.58	3.50	3.44	3.39	3.35	3.28	3.22	3.15	3.12	3.08	3.04	3.01	2.97	2.93
9	5.12	4.26	3.86	3.63	3.48	3.37	3.29	3.23	3.18	3.14	3.07	3.01	2.94	2.90	2.86	2.83	2.79	2.75	2.71
10	4.96	4.10	3.71	3.48	3.33	3.22	3.14	3.07	3.02	2.98	2.91	2.85	2.77	2.74	2.70	2.66	2.62	2.58	2.54
11	4.84	3.98	3.59	3.36	3.20	3.09	3.01	2.95	2.90	2.85	2.79	2.72	2.65	2.61	2.57	2.53	2.49	2.45	2.40
12	4.75	3.89	3.49	3.26	3.11	3.00	2.91	2.85	2.80	2.75	2.69	2.62	2.54	2.51	2.47	2.43	2.38	2.34	2.30
13	4.67	3.81	3.41	3.18	3.03	2.92	2.83	2.77	2.71	2.67	2.60	2.53	2.46	2.42	2.38	2.34	2.30	2.25	2.21
14	4.60	3.74	3.34	3.11	2.96	2.85	2.76	2.70	2.65	2.60	2.53	2.46	2.39	2.35	2.31	2.27	2.22	2.18	2.13
15	4.54	3.68	3.29	3.06	2.90	2.79	2.71	2.64	2.59	2.54	2.48	2.40	2.33	2.29	2.25	2.20	2.16	2.11	2.07
16	4.49	3.63	3.24	3.01	2.85	2.74	2.66	2.59	2.54	2.49	2.42	2.35	2.28	2.24	2.19	2.15	2.11	2.06	2.01
17	4.45	3.59	3.20	2.96	2.81	2.70	2.61	2.55	2.49	2.45	2.38	2.31	2.23	2.19	2.15	2.10	2.06	2.01	1.96
18	4.41	3.55	3.16	2.93	2.77	2.66	2.58	2.51	2.46	2.41	2.34	2.27	2.19	2.15	2.11	2.06	2.02	1.97	1.92
19	4.38	3.52	3.13	2.90	2.74	2.63	2.54	2.48	2.42	2.38	2.31	2.23	2.16	2.11	2.07	2.03	1.98	1.93	1.88
20	4.35	3.49	3.10	2.87	2.71	2.60	2.51	2.45	2.39	2.35	2.28	2.20	2.12	2.08	2.04	1.99	1.95	1.90	1.84
21	4.32	3.47	3.07	2.84	2.68	2.57	2.49	2.42	2.37	2.32	2.25	2.18	2.10	2.05	2.01	1.96	1.92	1.87	1.81
22	4.30	3.44	3.05	2.82	2.66	2.55	2.46	2.40	2.34	2.30	2.23	2.15	2.07	2.03	1.98	1.94	1.89	1.84	1.78
23	4.28	3.42	3.03	2.80	2.64	2.53	2.44	2.37	2.32	2.27	2.20	2.13	2.05	2.01	1.96	1.91	1.86	1.81	1.76
24	4.26	3.40	3.01	2.78	2.62	2.51	2.42	2.36	2.30	2.25	2.18	2.11	2.03	1.98	1.94	1.89	1.84	1.79	1.73
25	4.24	3.39	2.99	2.76	2.60	2.49	2.40	2.34	2.28	2.24	2.16	2.09	2.01	1.96	1.92	1.87	1.82	1.77	1.71
26	4.23	3.37	2.98	2.74	2.59	2.47	2.39	2.32	2.27	2.22	2.15	2.07	1.99	1.95	1.90	1.85	1.80	1.75	1.69
27	4.21	3.35	2.96	2.73	2.57	2.46	2.37	2.31	2.25	2.20	2.13	2.06	1.97	1.93	1.88	1.84	1.79	1.73	1.67
28	4.20	3.34	2.95	2.71	2.56	2.45	2.36	2.29	2.24	2.19	2.12	2.04	1.96	1.91	1.87	1.82	1.77	1.71	1.65
29	4.18	3.33	2.93	2.70	2.55	2.43	2.35	2.28	2.22	2.18	2.10	2.03	1.94	1.90	1.85	1.81	1.75	1.70	1.64
30	4.17	3.32	2.92	2.69	2.53	2.42	2.33	2.27	2.21	2.16	2.09	2.01	1.93	1.89	1.84	1.79	1.74	1.68	1.62
40	4.08	3.23	2.84	2.61	2.45	2.34	2.25	2.18	2.12	2.08	2.00	1.92	1.84	1.79	1.74	1.69	1.64	1.58	1.51
60	4.00	3.15	2.76	2.53	2.37	2.25	2.17	2.10	2.04	1.99	1.92	1.84	1.75	1.70	1.65	1.59	1.53	1.47	1.39
120	3.92	3.07	2.68	2.45	2.29	2.17	2.09	2.02	1.96	1.91	1.83	1.75	1.66	1.61	1.55	1.50	1.43	1.35	1.25
∞	3.84	3.00	2.60	2.37	2.21	2.10	2.01	1.94	1.88	1.83	1.75	1.67	1.57	1.52	1.46	1.39	1.32	1.22	1.00

附表 5 F分布表

$\alpha=0.025$ 续表 5

n_2 \ n_1	1	2	3	4	5	6	7	8	9	10	12	15	20	24	30	40	60	120	∞
1	647.8	799.5	864.2	899.6	921.8	937.1	948.2	956.7	963.3	968.6	976.7	984.9	993.1	997.2	1001	1006	1010	1014	1018
2	38.51	39.00	39.17	39.25	39.30	39.33	39.36	39.37	39.39	39.40	39.41	39.43	39.45	39.46	39.46	39.47	39.48	39.49	39.50
3	17.44	16.04	15.44	15.10	14.88	14.73	14.62	14.54	14.47	14.42	14.34	14.25	14.17	14.12	14.08	14.04	13.99	13.95	13.90
4	12.22	10.65	9.98	9.60	9.36	9.20	9.07	8.98	8.90	8.84	8.75	8.66	8.56	8.51	8.46	8.41	8.36	8.31	8.26
5	10.01	8.43	7.76	7.39	7.15	6.98	6.85	6.76	6.68	6.62	6.52	6.43	6.33	6.28	6.23	6.18	6.12	6.07	6.02
6	8.81	7.26	6.60	6.23	5.99	5.82	5.70	5.60	5.52	5.46	5.37	5.27	5.17	5.12	5.07	5.01	4.96	4.90	4.85
7	8.07	6.54	5.89	5.52	5.29	5.12	4.99	4.90	4.82	4.76	4.67	4.57	4.47	4.42	4.36	4.31	4.25	4.20	4.14
8	7.57	6.06	5.42	5.05	4.82	4.65	4.53	4.43	4.36	4.30	4.20	4.10	4.00	3.95	3.89	3.84	3.78	3.73	3.67
9	7.21	5.71	5.08	4.72	4.48	4.32	4.20	4.10	4.03	3.96	3.87	3.77	3.67	3.61	3.56	3.51	3.45	3.39	3.33
10	6.94	5.46	4.83	4.47	4.24	4.07	3.95	3.85	3.78	3.72	3.62	3.52	3.42	3.37	3.31	3.26	3.20	3.14	3.08
11	6.72	5.26	4.63	4.28	4.04	3.88	3.76	3.66	3.59	3.53	3.43	3.33	3.23	3.17	3.12	3.06	3.00	2.94	2.88
12	6.55	5.10	4.47	4.12	3.89	3.73	3.61	3.51	3.44	3.37	3.28	3.18	3.07	3.02	2.96	2.91	2.85	2.79	2.72
13	6.41	4.97	4.35	4.00	3.77	3.60	3.48	3.39	3.31	3.25	3.15	3.05	2.95	2.89	2.84	2.78	2.72	2.66	2.60
14	6.30	4.86	4.24	3.89	3.66	3.50	3.38	3.29	3.21	3.15	3.05	2.95	2.84	2.79	2.73	2.67	2.61	2.55	2.49
15	6.20	4.77	4.15	3.80	3.58	3.41	3.29	3.20	3.12	3.06	2.96	2.86	2.76	2.70	2.64	2.59	2.52	2.46	2.40
16	6.12	4.69	4.08	3.73	3.50	3.34	3.22	3.12	3.05	2.99	2.89	2.79	2.68	2.63	2.57	2.51	2.45	2.38	2.32
17	6.04	4.62	4.01	3.66	3.44	3.28	3.16	3.06	2.98	2.92	2.82	2.72	2.62	2.56	2.50	2.44	2.38	2.32	2.25
18	5.98	4.56	3.95	3.61	3.38	3.22	3.10	3.01	2.93	2.87	2.77	2.67	2.56	2.50	2.44	2.38	2.32	2.26	2.19
19	5.92	4.51	3.90	3.56	3.33	3.17	3.05	2.96	2.88	2.82	2.72	2.62	2.51	2.45	2.39	2.33	2.27	2.20	2.13
20	5.87	4.46	3.86	3.51	3.29	3.13	3.01	2.91	2.84	2.77	2.68	2.57	2.46	2.41	2.35	2.29	2.22	2.16	2.09
21	5.83	4.42	3.82	3.48	3.25	3.09	2.97	2.87	2.80	2.73	2.64	2.53	2.42	2.37	2.31	2.25	2.18	2.11	2.04
22	5.79	4.38	3.78	3.44	3.22	3.05	2.93	2.84	2.76	2.70	2.60	2.50	2.39	2.33	2.27	2.21	2.14	2.08	2.00
23	5.75	4.35	3.75	3.41	3.18	3.02	2.90	2.81	2.73	2.67	2.57	2.47	2.36	2.30	2.24	2.18	2.11	2.04	1.97
24	5.72	4.32	3.72	3.38	3.15	2.99	2.87	2.78	2.70	2.64	2.54	2.44	2.33	2.27	2.21	2.15	2.08	2.01	1.94
25	5.69	4.29	3.69	3.35	3.13	2.97	2.85	2.75	2.68	2.61	2.51	2.41	2.30	2.24	2.18	2.12	2.05	1.98	1.91
26	5.66	4.27	3.67	3.33	3.10	2.94	2.82	2.73	2.65	2.59	2.49	2.39	2.28	2.22	2.16	2.09	2.03	1.95	1.88
27	5.63	4.24	3.65	3.31	3.08	2.92	2.80	2.71	2.63	2.57	2.47	2.36	2.25	2.19	2.13	2.07	2.00	1.93	1.85
28	5.61	4.22	3.63	3.29	3.06	2.90	2.78	2.69	2.61	2.55	2.45	2.34	2.23	2.17	2.11	2.05	1.98	1.91	1.83
29	5.59	4.20	3.61	3.27	3.04	2.88	2.76	2.67	2.59	2.53	2.43	2.32	2.21	2.15	2.09	2.03	1.96	1.89	1.81
30	5.57	4.18	3.59	3.25	3.03	2.87	2.75	2.65	2.57	2.51	2.41	2.31	2.20	2.14	2.07	2.01	1.94	1.87	1.79
40	5.42	4.05	3.46	3.13	2.90	2.74	2.62	2.53	2.45	2.39	2.29	2.18	2.07	2.01	1.94	1.88	1.80	1.72	1.64
60	5.29	3.93	3.34	3.01	2.79	2.63	2.51	2.41	2.33	2.27	2.17	2.06	1.94	1.88	1.82	1.74	1.67	1.58	1.48
120	5.15	3.80	3.23	2.89	2.67	2.52	2.39	2.30	2.22	2.16	2.05	1.94	1.82	1.76	1.69	1.61	1.53	1.43	1.31
∞	5.02	3.69	3.12	2.79	2.57	2.41	2.29	2.19	2.11	2.05	1.94	1.83	1.71	1.64	1.57	1.48	1.39	1.27	1.00

$\alpha=0.01$ 续表 5

n_2 \ n_1	1	2	3	4	5	6	7	8	9	10	12	15	20	24	30	40	60	120	∞
1	4052	4999.5	5403	5625	5764	5859	5928	5981	6022	6056	6106	6157	6209	6235	6261	6287	6313	6339	6366
2	98.50	99.00	99.17	99.25	99.30	99.33	99.36	99.37	99.39	99.40	99.42	99.43	99.45	99.46	99.47	99.47	99.48	99.49	99.50
3	34.12	30.82	29.46	28.71	28.24	27.91	27.67	27.49	27.35	27.23	27.05	26.87	26.69	26.60	26.50	26.41	26.32	26.22	26.13
4	21.20	18.00	16.69	15.98	15.52	15.21	14.98	14.80	14.66	14.55	14.37	14.20	14.02	13.93	13.84	13.75	13.65	13.56	13.46
5	16.26	13.27	12.06	11.39	10.97	10.67	10.46	10.29	10.16	10.05	9.89	9.72	9.55	9.47	9.38	9.29	9.20	9.11	9.02
6	13.75	10.92	9.78	9.15	8.75	8.47	8.26	8.10	7.98	7.87	7.72	7.56	7.40	7.31	7.23	7.14	7.06	6.97	6.88
7	12.25	9.55	8.45	7.85	7.46	7.19	6.99	6.84	6.72	6.62	6.47	6.31	6.16	6.07	5.99	5.91	5.82	5.74	5.65
8	11.26	8.65	7.59	7.01	6.63	6.37	6.18	6.03	5.91	5.81	5.67	5.52	5.36	5.28	5.20	5.12	5.03	4.59	4.86
9	10.56	8.02	6.99	6.42	6.06	5.80	5.61	5.47	5.35	5.26	5.11	4.96	4.81	4.73	4.65	4.57	4.48	4.40	4.31
10	10.04	7.56	6.55	5.99	5.64	5.39	5.20	5.06	4.94	4.85	4.71	4.56	4.41	4.33	4.25	4.17	4.08	4.00	3.91
11	9.65	7.21	6.22	5.67	5.32	5.07	4.89	4.74	4.63	4.54	4.40	4.25	4.10	4.02	3.94	3.86	3.78	3.69	3.60
12	9.33	6.93	5.95	5.41	5.06	4.82	4.64	4.50	4.39	4.30	4.16	4.01	3.86	3.78	3.70	3.62	3.54	3.45	3.36
13	9.07	6.70	5.74	5.21	4.86	4.62	4.44	4.30	4.19	4.10	3.96	3.82	3.66	3.59	3.51	3.43	3.34	3.25	3.17
14	8.86	6.51	5.56	5.04	4.69	4.46	4.28	4.14	4.03	3.94	3.80	3.66	3.51	3.43	3.35	3.27	3.18	3.09	3.00
15	8.68	6.39	5.42	4.89	4.56	4.32	4.14	4.00	3.89	3.80	3.67	3.52	3.37	3.29	3.21	3.13	3.05	2.96	2.87
16	8.53	6.23	5.29	4.77	4.44	4.20	4.03	3.89	3.78	3.69	3.55	3.41	3.26	3.18	3.10	3.02	2.93	2.84	2.75
17	8.40	6.11	5.18	4.67	4.34	4.10	3.93	3.79	3.68	3.59	3.46	3.31	3.16	3.08	3.00	2.92	2.83	2.75	2.65
18	8.29	6.01	5.09	4.58	4.25	4.01	3.84	3.71	3.60	3.51	3.37	3.23	3.08	3.00	2.92	2.84	2.75	2.66	2.57
19	8.18	5.93	5.01	4.50	4.17	3.94	3.77	3.63	3.52	3.43	3.30	3.15	3.00	2.92	2.84	2.76	2.67	2.58	2.49
20	8.10	5.85	4.94	4.43	4.10	3.87	3.70	3.56	3.46	3.37	3.23	3.09	2.94	2.86	2.78	2.69	2.61	2.52	2.42
21	8.02	5.78	4.87	4.37	4.04	3.81	3.64	3.51	3.40	3.31	3.17	3.03	2.88	2.80	2.72	2.64	2.55	2.46	2.36
22	7.95	5.72	4.82	4.31	3.99	3.76	3.59	3.45	3.35	3.26	3.12	2.98	2.83	2.75	2.67	2.58	2.50	2.40	2.31
23	7.88	5.66	4.76	4.26	3.94	3.71	3.54	3.41	3.30	3.21	3.07	2.93	2.78	2.70	2.62	2.54	2.45	2.35	2.26
24	7.82	5.61	4.72	4.22	3.90	3.67	3.50	3.36	3.26	3.17	3.03	2.89	2.74	2.66	2.58	2.49	2.40	2.31	2.21
25	7.77	5.57	4.68	4.18	3.85	3.63	3.46	3.32	3.22	3.13	2.99	2.85	2.70	2.62	2.54	2.45	2.36	2.27	2.17
26	7.72	5.53	4.64	4.14	3.82	3.59	3.42	3.29	3.18	3.09	2.96	2.81	2.66	2.58	2.50	2.42	2.33	2.23	2.13
27	7.68	5.49	4.60	4.11	3.78	3.56	3.39	3.26	3.15	3.06	2.93	2.78	2.63	2.55	2.47	2.38	2.29	2.20	2.10
28	7.64	5.45	4.57	4.07	3.75	3.53	3.36	3.23	3.12	3.03	2.90	2.75	2.60	2.52	2.44	2.35	2.26	2.17	2.06
29	7.60	5.42	4.54	4.04	3.73	3.50	3.33	3.20	3.09	3.00	2.87	2.73	2.57	2.49	2.41	2.33	2.23	2.14	2.03
30	7.56	5.39	4.51	4.02	3.70	3.47	3.30	3.17	3.07	2.98	2.84	2.70	2.55	2.47	2.39	2.30	2.21	2.11	2.01
40	7.31	5.18	4.31	3.83	3.51	3.29	3.12	3.99	2.89	2.80	2.66	2.52	2.37	2.29	2.20	2.11	2.02	1.92	1.80
60	7.08	4.98	4.13	3.65	3.34	3.12	2.95	2.82	2.72	2.63	2.50	2.35	2.20	2.12	2.03	1.94	1.84	1.73	1.60
120	6.85	4.79	4.05	3.48	3.17	2.96	2.79	2.66	2.56	2.47	2.34	2.19	2.03	1.95	1.86	1.76	1.66	1.53	1.38
∞	6.63	4.61	3.78	3.32	3.02	2.80	2.64	2.51	2.41	2.32	2.18	2.04	1.88	1.79	1.70	1.59	1.47	1.32	1.00

附表 5 F 分布表

α=0.005 续表 5

n_2 \ n_1	1	2	3	4	5	6	7	8	9	10	12	15	20	24	30	40	60	120	∞
1	16211	20000	21615	22500	23056	23437	23715	23925	24091	24224	24426	24630	24836	24940	25044	25148	25253	25359	25465
2	198.5	199.0	199.2	199.2	199.3	199.3	199.4	199.4	199.4	199.4	199.4	199.4	199.4	199.5	199.5	199.5	199.5	199.5	199.5
3	55.55	49.80	47.47	46.19	15.39	44.84	44.43	44.13	43.88	43.69	43.39	43.08	42.78	42.62	42.47	42.31	42.15	41.99	41.83
4	31.33	26.28	24.26	23.15	22.46	21.97	21.62	21.35	21.14	20.97	20.70	20.44	20.17	20.03	19.89	19.75	19.61	19.47	19.32
5	22.78	18.31	16.53	15.56	14.94	14.51	14.20	13.96	13.77	13.62	13.38	13.15	12.90	12.78	12.66	12.53	12.40	12.27	12.14
6	18.63	14.54	12.92	12.03	11.46	11.07	10.79	10.57	10.39	10.25	10.03	9.81	9.59	9.47	9.36	9.24	9.12	9.00	8.88
7	16.24	12.40	10.88	10.05	9.52	9.16	8.89	8.68	8.51	8.38	8.18	7.97	7.75	7.65	7.53	7.42	7.31	7.19	7.08
8	14.69	11.04	9.60	8.81	8.30	7.95	7.69	7.50	7.34	7.21	7.01	6.81	6.61	6.50	6.40	6.29	6.18	6.06	5.95
9	13.61	10.11	8.72	7.96	7.47	7.13	6.88	6.69	6.54	6.42	6.25	6.03	5.83	5.73	5.62	5.52	5.41	5.30	5.19
10	12.83	9.43	8.08	7.34	6.87	6.54	6.30	6.12	5.97	5.85	5.66	5.47	5.27	5.17	5.07	4.97	4.86	4.75	4.64
11	12.23	8.91	7.60	6.88	6.42	6.10	5.86	5.68	5.54	5.42	5.24	5.05	4.86	4.76	4.65	4.55	4.44	4.34	4.23
12	11.75	8.51	7.23	6.52	6.07	5.76	5.52	5.35	5.20	5.09	4.91	4.72	4.53	4.43	4.33	4.23	4.12	4.01	3.90
13	11.37	8.19	6.93	6.23	5.79	5.48	5.25	5.08	4.94	4.82	4.64	4.46	4.27	4.17	4.07	3.97	3.87	3.76	3.65
14	11.06	7.92	6.68	6.00	5.56	5.26	5.03	4.86	4.72	4.60	4.43	4.25	4.06	3.96	3.86	3.76	3.66	3.55	3.44
15	10.80	7.70	6.48	5.80	5.37	5.07	4.85	4.67	4.54	4.42	4.25	4.07	3.88	3.79	3.69	3.58	3.48	3.37	3.26
16	10.58	7.51	6.30	5.64	5.21	4.91	4.69	4.52	4.38	4.27	4.10	3.92	3.73	3.64	3.45	3.44	3.33	3.22	3.11
17	10.38	7.35	6.16	5.50	5.07	4.78	4.56	4.39	4.25	4.14	3.97	3.79	3.61	3.51	3.41	3.31	3.21	3.10	2.98
18	10.22	7.21	6.03	5.37	4.96	4.66	4.44	4.28	4.14	4.03	3.86	3.68	3.50	3.40	3.30	3.20	3.10	2.99	2.87
19	10.07	7.09	5.92	5.27	4.85	4.56	4.34	4.18	4.04	3.93	3.76	3.59	3.40	3.31	3.21	3.11	3.00	2.89	2.78
20	9.94	6.99	5.82	5.17	4.76	4.47	4.26	4.09	3.96	3.85	3.68	3.50	3.32	3.22	3.12	3.02	2.92	2.81	2.69
21	9.83	6.89	5.73	5.09	4.68	4.39	4.18	4.01	3.88	3.77	3.60	3.43	3.24	3.15	3.05	2.95	2.84	2.73	2.61
22	9.73	6.81	5.65	5.02	4.61	4.32	4.11	3.94	3.81	3.70	3.54	3.36	3.18	3.08	2.98	2.88	2.77	2.66	2.55
23	9.63	6.73	5.58	4.95	4.54	4.26	4.05	3.88	3.75	3.64	3.47	3.30	3.12	3.02	2.92	2.82	2.71	2.60	2.48
24	9.55	6.66	5.52	4.89	4.49	4.20	3.99	3.83	3.69	3.59	3.42	3.25	3.06	2.97	2.87	2.77	2.66	2.55	2.43
25	9.48	6.60	5.46	4.84	4.43	4.15	3.94	3.78	3.64	3.54	3.37	3.20	3.01	2.92	2.82	2.72	2.61	2.50	2.38
26	9.41	6.54	5.41	4.79	4.38	4.10	3.89	3.73	3.60	3.49	3.33	3.15	2.97	2.87	2.77	2.67	2.56	2.45	2.33
27	9.34	6.49	5.36	4.74	4.34	4.06	3.85	3.69	3.56	3.45	3.28	3.11	2.93	2.83	2.73	2.63	2.52	2.41	2.29
28	9.28	6.44	5.32	4.70	4.30	4.02	3.81	3.65	3.52	3.41	3.25	3.07	2.89	2.79	2.69	2.59	2.48	2.37	2.25
29	9.23	6.40	5.28	6.66	4.26	3.98	3.77	3.61	3.48	3.38	3.21	3.04	2.86	2.76	2.66	2.56	2.45	2.33	2.21
30	9.18	6.35	5.24	4.62	4.23	3.95	3.74	3.58	3.45	3.34	3.18	3.01	2.82	2.73	2.63	2.52	2.42	2.30	2.18
40	8.83	6.07	4.98	4.37	3.99	3.71	3.51	3.35	3.22	3.12	2.95	2.78	2.60	2.50	2.40	2.30	2.18	2.06	1.93
60	8.49	5.79	4.73	4.14	3.76	3.49	3.29	3.13	3.01	2.90	2.74	2.57	2.39	2.29	2.19	2.08	1.96	1.83	1.69
120	8.18	5.54	4.50	3.92	3.55	3.28	3.09	2.93	2.81	2.71	2.54	2.37	2.19	2.09	1.98	1.87	1.75	1.61	1.43
∞	7.88	5.30	4.28	3.72	3.35	3.09	2.90	2.74	2.62	2.52	2.36	2.19	2.00	1.90	1.79	1.67	1.53	1.36	1.00